普通高等教育新文科人工智能交叉学科系列教材

人工智能与语言加工

任虎林◎主　编
刘　欣　侯静怡◎副主编

中国铁道出版社有限公司
CHINA RAILWAY PUBLISHING HOUSE CO., LTD.
北　京

内容简介

本书是普通高等教育新文科人工智能交叉学科系列教材之一，内容分为人工智能、语言加工、智能语言发展三大部分，共有11章。第一部分人工智能包含第1~6章，主要论述人工智能的概念和知识表示、搜索技术与群智能算法、深度学习人工智能网络、自然语言加工与语音加工技术。第二部分语言加工包含第7、8章，主要论述人脑语言信号加工概念和理论、语言加工与脑电技术。第三部分智能语言发展包含第9~11章，主要论述语言与智能发展概念和理论、语言加工的脑机制及人工智能语言加工。

本书力求将人工智能的基础知识及发展脉络展现出来，主要面向大学非计算机类文科专业的学生与研究生，帮助他们了解人工智能的发展过程及基础知识，扩大视野，熟悉人工智能与人脑语言加工的相关知识，培养人工智能交叉学科应用能力。同时，对于语言学、计算机相关专业的学生，本书也可作为人工智能专业课程的先导学习资料。

图书在版编目（CIP）数据

人工智能与语言加工 / 任虎林主编 . —北京：中国铁道出版社有限公司，2023.12
普通高等教育新文科人工智能交叉学科系列教材
ISBN 978-7-113-29081-8

Ⅰ. ①人… Ⅱ. ①任… Ⅲ. ①人工智能 - 高等学校 - 教材
Ⅳ. ① TP18

中国版本图书馆 CIP 数据核字（2022）第 257417 号

书　　名：人工智能与语言加工
作　　者：任虎林

策　　划：刘丽丽　　　　编辑部电话：（010）51873202
责任编辑：刘丽丽　张　彤
封面设计：高博越
责任校对：苗　丹
责任印制：樊启鹏

出版发行：中国铁道出版社有限公司（100054，北京市西城区右安门西街8号）
网　　址：http://www.tdpress.com/51eds/
印　　刷：三河市燕山印刷有限公司
版　　次：2023年12月第1版　2023年12月第1次印刷
开　　本：787 mm×1 092 mm　1/16　印张：14.25　字数：410千
书　　号：ISBN 978-7-113-29081-8
定　　价：48.00元

前言

人工智能是现阶段人们关注的焦点。伴随着人工智能技术的逐步普及和不断推广，与之相关的学科也在迅速发展。2017年国务院发布的《新一代人工智能发展规划》明确了我国人工智能发展三步走的战略发展目标。根据教育部新文科建设要求，为促进“双一流”课程建设，拓宽学科交叉融合的广度，基于人工智能基础知识的交叉学科教材编写变得很有必要，主要体现在三个方面：一是人工智能相关专业课程建设的需要，更好地贯彻立德树人的培养目标。在传统的语言信号加工的基础上，融入人工智能技术知识，挖掘出专业知识中所蕴含的思政元素和求真务实、追求真理的科学精神，有利于“三全育人”目标的实现。二是新文科课程建设的需要，也是语言学科交叉、文理相融建设的需要。新文科旨在培养具有跨学科专业背景和创新合作能力的新时代卓越人才，融合人工智能和语言信号加工的知识，积极响应教育部新文科建设号召；突破传统文科的思维模式，注重继承与创新、交叉与融合、协同与共享，促进多学科交叉与深度融合，推动传统文科的更新升级。三是培养多学科、交叉性思维研究的重大尝试。运用现代脑电技术和人工智能的科技手段进行人文社科领域的研究，激发学生思想活力、开创人文社会科学融合研究发展的新方法，助推新文科建设。

“人工智能与语言加工”是人工智能技术、脑科学、神经认知科学和语言学的交叉性学科课程，其内涵是以语言认知加工描写为基础，融合人工智能基本技术，以理论研究为指导，以描写研究为枢纽，以多学科视角为特色，促使脑语言加工研究和人工智能的深度融合，实现新时代背景下文理交叉融合；其外延是语言科技加工、语言学习加工、语言加工研究。

本书的编写目标是开拓学生思维，扩大视野，初步具备跨学科交叉学习的能力，使学生最大限度地掌握人工智能教学内容，了解语言加工规律，突出跨学科交叉理念的运用。因此，本书在编写时注重特色与创新，遵循内容的更新与脉络一致原则；内容重视理论，注重应用；既突出人工智能基础知识和人脑语言信号加工的特点和规律，又兼顾理论知识与实践应用的关系。同时，本书注重教学内容的先进性，主要体现在两个方面：一方面是介绍学科研究的发展前沿；另一方面是与现行通用知识的贯通一致性，内容坚持基础知识需求导向，介绍新文科研究范式转型，同时服务经济社会高质量发展提升国家文化软实力，这也是推进新文科建设的题中之义。

有鉴于此，本书侧重人工智能和人脑语言加工的社会需求，介绍相应的知识及发展需求，推进学科耦合；注重加强学科专业之间的融合贯通；加强语言学与人工智能不同学科的介绍、交流、碰撞、耦合；推介具有新时代特色的跨学科知识创新成果，坚持交叉学科所涉及的问题导向，为大力培育、孵化新型交叉学科奠定坚实基础。当下，自然科学与人文社会科学的结合日益紧密，培育新兴交叉学科成为现代科学技术发展新的生长点和增长点是形势所迫、发展所需。培育新型的人工智能交叉学科，大力发展与语言信号加工和人工智能等新技术结合的新兴文科专业拓展，实现文科建设与新兴技术的深度融合，不仅有助于跨学科的交流，也有利于思维的拓展。此外，本书打破学科壁垒，不仅打通人文学科内部、社会科学内部的壁垒，又打通人文科学与社会科学之间的壁垒，而且打通人文社会科学与自然科学之间的传统学科壁垒，以新文科思维推进文科领域内不同学科之间的交叉、融合、渗透和拓展，推动文理交叉、文工交叉等新兴领域知识的发展，以有利于人工智能交叉复合型人才的培养，更好地认识和解决有关人工智能学科建设中的问题。

本书注重创新，坚持新文科建设以学生为中心、以产出为导向的卓越人才培养理念；积极创新人才培养模式和实现路径，切实转变人才观和教育质量观、评价观，在知识体系上注重培养交叉融合的高素质创新型人才。一是以培养具有人工智能和语言加工交叉学科知识为目标，积极推动人工智能、脑电加工技术等现代信息技术与文科专业深度融合，构建互融、互通、共学、共享的人才培养共同体，实现新文科、新工科协同发展。二是内容体系创新。瞄准新一轮科技革命和产业变革趋势，优化本书内容结构布局，提升跨学科知识意识，注重传统语言加工知识的讲述，积极融入新兴人工智能知识，推动智能技术和语言信号加工知识的渗透，实现语言知识与人工智能知识的交叉融合，提升本书内容体系衔接的整体水平。三是提出了基础理论够用，重在交叉应用的编写原则。以学科质量为标准，根据专业人才的培养目标和教学实践，并按照适于教、利于学的原则组织本书内容。

本书的结构具有完整性与系统性。在吸取、借鉴以往相关教材长处的基础上，总结了多年人脑语言信号加工的教学经验，既保持了人工智能知识的系统性，又考虑与人脑语言加工知识的连贯性；又充分考虑学生的认知规律，易于学生学习理解。

本书的编写得到了多位专家学者的指导，编写者均是一线的授课教师。本书由任虎林任主编，刘欣、侯静怡任副主编，编写分工为：第 1 章由任虎林编写，第 2~6 章由侯静怡编写，第 7、8 章由任虎林编写，第 9~11 章由刘欣编写。本书的出版得到了北京科技大学教材建设经费资助，得到了北京科技大学大学教务处的全程支持，是北京科技大学“新文科”系列教材。中国铁道出版社有限公司承担了本书的出版发行工作。在本书的编写过程中，也得到了一些研究生和博士生的帮助，宗明霞和李雪松同学为本书收集了大量材料，借此机会一并表示感谢。

由于编者水平有限，加之时间仓促，书中难免有不妥之处，敬请专家、同行和读者批评指正，以便本书不断完善。

编　者

2023 年 10 月

目 录

第1章 绪论

自计算机诞生之日起，人们一直希望计算机能够具有更加强大的功能。伴随着计算机及信息科学的长足发展与进步，人工智能吸引了众多青年学者的目光。人们把人工智能同航天空间技术、原子能技术一起誉为20世纪对人类影响最为深远的三大前沿科学技术成就。进入21世纪，由于计算性能的提高和大数据的迅速发展，人们发现人工智能（artificial intelligence,AI）可以使计算机更加智能。这不仅可以创造一些新行业，也可以为传统行业赋能，从而导致了人工智能的新一轮热潮。在移动互联网、大数据、超级计算、传感器、脑认知机理等新理论、新技术以及经济社会发展强烈需求的共同驱动下，人工智能自身的发展，无论是深度学习、机器感知和模式识别、自然语言处理和理解，还是知识工程、机器人和智能系统等诸多方面，都把直接面对现实问题作为人工智能的切入点和落脚点，并正在引发链式反应，全方位推动经济社会各领域从数字化、网络化向智能化发展。人工智能正以润物无声的方式改变着整个世界。对人工智能有所了解和研究，是新时代对大学生提出的新要求。

本章将分节论述人工智能的发端和定义、人工智能的学派与相关理论、人工智能的发展趋势、语言加工的内涵和定义以及语言加工的相关理论与发展。

1.1 人工智能的发端和定义

一般来讲，人工智能这一概念首次提出是在六十多年前图灵提出“图灵测试”开始的。艾伦·图灵（Alan Turing），英国著名的数学家和逻辑学家，是计算机逻辑的奠基者，现代人工智能公认是1956年的达特茅斯会议上提出的。达特茅斯会议的最主要成就是使人工智能成了一个独立的研究学科。人工智能的英文名称是artificial intelligence。在此之前，即使有相关的名词术语，也不是对人工智能学科的命名共识。自这次会议之后，人工智能的研究在机器学习、定理证明、模式识别、问题求解、专家系统及人工智能语言等方面都取得了许多引人瞩目的成就。

历史上有很多人工智能的定义，这些定义对人们理解人工智能都起过作用，甚至是很大的作用。比如，达特茅斯会议的发起建议书中对于人工智能的预期目标的设想是“Every aspect of learning or any other feature of intelligence can in principle be so precisely described that a machine can be made to simulate it”（制造一台机器，该机器可以模拟学习或者智能的所有方面，只要这些方面可以精确描述）。

时至今日，精确的人工智能定义还没有被大家广泛认同，但目前最常见的定义有两个，一个是明斯基提出的，即“人工智能是一门科学，是使机器做那些人需要通过智能来做的事情”；另一个是尼尔森提出的，即“人工智能是关于知识的科学”。所谓“知识的科学”就是研究知识的表示、知识的获取及知识的运用。在这两个定义中，第二个定义更具有专业性。因为第一个定义中涉及两个概念，这两个概念有未明确的定义，一个是人，一个是智能。然而，什么是人？什么是智能？这样的问题很难给以清楚的回答。相比之下，第二个定义只涉及一个未明确定义的概念，就是知识。在人、智能、知识这三个概念当中，知识被研究得应该是比较彻底的。同时，人和智能的定义也与知识紧密相关，而且知识是智能的基础。如果没有任何知识，很难发现什么是智能。我国人工智能学会理事长李德毅院士认为，人工智能需要解决三个问题：一是如何定义（或者表示）一个概念；二是如何学习一个概念；三是如何应用一个概念。要定义一个概念，就需要先讨论最为简单的经典概念。经典概念的定义由三部分组成：第一部分是概念的符号表示，即概念的名称，说明这个概念叫什么，简称概念名；第二部分是概念的内涵表示，由命题来表示，命题就是能判断真假的陈述句；第三部分是概念的外延表示，由经典集合来表示，用来说明与概念对应的实际对象是哪些。因此，李德毅院士指出，“人工智能的研究是以知识的表示、知识的获取和知识的应用为归依。虽然不同的学科致力于发现不同领域的知识，但应承认所有的学科都是以发现知识为目标的”。

按照李德毅院士的解释，比如数学研究数学领域的知识，物理研究物理领域的知识等，人工智能希望发现可以不受领域限制、适用于任何领域的知识，包括知识表示、知识获取以及知识应用的一般规律、算法和实现方式等。因此，李院士得出结论，相对于其他学科，AI 具有普适性、迁移性和渗透性的特征。一般来说，将人工智能的知识应用于某一特定领域，即所谓的“AI+ 某一学科”，就可以形成一个新的学科，如生物信息学、计算历史学、计算广告学、计算社会学等。因此，掌握人工智能知识已经不仅仅是对人工智能研究者的要求，也是时代的要求。

六十多年来，人工智能发展经历了跌宕起伏的发展过程，大致可以分为六个阶段。

第一阶段是起步发展阶段（1956 年—20 世纪 60 年代初期）。这一阶段是自人工智能概念提出后，相继取得了一批令人瞩目的研究成果的时期，如机器定理证明、跳棋程序等，可以说掀起人工智能发展的第一个高潮。

第二阶段是反思发展期（20 世纪 60 年代初—70 年代初期）。这一阶段是继第一阶段之后，人工智能发展初期的突破性进展大大提升了人们对人工智能的期望，人们开始尝试更具挑战性的任务，并提出了一些不切实际的研发目标。然而，接二连三的失败和预期目标的落空，例如，无法用机器证明两个连续函数之和还是连续函数、机器翻译闹出笑话等，使人工智能的发展走入低谷。

第三阶段是应用发展期（20 世纪 70 年代初—80 年代中期）。20 世纪 70 年代出现的专家系统模拟人类专家的知识和经验解决特定领域的问题，实现了人工智能从理论研究走向实际应用、从一般推理策略探讨转向运用专门知识的重大突破。专家系统在医疗、化学、地质等领域取得成功，推动人工智能走入应用发展的新高潮。

第四阶段是低迷发展期（20 世纪 80 年代中—90 年代中期）。随着人工智能的应用规模不断扩大，专家系统存在的应用领域狭窄、缺乏常识性知识、知识获取困难、推理方法单一、缺乏分布式功能、难以与现有数据库兼容等问题逐渐暴露出来。

第五阶段是稳步发展期（20 世纪 90 年代中—2010 年）。由于网络技术特别是互联网技术的发展，加速了人工智能的创新研究，促使人工智能技术进一步走向实用化。1997 年国际商业机器公司（International Business Machines corporation,IBM）深蓝超级计算机战胜了国际象棋世界冠军卡斯帕罗夫，2008 年 IBM 提出“智慧地球”的概念。以上都是这一时期的标志性事件。

第六阶段是蓬勃发展期（2011 年至今）。随着大数据、云计算、互联网、物联网、元宇宙等信息技术的发展，泛在感知数据和图形处理器等计算平台推动以深度神经网络为代表的人工智能技术飞速发展，大幅跨越了科学与应用之间的“技术鸿沟”，诸如图像分类、语音识别、知识问答、人机对弈、无人驾驶等人工智能技术实现了从“不能用、不好用”到“可以用”的技术突破，新算法在具体场景中成功应用，从而迎来人工智能爆发式增长的新高潮，可以说是大应用、大发展阶段。

1.2　人工智能的学派与相关理论

在人工智能的发展过程中，人工智能的概念和相关学派也在不断发展更新，相应的理论也在逐步完善。人工智能是一个概念，要使这个概念成为现实，需要实现概念的三个功能。首先是指物功能，即指向客观世界的对象。但概念的指物功能有时不一定能实现。其次是指心功能，即指向人心智世界里的对象，代表心智世界里的对象。如果对于某一个人，一个概念的指心功能没有实现，则该词对于该人不可见。最后是指名功能，即指向认知世界或者符号世界表示对象的符号名称。同一个概念在不同的符号系统里，概念名不一定相同，如汉语称“雨”，英语称“rain”。

通常来讲，人工智能有三个学派。这三个学派关注于如何才能让机器具有人工智能，并根据概念的不同功能给出了不同的研究路线。专注于实现 AI 指名功能的人工智能学派称为符号主义学派；专注于实现 AI 指心功能的人工智能学派称为连接主义学派；专注于实现 AI 指物功能的人工智能学派称为行为主义学派。

1.2.1　符号主义学派

符号主义学派的代表人物是 Simon 与 Newell，他们提出了物理符号系统假设，即只要在机器上是正确的，现实世界就是正确的，这是智能的充分必要条件。说得更通俗一点，指名对了，指物自然正确。在哲学上，关于物理符号系统假设有一个著名的思想实验——图灵测试。图灵测试要解决的问题就是如何判断一台机器是否具有智能。图灵测试的实验流程如下：一个房间里有一台计算机和一个人，计算机和人分别通过各自的打印机与外面联系。外面的人通过打印机向屋里的计算机和人提问，屋里的计算机和人分别作答，计算机尽量模仿人。所有回答都是通过打印机用语言描述出来的。如果屋外的人判断不出哪个回答是人、哪个回答是计算机，就可以判定这台计算机具有智能。

上述图灵测试是否具有科学性呢？显然，测试都是在符号层面进行的，这种测试是一个符号测试方式，是否能够真正测试智能的内在本质特征有待进一步考证。但是，这个测试方式具有十分重要的意义，因为截至目前，并没有人给出一个为大家所一致认可的智能的内涵定义，而如何判定是否具有智能就面临很大困难。有了图灵测试，起码可以将研究智能的重点放在智能的外在功能性表现上，使智能在工程上看似乎是可以实现和做出判断的。

显然，符号主义学派所面临的现实挑战主要有三个。第一个是概念的组合爆炸问题。每个人掌握的基本概念大约有五万个，其形成的组合概念却是无穷的。因为常识难以穷尽，推理步骤可以无穷。第二个是命题的组合悖论问题。两个都是合理的命题，合起来就变成了没法判断真假的句子了，比如著名的柯里悖论（Curry's Pardox，1942）。第三个是经典概念在实际生活当中是很难得到的，知识也难以提取，因而，这一挑战也是最难的问题。

1.2.2 连接主义学派

连接主义学派认为大脑是一切智能的基础，主要关注于大脑神经元及其连接机制，试图发现大脑的结构及其处理信息的机制、揭示人类智能的木质机理，进而在机器上实现相应的模拟。早期代表人物有麦克洛克、皮茨、霍普菲尔德等。连接主义学派实际上主要关注于概念的心智表示以及如何在计算机上实现其心智表示，这对应着概念的指心功能。目前有研究表明大脑语义地图的存在性，文意指出概念都可以在每个脑区找到对应的表示区，概念的心智表示确确实实是存在的。因此，连接主义有其坚实的物理基础。连接主义在下面的语言加工部分会得到较为详尽的介绍。

1.2.3 行为主义学派

行为主义学派假设智能取决于感知和行动，不需要知识、表示和推理，只需要将智能行为表现出来就好，即只要能实现指物功能就可以认为具有智能了。这一学派的早期代表作是 Brooks 的六足爬行机器人。

哲学家普特南对行为主义学派进行了批判，为此专门设计了“完美伪装者和斯巴达人”。完美伪装者可以根据外在的祈求进行完美的表演，需要哭的时候可以哭得让人撕心裂肺，需要笑的时候可以笑得让人兴高采烈；但是其内心始终冷静如常。斯巴达人则相反，无论其内心是激动万分还是心冷似铁，其外在总是一副泰山崩于前而色不变的表情。由此可以看出，完美伪装者和斯巴达人的外在表现都与内心没有联系，这样的智能如何从外在行为进行测试？因此，通过行为主义路线实现的人工智能也不等同于人的智能。

1.2.4 人工智能的细分领域

伴随着人工智能的不断发展，其领域划分越来越精细，大致可以分为感知能力（perception）、认知能力（cognition）、创造力（creativity）和智能（wisdom）。

①感知能力（perception），指人类通过感官所受到环境的刺激、察觉消息的能力，简单地说就是人类五官的看、听、说、读、写等能力，学习人类的感知能力是 AI 目前主要的焦点之一。“看”：电脑视觉（computer vision）、图像识别（image recognition）、人脸识别（face recognition）、对象侦测（object detection）。“听”：语音识别（sound recognition）。“读”：自然语言处理（natural language processing,NLP）、语音转换文本（speech-to-text）。“写”：机器翻译（machine translation）。“说”：语音生成（sound generation）、文本转换语音（text-to-speech）。

②认知能力（cognition），指人类通过学习、判断、分析等心理活动来了解消息、获取知识的过程与能力，对人类认知的模仿与学习也是目前 AI 第二个焦点领域，主要包括：分析识别

能力，例如医学图像分析、产品推荐、垃圾邮件识别、法律案件分析、犯罪侦测、信用风险分析、消费行为分析等；预测能力，例如AI运行的预防性维修（predictive maintenance）、智能天然灾害预测与防治；判断能力，例如AI下围棋、自动驾驶车、健保诈欺判断、癌症判断等学习能力，如机器学习、深度学习、增强式学习等各种学习方法。

③创造力（creativity），指人类产生新思想、新发现、新方法、新理论、新设计及创造新事物的能力，它是结合知识、智力、能力、个性及潜意识等各种因素优化而成，这个领域目前人类仍遥遥领先AI，但AI也试着急起直追，主要包括：AI作曲、AI作诗、AI小说、AI绘画、AI设计等。

④智能（wisdom），指人类深刻了解人、事、物的真相，能探求真实真理、明辨是非，指导人类可以过着有意义生活的一种能力，这个领域牵涉人类自我意识、自我认知与价值观，是目前AI尚未触及的一部分，也是人类最难以被模仿的一个领域。智能的实际应用主要在机器视觉、指纹识别、人脸识别、视网膜识别、虹膜识别、掌纹识别、专家系统、自动规划、无人载具等方面。

1.3　人工智能的发展趋势

综上可以看出，人工智能三大学派之所以能够成立的前提是指名、指物、指心功能等价。三大学派虽然取得了很大进展，但也面临巨大挑战。符号主义学派认为只要实现指名功能就可以实现人工智能；连接主义学派认为只要实现指心功能就可以实现人工智能；行为主义学派认为只要实现指物功能就可以实现人工智能。

概念的指名、指物与指心功能在生活中并不等价，单独实现概念的一个功能并不能保证具有智能。因此，单独遵循一个学派不足以实现人工智能，现在的人工智能研究已经不再强调遵循人工智能的单一学派。很多时候会综合各个学派的技术。比如，从专家系统发展起来的知识图谱已经不完全遵循符号主义学派的路线了。在围棋上战胜人类顶尖棋手的AlphaGo综合使用了三种学习算法：强化学习、蒙特卡罗树搜索、深度学习。而这三种学习算法分属于三个人工智能学派（强化学习属于行为主义学派，蒙特卡罗树搜索属于符号主义学派，深度学习属于连接主义学派）。

经过60多年的发展，人工智能在算法、算力（计算能力）和算料（数据）等“三算”方面取得了重要突破，但是人工智能还有很大的缺陷，其使用的知识表示还是建立在经典概念的基础之上。经典概念的指心、指物、指名功能是等价的，但日常生活中概念的指心、指物、指名功能并不等价。因此，在经典概念表示不成立的情形下，如何进行概念表示是一个极具挑战性的问题。虽然人工智能发展至今，各个学派依然在发展，也都取得了很好的进展，但是单独遵循一个学派不足以实现人工智能，各个学派进行融合已经是大势所趋。

近年来，在数字经济不断推进的大背景下，人工智能发展迅速，并与多种应用场景深度融合。自2006年深度学习算法被提出，人工智能技术应用取得突破性发展。2012年以来，数据的爆发式增长为人工智能提供了充分的“养料”，深度学习算法在语音和视觉识别上实现突破，令人工智能产业落地和商业化发展成为可能。人工智能的水平建立在机器学习的基础上，除了先进的算法和硬件运算能力，大数据是机器学习的关键。大数据可以帮助训练机器，提高机器的智能水平。数据越丰富完整，机器辨识精准度越高，因此大数据将越来越普及，而大数据是人工智能进步的养料，是人工智能大厦构建的重要基础，通过对大量数据的学习，机器判断处理能力不断上升，智能水平也会不断提高。一般机器人不具有智能，只有具有一般编程能力和操作功能的机器人才具有智能。中国通信企业华为发布了人工智能芯片并将其应用于其智能手机产品，使人工智能通过智能手机变得更贴近人们的生活。未来在应用水平上，随着移动通信技术的快速发展，设备之间的联通将有着更高的带宽与更低的延迟，也就催生了更多人工智能的应用，如自动驾驶、元宇宙技术等。

1.4 语言加工的内涵和定义

就人类智能而言，智能活动与人的神经系统自适应调节工作密切相关。神经系统通过分布在身体各部分的感受器获取内、外界环境变化信息，经过各个层次级别的神经中枢进行分析综合，发出各种相应的处理信号，进行决策或达到智能控制躯体行为的目的。人类智能生理机构由中枢神经系统和周围神经系统两大部分组成，每一部分都有十分复杂的细微结构。人脑是中枢神经系统的主要部分，能够实现诸如学习、思维、知觉等复杂的高级智能。

语言加工是人脑机能的一部分，也是探索脑奥秘的核心方法。脑的奥秘有赖于多个学科的共同努力和分工协作。脑是动物为适应生存需要而发展起来的特殊结构，其主要任务就是收集机体内外环境的信息，并经过对信息的加工，作出适应环境和有利于生存的决策和反应。人脑是进化的最高成果，已成为极为精巧和完善的信息加工系统。信息的加工和存储是脑的基本任务。从系统和信息的观点，综合神经心理学、神经生理学、认知神经科学和神经网络等学科的研究成果，建立以生物实际为基础的神经网络模型，从信息和信息加工的观点去观察，是深入地揭示脑的高级功能，诸如感知、记忆和思维等过程的最有效的方法。

人类语言加工区别于自然语言加工，人类语言加工是人脑机能的一部分，是脑的基本任务之一。语言加工及语言的认知加工研究，是语言学原理和心理机制共同的产物。语言加工研究主要探究语言与心理及大脑之间的关系，其研究目的在于理解人类语言的产生、习得及学习的神经和心理机制。它是一个跨学科的研究领域，涉及范围广泛，包括心理学、语言学、心理语言学、教育学、脑神经医学等多个学科，心理学、语言学是语言加工研究的主要学科。语言加工研究旨在探索语言使用的心理过程和机制及对语言习得的启示。它是一个非常复杂的过程，一般认为，语言加工系统包括三个水平的加工：单词水平的加工、句法水平的加工和意义水平的加工。经过这三个水平的加工活动，最后构造出句子或语段的意义，达到对句子或语段的理解。这几种加工在一定意义上是按次序进行的， 但很多实验都表明，高一级水平的加工对低一级水平的加工有很大影响。依据信息处理系统对语言信息的加工方式可以将言语理解的心理过程大致归纳为以下三种模式。

第一种模式是自下而上模式。这种模式从最低的层面开始，往上一个层面发展。也就是说，在言语理解过程中，听话人的理解首先是从语音层面开始的，即首先要辨别说话人说出的语音和音节。其次是词汇层面，用可以认出的语音和音节去提取词汇。再次是句法层面，把词组成句子成分和形成句子的短语结构。最后是话语层面，把后一个句子的意义和前一个句子的意义连接起来，成为更高一级的单位。这种自下而上的模式为言语理解按照从词汇到句子再到话语的逻辑顺序提供了理论依据。但是必须看到，绝对的自下而上模式难以解释言语理解过程，因为在一定的语境中，往往要在理解整段话语的基础上才能判断出某一个词的具体含义。这就涉及自上而下模式。

第二种模式是自上而下模式。这种模式与自下而上模式相反，它是从最高层面开始，往下一个层面发展。例如，上下文可以影响对词汇的辨认。最足以体现自上而下过程的是“图式”的作用。当言语信息输入以后，听话人头脑中相应的图式被激活，对下一个层面的言语信息产生相应的期待，这样就促进了对整个言语的理解，缩短了理解时间。在自上而下模式中，期待起了重要的作用，但是应该指出的是，不是所有自上而下的处理都有促进作用，当言语内容与期待相违背时，自上而下模式就干扰了对言语的理解，这时采取自下而上模式是较为可取的。

第三种模式是交互作用模式。这种模式是自下而上模式和自上而下模式的综合，在言语理解过程中，两种模式相互配合，共同起作用。在对熟悉的言语材料进行理解时，自上而下的作用最为明显，可以先从整体上把握材料，进而理解其中的词汇和句子。如果对词汇、句子以至于整个话语的处理都存在困难，自上而下模式的作用就无从发挥，这时必须采用自下而上模式。在言语交际过程中，往往只有两种模式交互起作用，才能实现对言语信息的准确理解。

1.4.1 词汇加工

理解言语中的词义是一个非常复杂的心理过程。因为词往往是多义的，而一个词义还有若干个用法，另外还有许多同音词和近音词等。所以理解具体言语环境中的词义有一个具体化的过程，要从很多义项和用法中选择并确定一个具体意义，这种选择和确定往往要依赖于具体语境。理解词义要从其众多意义中选择、确定一个适合语境的具体意义，它取决于以下三个心理过程。

首先是心理词典。心理词典是心理学家们在研究词汇理解时提出的一种假设。这种假设认为人脑的词汇记忆就像一本词典，其中含有很多词汇条目，每个词条包括发音、写法、语义、语法功能以及语用等项目。识别由感觉信息输入的一个词，心理词典中的相应词条就会激活，这个过程就像查字典一样。在心理词典中，常常将一个词的特征设想成为一种网络结构。这种网络结构包括了许多节点。节点与节点之间由一定的连线联结起来。这些连线指出了节点与节点之间的关系特征。网络结构分两种，一种是层次等级的语义网络结构，一种是非等级的语义网络结构。词义具有组成成分，它是特征的集合。输入一个词条时就会激活心理词典中该词的一些或全部特征。例如，“金丝雀”这个词，相联结的可以有这些节点：黄色的、会唱歌、鸟类、动物等。其中黄色的、会唱歌是“金丝雀”的下位概念，这种下位概念的特征的存储是同“金丝雀”这个词的存储同时进行的。而鸟类、动物是“金丝雀”的上位概念，上位概念的特征包含下位概念的特征，因此有皮肤、能呼吸等特征就不再存储在“金丝雀”这个下位概念中。同时，动物这个上位概念还可以有其他的下位概念，如鱼、牛等。这就构成了一个有上下位概念的层次等级语义网络结构，在词汇提取时，就可以根据这个网络进行搜索。两个节点的距离越近，提取的就越快，反之就越慢。

其次是词频效应。所谓词频效应就是要根据词义出现的不同频率来进行词的认知，词频是词认知中的一个重要变量。不同类型的词识别的速度不同，高频词检索起来比较容易，需要的时间短。在语言中，词的出现频率是不相同的，同样，对于一个多义词而言，其各个词义的出现频率也是不同的。实践证明，在言语理解过程中，一般情况下，人们更容易感知出现频率高的词或词义。但是应该注意到，一种语言中的词的频率有高有低，这是对所有使用某一语言的人的整体而言的。对于个人来说，心理词典中的词频与该语言本身的词频也许是不同的。比如

“尺子”这个词，不是一个高频词，但是对于裁缝而言，他们每天都要和尺子打交道，因此对于他们来说“尺子”就是一个高频词；“签证”这个词也不是一个高频词，但是对于那些经常出国的人来讲，一定是一个高频词。同一个人在不同的阶段其心理词典的词频也会发生改变，一个低频词，如果在某一时期内经常被使用，经常得到重复，它便可以变成高频词。因此说，词频不是一成不变的，它是动态的，它与语言在社会上的使用频率有关，同时还与个人的职业、爱好等因素息息相关。

最后是语境效应。在识别词的过程中，语境发挥着非常重要的作用。词只有在特定的言语环境中才能表达一定的含义，也只有在特定的言语环境中才能对词义进行准确的理解和把握。例如，She walked along with a spring in her step 和 There is a feeling of spring in the air toady 中都出现了 spring 这个词，但是第一个 spring 是指活力，而第二个 spring 指的是春天。对于同一个词的不同含义要依据特定的言语环境来进行判断。

不同的语言加工理论对此持有不同的观点，例如，相互作用理论认为不同水平的语言加工是一个相互作用的过程，较高水平的信息能影响较低水平信息的加工；模块化理论认为语言加工是一个自主的和模块化的过程，语言加工系统由一系列在功能上彼此独立的模块组成，每个模块是独立的加工单位，加工快速、强制执行，每个模块对特定的输入产生输出，且这个过程是独立的，不受其他模块影响。实际而言，两者结合可以解释语境在语言加工中的作用，词的理解不是音义联系的简单过程，而是对众多的意义和用法依赖使用频率和特定语境的条件进行选择的过程。

1.4.2 句子加工

句子加工的整个过程自然包括言语感知，在言语感知完成之后，听者需要对句法和语义信息进行处理。在理解句子过程中，人们通常采用句法分析和语义分析两种方法。所谓句法分析，就是把句子切分为构成成分，并且决定这些构成成分是怎样相互联系起来，从而建立起句子深层结构中的命题。对句子进行加工理解时，除了可以进行句法分析外，还可以对句子进行语义分析。关于这一过程，心理语言学有两种不同的观点。一种观点认为句法与语义信息的分析是有先后次序的，听者首先分析句法信息，然后再分析语义信息。另一种观点认为，在语言理解的每一个阶段，各种不同的信息都是互动的。不论是哪一种观点，都不否认句法与语义分析过程的存在。而采用大脑成像技术的研究也进一步证实了句法分析与语义分析之间的相互独立性。

1.4.3 语篇加工

与词汇加工和句子加工相比，关于语篇处理神经基础的研究要晚得多，有关的研究开始于 20 世纪 90 年代，并且相关研究的数量也比较有限。从 21 世纪初开始，关于语篇处理神经基础的研究逐渐多了起来。语篇处理与单独的句子加工的一个重要差别在于，语篇的处理需要把不同句子之间的信息进行整合以保持语篇的连贯性。有研究者采用 PET 技术对连续的语篇和不相关的句子构成的句子的对比研究发现，句子之间通过共指（co-reference）建立连贯的神经基础是前额叶的背内侧上部区域，这一区城似乎在句子之间远距离信息整合时也起到一定的作用。20 世纪 90 年代末以来，随着各种认知神经科学技术的发展，语篇水平上的语义整合的研究也在增多。但在很多方面依然存在争议，如语义整合的定义和语义整合的功能定位，对语篇中语义整合的神经机制方面的研究还处于探索阶段，语义整合的影响因素也在逐年丰富。

1.5 语言加工的相关理论与发展

针对大脑是如何对语言进行加工以实现言语理解这一问题，学界提出了不同的语言加工理论。20 世纪 80 年代以来，传统语言加工理论符号主义范式（symbolism）与连接主义范式（connectionism）展开了激烈的辩论。也有理论聚焦语言加工的某些方面，例如，针对句法和语义加工过程的关系问题，模块论（modular theory）和交互论争论多年。因此，下面对语言加工中三个主要理论：模块理论、连接主义理论和符号主义理论简单加以介绍。

1.5.1 模块理论

传统的语言哲学和语言学（如行为主义语言学）把语言看做一种纯粹的社会行为，既独立于个人的心智和大脑，又独立于任何特定说话者。而 20 世纪 50 年代诞生的认知科学与语言学认知科学却认为只有规则系统才能够有效地反映人脑的高级抽象活动。这种认识是基于认知科学家的一个基本假设：人脑是加工符号系统（symbol system）的机器。这种将人脑看做符号系统的观点与认知心理语言学的模块理论有着密不可分的关系。

在语言加工问题中，语言加工的结构是一个重要的问题，自 20 世纪末以来一直受到心理语言学家的重视。很多实验都表明，高一级水平的加工对低一级水平的加工有很大影响。单词所处的语境（包括句法和语义因素）影响单词识别的速度，影响多义词意义的确定。句子语境的语义也影响句法的分解。因此，就产生了一个语言加工系统中各加工操作之间的关系问题，语境为何影响单词识别和句法分解，在语言加工系统中，信息如何在各加工器之间传递。对这个问题，国外的心理语言学家有多种不同的回答，他们大致可分为两大阵营。以 W. Marslen-Wilson 为代表的一些研究者持相互作用的观点，他们认为语言理解系统中各加工器之间可交流信息，不仅单词水平加工器和句法水平加工器可以把信息分别传递给句法水平加工器和意义水平加工器，而且，句法水平加工器和意义水平加工器也可以分别把信息反馈给单词水平加工器和句法水平加工器。因此，高水平的加工影响对较低水平的加工。另一种观点认为语言理解系统中各成分的操作是连续的、独立的，在系统中信息只向一个方向流动、传递。因此，在语言理解过程中，较低水平的加工活动不受较高水平加工活动的支配。语言加工的这种方式称为语言加工的自主模式。由于自主模式难以解释单词识别受语境影响，句法分解受语义影响的事实，一些自主模式的支持者对其进行了修正和补充。Forster 就是其中之一。在 Forster（1979）的模式中，保留了上述自主模式的基本观点。同时又增加了两个成分：一是每个加工器都和心理词汇有双向的关系，二是每个加工器都把加工的结果传送给一般问题解决器。由一般问题解决器作出决定并产生反应而它又和一般概念知识有双向联系。Forster 以此来解释原来的自主模式所无法解释的现象，但这种解释非常勉强、烦琐，而且没有得到实验的证实。

一般来说，模块说承认较高水平的信息对较低水平加工的影响。例如，在遇到多义词和句法歧义的结构时，语言加工系统就要根据语境所提供的信息确定多义词的意义和进行理论的句法分解。就这个意义而言，模块外的信息影响了语言分析的结果。但是有学者认为，语境不能引导对语言材料的最初加工，语境不能告诉单词加工器或句法分解器应该进行什么样的分析。只有当单词识别或句法分解有了加工的结果，语义和语用因素才可能发挥作用。较低水平的加工器按自己的原则分析，较高水平的加工器仅仅给它们以语义、语用可接受性的反馈，而不是实行早期的自上而下的干预和预期。他们认为这种自上而下的作用并不破坏模块封闭性的原则。

这样，争论的焦点就不再是较高水平的加工是否对较低水平的加工产生影响的问题，而是如何影响，什么时候产生影响的问题。但模块理论最大的缺点是难以在生物及神经学上找到对应的关系。这与人脑的灵活性及可塑性有极大的差别。所有这些都为连接主义的发展铺下了基石。

1.5.2 连接主义理论

连接主义始于 1986 年 Rumelhart 和 McClelland 发表在《平行分布加工》第二卷中的一篇著名论文，该论文运用连接主义网络模拟了英语过去式的习得过程，指出语言活动无须规则运作，语言规则是语言描述的产物概述，同时也标志着连接主义的认知研究范式真正登上了历史舞台。

连接主义用发生在神经系统中的过程，非符号操作来模拟人的认知过程。其结构的基本构成部分是类似神经元而没有神经元那么复杂的单元（unit），又称节点（node）。一个节点能做的唯一事情是呈现某种水平的激活，一组处理单元被假定是 N 维矢量，N 是该系统的单元的数目。一般可以区分为三种单元：输入单元，外部刺激从此进入该系统；输出单元，与输出激活指令的输出装置相连接；隐含单元，只与其他单元相互作用的内部单元。在模型中，一个单元以非常抽象的方式表征一个神经元。它与其他的单元相互连接，并对其他单元产生影响。当一种激活被给予这些单元中的一部分或全体时，它就可以促使其他单元激活的增加（兴奋）或减少（抑制），这些不同的连接力度构成了在单元所表征的东西之间联想的“长时记忆”，所有的长时记忆都以这种方式编码。单元由于输入而改变它们的激活，从而改变它们的输出。当系统进入稳定状态（经过连结，激活的完成并不会导致单元改变它们的激活强度的状态），加工就结束了。在连接主义模型中，还存在有许多学习规则，它们可以用来在特定的过程中调节连接的强度。

在形态结构作用方面，连接主义范式和符号主义范式曾对词干为不规则动词的离心结构动词应采用何种过去式形式存在争议。连接主义范式认为如果这一类动词的语义也与不规则动词相类似则应当采用不规则过去式，而符号主义范式则认为应当采用规则过去式。

1.5.3 符号主义理论

符号主义和连接主义两种范式是现代认知科学发展中的两个重要方向。两个理论的支持者曾以英语过去式的习得与产出为素材对语言活动的加工机制进行了激烈争论，具体来说，两种范式需要解释语言加工怎样确定规则动词和不规则动词的过去式形式以及过去式习得过程中存在的过度规则化错误（如 go/goed）和过度不规则化错误（如 bring/brang）是如何产生和消除的。采用符号主义范式对过去式的研究认为，规则过去式通过规则运算产出，不规则过去式通过记忆读取产出，在产出过程中两者同步进行，但是后者可以阻遏前者的应用。

符号主义与连接主义之争以构成性问题最具代表性。构成性指的是观念之间是具有内在的语义关联的，并系统地相互联系，在合理性原则和逻辑推理原则的支配下，表现出一致性和连贯性。在解释构成性问题上，符号主义由于假定了人心中先天的类语言结构，并将人的认知理解为符号操作过程，所以其构成要素能基于一定的规则制约在符号串中运行转换。因此符号主义强调：只有一个具有结构化的符号表达系统才能够合适地模拟认知过程。而连接主义的模型只是为个别单元或单元的组合提供了语义解释，所以符号主义宣称连接主义的系统无法解决构成性问题。有学者认为，心理表征的命题与心理过程都分别具有内在结构并保持相互一致，结构化的符号表达系统被用来模拟认知的过程。符号主义实际上假定了符号表达的语言特征，假定了认知者在自己的大脑或心中对于知识的表达系统，必定具有某种先天的类语言的结构。连接主义针对符号主义强构成性的表达，从语境角度反驳了符号主义。强构成性语义是构成和构成要素的语境独立性的结合。日常生活中人们对生活用语的理解，是密切依赖于语境的，而强构成与理解的语境敏感性却不相容。在符号主义的模型中，符号表征通常被当作“表结构”，某种规则贯穿其中，在特定时间关注该结构的特定空间。当它关注该空间时，正在起作用的语境仅仅是非常局域的语境。而要在庞大的语句集中迅速搜索到相关的信息是也相当困难的。像人们边骑车边说话这样的事实，在串行的运作方式下，也无法得到合理的解释。这使得符号主义对于常识问题的解释略显乏力。

1.5.4　语言加工展望

连接主义理论是与符号主义理论一同产生的语言学的研究范式，双方在发展的过程中几经波折，却并未在发展的过程中被淘汰出局，就说明两种理论是具有强大生命力的。虽然符号主义和连接主义模型有很大差别，但是差别不等于二者之间没有相通之处。两者各有长处和短处，它们在不同的层面上试图解决相同的认知问题。两者在解释语言加工机制方面相辅相成，如在考察语言加工的影响因素时，不仅需要调查频率因素的作用，也需要调查语言自身特性的作用。符号主义主张信息是由符号系列进行表征的。而连接主义认为信息以非符号形式存储在神经网络单元间的权重或联结权重中。前者可以合理地解释和利用人的高层认知，而后者对认知活动本质的揭示虽然也是比较符合人的真实的认知过程的，但其分布式表征却难于在不影响网络中其他信息的情况下做出调整。另外，前者在处理自然语言，特别是处理界定分明的范畴知识（即不同情景之间没有必然的联系）方面效果极佳。而后者却不能凭空创造新节点，它们必须调整分布表征或网络的权重，而权重的调整会导致系统内其他部位的变化。其实，连接主义理论与符号主义理论的观点并不冲突。在认知科学不断发展的今天，应用符号主义认知模型来指导连结主义研究不失为一种有效的方式。不仅仅是要研究两种范式的理论问题，而且更要研究符号主义和连接主义在语言学中的应用问题，两种范式的倡导者们都自觉不自觉地为二者的相通和融合留下了余地。

当前的语言加工的实验研究主要聚焦在脑电技术、工作记忆、句法加工、语义加工、语音加工、信息加工、失语症、眼动、隐喻、语块、二语习得、关系从句以及正常语言的神经生理机制、言语障碍的神经病理机制研究等领域。而先进的认知神经科学技术手段，更是促进了这些语言加工研究范式的高水平发展，有利于我国语言加工研究领域与国际研究的接轨。近十年来，我国语言加工研究中，句法类话题最热，语言习得类和语码转换类话题也备受关注；启动范式和违例范式是语言加工领域的主要研究范式。未来的研究需要从纵向拓展，并加强语言障碍加工和脑机接口方面的研究。

小　结

本章对人工智能的发端和定义进行了论述。通过介绍，知道有很多人工智能的定义，这些定义对于从不同角度理解人工智能有不同的视角，有助于对人工智能本质的探索，但是，精确的人工智能定义还没有被大家广泛认同，需要不断的探索。人工智能发展的过程可以分为六个阶段，每个阶段都有特定的内容和标志性的成果内涵，如第六阶段的蓬勃发展期，以元宇宙技术为代表的人工智能技术在感知数据和图形处理器等计算平台的应用，大幅跨越了科学与应用之间的“技术鸿沟”，实现了人工智能技术的快速发展。

人工智能的三个学派都关注于如何才能让机器具有人工智能，但根据概念的不同功能给出了不同的研究路线。符号主义专注于实现AI指名功能；连接主义专注于实现AI指心功能；行为主义则聚焦于实现AI指物功能。同时，由于人工智能的不断发展，其领域划分越来越精细，大致可以分为感知能力（perception）、认知能力（cognition）、创造力（creativity）和智能（wisdom）。这些不同领域技术的不断更新，并和具体的应用场景深度融合，推动了人工智能的深度发展，并成为未来人工智能发展的方向和趋势。

语言加工是人工智能领域的主要内容，从人类智能发展的角度而言，智能活动与人的神经系统自适应调节工作密切相关。语言加工既是人工智能技术研究的重要内容，也是人脑机能的一部分，更是探索脑奥秘的核心方法。人脑语言加工有区别于自然语言加工的显著特征，依据信息处理系统对语言信息的加工方式可以把语言理解的心理过程大致归纳为三种模式，即自下而上模式、自上而下模式和交互作用模式。在词汇加工层面，理解具体言语环境中的词义有一个具体化的过程，要从很多义项和用法中选择并确定一个具体意义，其中涉及心理词典和词频、语境效应。在句子加工层面，通常采用句法分析和语义分析两种方法；在语篇加工层面，需要把不同句子之间的信息进行整合以保持语篇的连贯性，探索语篇中语义整合的神经机制，丰富语义整合的影响因素方面的研究。

关于语言加工的相关理论与发展方面，本章主要介绍了语言加工中三个主要理论：模块理论、符号主义理论和连接主义理论。这三个理论在脑语言加工领域的研究有跨越语言不同层级的应用特征；同时又存在不同内容的研究范式。脑语言加工的实验研究主要聚焦在眼动研究、认知资源、句法和语义加工、信息交流模式、失语症、隐喻和思维、语言智能发展以及正常语言的神经生理机制、言语障碍的神经病理机制研究等领域。因此，未来人工智能技术与脑语言加工的深度融合拓展，在加强语言障碍加工和脑机接口方面的应用研究会有广阔的空间。

习　题

思考题

1. 试搜索人工智能的其他定义。
2. 人工智能的三个学派是什么？三者有何关系？
3. 论述知识与概念之间的关系。
4. 试论述语言加工与人工智能的关联性。

第2章 人工智能的概念和知识表示

2.1 经典概念理论与数理逻辑

知识是实现人工智能的必要元素，而概念则是知识的基本单元，如何通过概念准确地理解、描述世界，并与世界进行流畅的交互，对于人工智能中分类、推理、决策等任务至关重要。

数理逻辑对于各学科的研究者来说，都不失为一种基础的分析工具，甚至可以说，如果缺少对这一学科的研究，现代科学的进展会缓慢许多。在本书中，重点关注数理逻辑与人工智能和语言的关系，从这个角度来看，数理逻辑可以看作自然语言到机器语言过渡的工具，是人与机器智能交互的重要工具。

概念和数理逻辑对于实现人工智能的意义重大，而两者之间也存在着依赖关系，两者共同作用才能产生实际意义。

2.1.1 经典概念理论

可以通俗地理解“概念”为描述事物本质属性的手段，概念本身也有其对应的概念。有了概念后，人们才能对感知到的客观对象加以整合分类加工，相互之间才能够有效沟通。关于概念的定义、理论等一直都处在争论中，而经典概念理论是其他各种概念理论的基础，即现有概念理论大都是根据经典概念理论演化发展起来的。

在经典定义中，概念通过三个元素描述：概念名、概念的内涵（intension）表示和概念的外延（extension）表示。其中，概念名就是指代概念的名称；概念的内涵表示是一个命题，是描述该概念的一句话，其反映的是人对事物的内心所想，即主观认知；概念的外延表示用集合来表示，是满足该概念内涵表示的所有示例，集合内的所有元素都能用其概念名指代，这种表示是外部可观测的。例如，水果的概念名为“水果”，内涵表示为“水果是可以吃的含水分较多的植物果实”，外延表示为{苹果，梨，西瓜，……}。

经典概念理论并不十分完善，不能够概括人类全部的相关认知过程。例如，很多概念无法用经典概念理论中的内涵概念，即命题，来精确地描述，就如上文提到的水果的内涵概念，根据定义，番茄、豆角都可以被认为是水果，而甘蔗不是植物果实，也会有很多人将其分为水果。另外，经典概念理论也无法完全解释人类认知的现象，比如提到水果，大多数人心里可能第一时间会想到苹果、香蕉等常见的水果，而很少人会想到李子、牛油果等不常见或不典型的水果，这意味着同样是外延表示，其与概念的相关程度是不同的，而经典概念理论无法反映此类信息。针对上述问题，认知科学领域又延伸出了概念原型理论、样例理论、知识理论等来完善对概念的研究。即便如此，经典概念理论仍是踏出理解人类智能、构造机器智能的重要一步，接下来就是将概念通过认知过程符号化形成语言。

2.1.2 数理逻辑

逻辑学是研究思维形式和思维规律的科学，数理逻辑是逻辑学中用数学的方法，即引进一套符号体系来进行研究的分支。本节对数理逻辑中最基本的内容——命题逻辑和谓词逻辑初步进行介绍。另外，由于人工智能的概念和知识表示会涉及集合论，因此，关于集合论的基础知识也在本节一并介绍。

1. 命题逻辑

命题是数理逻辑中最基础的概念，指的是具有确定真值的陈述句，其中真值只有两种："真"和"假"，"真"用数字 1 或符号 T（代表 True）来表示，"假"用数字 0 或符号 F（代表 False）来表示。真值为 1 的命题称为真命题，真值为 0 的命题称为假命题。命题有两种类型：原子命题和复合命题。原子命题，也称为简单命题，指不能分解为更简单陈述句的命题，复合命题指由联结词和原子命题复合构成的命题。无论哪种类型的命题都应该具有确定的真值，例如，

（1）5 能够被 105 整除。

（2）昆明是一座北方的城市。

（3）乌鸦是黑色的。

（4）太阳东升西落。

（5）3021 年 9 月 1 日晚上 8 点北京能看到日全食。

（6）如果明天不下雨，我就去看电影。

（7）我睡觉或者看电视。

（8）禁止吸烟。

（9）向左转。

（10）你是南方人吗?

（11）我正在说谎。

在上述例子中，（1）~（7）是命题，其中（6）和（7）是复合命题，（1）和（4）是真命题，（2）和（3）是假命题，（5）~（7）的真值待定，但一定有确定的真值，所以认为它们也都是命题。（8）~（10）不是陈述句，（11）是悖论，即无论这句话为真或为假，都会产生于所述内容相悖的结果，所以这些都不是命题。综上，命题一定是陈述句，而且可以判断真假，即使真值待定。除此以外，疑问句、命令句、感叹句及悖论语句都不是命题。

为表示方便，通常使用大写字母来表示命题，例如，

P：5 能被 105 整除。

就像"张三"是张三这个人的名字一样，大写字母 P 是"5 能被 105 整除"这个命题的名字，是表示命题的符号，称为**命题标识符**。如果一个命题标识符表示确定的命题，该标识符称为**命题常量**。如果一个命题标识符仅是表示任意原子命题的位置标志，就称为**命题变元**。也就是说，命题变元 P 可以表示任意命题，不能确定真值，因此也不是命题，只有用一个特定的命题指派给 P 才能确定真值，这个过程称为命题 P 的**真值指派**。例如，将"5 能被 105 整除"命题指派

给命题变元 P，P 就有了确定真值，成为命题常量。

原子命题较为简单，复合命题由原子命题和联结词构成，因此，联结词是复合命题的重要组成成分。在这里，命题联结词可以类比成数学运算中的运算符，即“1+2”中的“加号”。常用的命题联结词共有五种，分别是：否定、合取、析取、条件、双条件，其中否定是一元联结词，其余四个均为二元联结词。为了便于推演，以及清晰表示复合命题，下面对这五种联结词逐一进行介绍。

（1）否定

定义 2.1　设 P 为一命题，P 的否定是一个新的复合命题，记作 $\neg P$，其真值与 P 相反，即若 P 为 1，则 $\neg P$ 为 0；若 P 为 0，则 $\neg P$ 为 1，联结词 $\neg$ 表示命题的否定。

否定的作用可类比于生活中的“非”，$\neg P$ 读作“非 P”，其真值表见表 2-1。

表 2-1　否定的真值表

P	$\neg P$
1	0
0	1

【例 2.1】P：乌鸦是黑色的。$\neg P$：乌鸦不是黑色的。

由于“否定”只对一个命题变元进行操作，因此是一元逻辑联结词。与之不同，下面要介绍的 4 个逻辑联结词都是二元逻辑联结词，是对两个命题变元进行操作。

（2）合取

定义 2.2　设 P、Q 为命题，则 P 与 Q 的合取是一个新的复合命题，记作 $P \wedge Q$。只有当 P 和 Q 同时为 1 时，其真值才为 1，否则其真值为 0，也就是说，P 和 Q 中只要有一个为 0，其真值就为 0。联结词 $\wedge$ 表示命题的合取。

合取的作用可类比于生活中的“并且”，$P \wedge Q$ 读作“P 合取 Q”，其真值表见表 2-2。

表 2-2　合取的真值表

P	Q	$P \wedge Q$
1	1	1
1	0	0
0	1	0
0	0	0

【例 2.2】P：张三是三好学生。Q：李四是三好学生。

$P \wedge Q$：张三和李四都是三好学生。

显然，只有当“张三是三好学生”和“李四是三好学生”都为真时，$P \wedge Q$ 才为真。

自然语言中的“与”“和”“一边……一边……”“既……又……”“不仅……而且……”一般都表示两件事情同时成立，因此可以用合取来表示。需要注意的是，由于自然语言的灵活性，合取的概念和自然语言中的“与”“和”并不完全相同，这体现在两方面。

其一，自然语言中的“与”有时并不表示两个命题的联结，因此不能见到“与”就用合取代替。

【例 2.3】P：张三与李四是同学。

这里的“与”是联结主语中的两个人，并非联结两个命题，P 是简单陈述句，因此是原子命题。

其二，合取联结的两个命题可能在自然语言中没有任何意义。

【例 2.4】P：太阳东升西落。Q：我们下课后去踢足球。

$P \wedge Q$：太阳东升西落，并且我们下课后去踢足球

在自然语言中，P 和 Q 是风马牛不相及的两件事，二者联结没有意义，然而在数理逻辑中，$P \wedge Q$ 仍是一个新的复合命题，一旦 P 和 Q 的真值确定，$P \wedge Q$ 的真值也必然确定。

（3）析取

定义 2.3　设 P、Q 为命题，则 P 与 Q 的析取是一个新的复合命题，记作 $P \vee Q$，只有当 P 和 Q 同时为 0 时，其真值才为 0，否则其真值为 1，也就是说，P 和 Q 中只要有一个为 1，其真值就为 1。联结词 $\vee$ 表示命题的析取。

析取的作用可类比于生活中的“或”，$P \vee Q$ 读作“P 析取 Q”，其真值表见表 2-3。

表 2-3　析取的真值表

P	Q	$P \vee Q$
1	1	1
1	0	1
0	1	1
0	0	0

需要注意的是，虽然析取类比于自然语言中的“或”，然而二者却不完全相同。自然语言中的“或”具有二义性，有时用它表示相容性，即联结的两个命题可以同时为真，称为“相容或”或“可兼或”；有时用它表示排斥性，即联结的两个命题在实际中不可能同时为真，只有一真一假时才为真，称为“排斥或”。

【例 2.5】张三来自安徽省或浙江省。（这里的“或”表示“排斥或”，即张三只能来自一个省。）

张三喜欢听音乐或唱歌。（这里的“或”表示“可兼或”，即张三可以有两种爱好。）

按照析取的定义，其表示的是“可兼或”。

【例 2.6】P：张三来自安徽省。Q：张三来自浙江省。

按照自然语言中“排斥或”的表意，P 和 Q 只能一真一假，则“张三来自安徽省或浙江省”表示为 $(\neg P \wedge Q) \vee (P \wedge \neg Q)$，其与 $P \vee Q$ 的真值表对比见表 2-4。

表 2-4　排斥或与析取的真值表对比

P	Q	$(\neg P \wedge Q) \vee (P \wedge \neg Q)$	$P \vee Q$
1	1	0	1
1	0	1	1
0	1	1	1
0	0	0	0

可以发现，只有在 P 和 Q 都为真时，二者取值不同。而在实际中 P 和 Q 不可能同时为真，张三不可能既是安徽人也是浙江人，所以，该命题也可以用 $P \vee Q$ 来表示。

（4）条件

定义 2.4　设 P、Q 为命题，则其条件命题是一个新的复合命题，记作 $P \to Q$，只有当 P 为 1 且 Q 同时为 0 时，其真值才为 0，否则其真值为 1。联结词“→”表示命题的条件，P 称为条件的前件，Q 称为条件的后件。

条件类比于生活中的“推出”，$P \to Q$ 读作“P 条件 Q”或“P 蕴涵 Q”，其真值表见表2-5。

表2-5　条件的真值表

P	Q	$P \to Q$
1	1	1
1	0	0
0	1	1
0	0	1

可以看出，$P \to Q$ 的逻辑关系表示 Q 是 P 的必要条件。在自然语言中，表示必要条件的方式有很多，例如，“若 P，则 Q”“如果 P，那么 Q”“只要 P，就有 Q”“因为 P，所以 Q”“P 推出 Q”“P 仅当 Q”“Q 成立，当 P 成立”“只有 Q，才 P”“除非 Q，否则 P 不成立”等。虽然这些方式表面看起来不同，但都表示 Q 是 P 的必要条件，在数理逻辑中都应符号化为 $P \to Q$。

【例2.7】

①如果我能买到《人工智能与语言加工》这本书，我将把它读完。

P：我能买到《人工智能与语言加工》这本书。

Q：我把《人工智能与语言加工》这本书读完。

该命题可符号化为 $P \to Q$。

②因为1+1=2，所以15＜18。

P：1+1=2

Q：15＜18

该命题可符号化为 $P \to Q$。

③只要你去参加班级活动，我就去参加班级活动。

P：你去参加班级活动。

Q：我去参加班级活动。

该命题可符号化为 $P \to Q$。

④我将去旅游，仅当我有时间。

P：我去旅游。

Q：我有时间。

该命题可符号化为 $Q \to P$。

⑤只有天气晴朗，我才骑车去上学。

Q：天气晴朗。

P：我骑车去上学。

该命题可符号化为 $P \to Q$。

⑥除非你努力，否则你不能成功。

Q：你努力。

P：你成功。

该命题可符号化为 $P \to Q$。

需要注意的是，在自然语言中，条件的前件 P 和后件 Q 往往具有某种内在联系或因果关系，然而数理逻辑是研究抽象的推理，并不要求这一点，因此数理逻辑中条件的前件和后件可以没有任何关系。例如，例 2.7 第②，通常会认为这句话的表达是没有意义的，或者是不对的，因为 P：1+1=2 和 Q：15 < 18 没有任何关系。然而，在数理逻辑中，该命题可符号化为 $P \to Q$，而且由于 P 和 Q 都是真命题，所以 $P \to Q$ 也为真。因此，$P \to Q$ 为真仅表示 P 和 Q 的真值关系，而与 P 和 Q 是否有内在联系无关。

按照定义，$P \to Q$ 作为 P 和 Q 的复合命题，其真值只与 P 和 Q 的取值有关。

【例 2.8】请给出如下各命题的真值。

①如果 1+1=2，那么 15<18。

②如果 1+1=2，那么 15>18。

③如果 $1+1 \neq 2$，那么 15<18。

④如果 $1+1 \neq 2$，那么 15>18。

根据定义，条件的前件为 1，且后件为 0 时，条件命题的真值为 0，其余均为 1，所以容易判断上例中命题②为 0，命题①③④均为 1。其中①为 1、②为 0，即条件的前件为 1 时，命题的真值与后件相同，较好理解。如何理解前件为 0 时，无论后件如何取值，命题永远为 1 呢？其实在生活的表述中，也经常会有类似的思维逻辑，即不管 15 是否小于 18，这句话都是对的，因为 1+1 不可能不等于 2。

（5）双条件

定义 2.5 设 P、Q 为命题，则其双条件命题是一个新的复合命题，记作 $P \leftrightarrow Q$，只有当 P 与 Q 的真值同时为 1 或同时为 0 时，其真值为 1，否则其真值为 0，也就是说，P 和 Q 取值相同，其真值就为 1，取值不同，其真值就为 0。联结词 $\leftrightarrow$ 表示命题的双条件。

条件类比于生活中的“当且仅当”，$P \leftrightarrow Q$ 读作“P 等价于 Q”或“P 当且仅当 Q”，其真值表见表 2-6。

表 2-6 双条件的真值表

P	Q	$P \leftrightarrow Q$
1	1	1
1	0	0
0	1	0
0	0	1

可以看出，$P \leftrightarrow Q$ 的逻辑关系表示 P 与 Q 互为充分必要条件。$P \leftrightarrow Q$ 表示“当且仅当”，按照上一小节条件联结词“→”的定义，“P 当 Q”表示为 $Q \to P$，即 P 是 Q 的必要条件，“P 仅当 Q”表示为 $P \to Q$，即 Q 是 P 的必要条件。所以，$P \leftrightarrow Q$ 与 $(P \to Q) \wedge (Q \to P)$ 的逻辑关系完全一致，都表示 P 与 Q 互为充要条件。

【例 2.9】

① π 是有理数当且仅当太阳从西边升起。

P：π 是有理数。

Q：太阳从西边升起。

该命题可符号化为 $P \leftrightarrow Q$，由于 P 和 Q 同为 0，所以 $P \leftrightarrow Q$ 为 1。

② 1+1=2 的充分必要条件是 15>18。

P：1+1=2。

Q：15>18。

该命题可符号化为$P \leftrightarrow Q$，由于P为1，Q为0，所以$P \leftrightarrow Q$为0。

③两个三角形S_1和S_2全等，则它们的三组对应边相等；反之亦然。

P：三角形S_1和S_2全等。

Q：三角形S_1和S_2的三组对应边相等。

该命题可符号化为$P \leftrightarrow Q$。虽然不知道P和Q的真值，但仍可以判断$P \leftrightarrow Q$的真值。有两种方法：

第一，S_1和S_2全等时，它们的三组对应边一定相等；S_1和S_2不全等时，它们的三组对应边一定不全相等，即P与Q同1同0，所以$P \leftrightarrow Q$为1。

第二，S_1和S_2全等时，它们的三组对应边一定相等，有$P \leftrightarrow Q$为1；S_1和S_2的三组对应边相等时，S_1和S_2一定全等，有$Q \rightarrow P$为1，所以$P \leftrightarrow Q$为1。

前面介绍了五种联结词，不包含任何联结词的命题是原子命题，含有至少一个联结词的命题是复合命题。除联结词外，复合命题中还可以使用括号“()”以组成更加复杂的复合命题，在计算复合命题的真值时还需要清楚联结词的优先级，即计算的先后顺序。规定括号和联结词的优先级由高到低依次为：()、¬、∧、∨、→、↔。实际上，在前面介绍析取和双条件时，已经涉及了这类复合命题：$(\neg P \wedge Q) \vee (P \wedge \neg Q)$和$(P \rightarrow Q) \wedge (Q \rightarrow P)$。

【例2.10】已知原子命题P、Q和R，判断如下复合命题的真值。

P：$\sqrt{2}$是无理数。

Q：雪是黑色的。

R：昆明是中国北方的一座城市。

① $((\neg P \wedge Q) \vee (P \wedge \neg Q)) \rightarrow R$

② $(P \vee Q) \leftrightarrow (R \rightarrow \neg Q)$

③ $(\neg Q \vee R) \rightarrow \neg(P \wedge Q)$

解：容易判断原子命题P、Q和R分为1、0和0，则

① $\neg P \wedge Q$和$P \wedge \neg Q$分别为0和1，于是$(\neg P \wedge Q) \vee (P \wedge \neg Q)$为1、而$R$为0，所以该命题为0。

② $P \vee Q$为1，R为0则$R \rightarrow \neg Q$为1，双条件联结的命题真值相同，所以该命题为1。

③ $\neg Q \vee R$为1，$P \wedge Q$为0则$\neg(P \wedge Q)$为1，所以该命题为1。

利用命题变元、命题常量、逻辑联结词和括号组成的字符串，可以成为**命题公式**。

定义2.6　命题公式，又称为合式公式，简称公式，规定如下：

①单个命题变元或命题常量是合式公式，称为原子命题公式。

②若A是合式公式，则$(\neg A)$也是合式公式。

③若A和B是合式公式，则$(A \wedge B)$、$(A \vee B)$、$(A \rightarrow B)$和$(A \leftrightarrow B)$也都是合式公式。

④有限次地使用①②③形成的字符串是合式公式。

命题公式的定义是以递归的形式给出的。在以后的表述中，为方便起见，约定公式最外层的括号可以省略，例如，$(A \wedge B)$可以写作$A \wedge B$。另外，公式中不影响运算顺序的括号也可以省略掉，例如，$(P \vee Q) \rightarrow R$可以写作$P \vee Q \rightarrow R$，$P \wedge (\neg Q)$，可以写作$P \wedge \neg Q$。需要注意的是，并非所有的“命题变元、命题常量、逻辑联结词和括号组成的字符串”都是命题公式，只有满足如上定义的才能够称为命题公式，例如，$P \wedge (\neg Q)$、$(P \vee Q)R \rightarrow S$都不是命题公式。

另外，设A是合式公式，B是A中的一部分，且B也是合式公式，则称B是A的**子公式**。

定义2.7　假设命题公式A中含有的命题变元为P_1、P_2、…、P_N，则为这些命题变元各指

派一个真值 1 或者 0，则可以确定该情形下 A 的真值，该过程称为 A 的一个**赋值**。使 A 真值为 1 的赋值称为 A 的**成真赋值**，使 A 真值为 0 的赋值称为 A 的**成假赋值**。将命题公式 A 的所有可能的赋值情况汇总成表，就是 A 的**真值表**。

由上述定义，含有 N 个命题变元的命题公式共有 2^N 个不同的赋值，相应地，其真值表共有 2^N 行。前面在介绍逻辑联结词时曾以表格形式给出了逻辑联结词的定义，即表 2-1 ~ 表 2-6，它们实际上就是相应命题公式的真值表。

【例 2.11】给出下列命题公式的真值表，并求出各公式的成真赋值和成假赋值。

① $\neg P \vee Q \to P$

② $P \vee (P \wedge \neg Q)$

③ $P \wedge \neg P \to Q$

④ $P \wedge \neg Q \wedge (P \to Q)$

解：

① $\neg P \vee Q \to P$ 的真值表见表 2-7。

表 2-7　$\neg P \vee Q \to P$ 的真值表

P	Q	$\neg P$	$\neg P \vee Q$	$\neg P \vee Q \to P$
1	1	0	1	1
1	0	0	0	1
0	1	1	1	0
0	0	1	1	0

由真值表可知，$\neg P \vee Q \to P$ 的成真赋值为 P=1，Q=1 和 P=1，Q=0，成假赋值为 P=0，Q=1 和 P=0，Q=0。

② $P \vee (P \wedge \neg Q)$ 的真值表见表 2-8。

表 2-8　$P \vee (P \wedge \neg Q)$ 的真值表

P	Q	$\neg Q$	$P \wedge \neg Q$	$P \vee (P \wedge \neg Q)$
1	1	0	0	1
1	0	1	1	1
0	1	0	0	0
0	0	1	0	0

由真值表可知，$P \vee (P \wedge \neg Q)$ 的成真赋值为 P=1，Q=1 和 P=1，Q=0，成假赋值为 P=0，Q=1 和 P=0，Q=0。

③ $P \wedge \neg P \to Q$ 的真值表见表 2-9。

表 2-9　$P \wedge \neg P \to Q$ 的真值表

P	Q	$\neg P$	$P \wedge \neg P$	$P \wedge \neg P \to Q$
1	1	0	0	1
1	0	0	0	1
0	1	1	0	1
0	0	1	0	1

由真值表可知，$P\wedge\neg P \rightarrow Q$ 的四个赋值全部都是成真赋值，没有成假赋值。

④ $P\wedge\neg Q\wedge(P \rightarrow Q)$ 见表 2-10。

表 2-10　$P\wedge\neg Q\wedge(P \rightarrow Q)$ 的真值表

P	Q	$\neg Q$	$P\wedge\neg Q$	$P\rightarrow Q$	$P\wedge\neg Q\wedge(P\rightarrow Q)$
1	1	0	0	1	0
1	0	1	1	0	0
0	1	0	0	1	0
0	0	1	0	1	0

由真值表可知，$P\wedge\neg Q\wedge(P \rightarrow Q)$ 的四个赋值全部都是成假赋值，没有成真赋值。

需要注意的是，为展示清楚，例 2.11 四个公式的真值表将中间过程列了出来，作为结果表示，可以只列出前两列和最后一列即可，即最终的真值表只包含命题变元的赋值列，和命题公式的真值列。为统一表述，以后提到的真值表也均指这种真值表。

在任何赋值情况下取值永远为 1 的命题公式，称为**永真式或重言式**。在任何赋值情况下取值永远为 0 的命题公式，称为**永假式或矛盾式**。不是永假式的命题公式，称为**可满足式**。根据定义，上例中③为永真式，④为永假式，①②③是可满足式。

另外，注意到上例①的命题公式 $\neg P\vee Q \rightarrow P$ 与②的命题公式 $P\vee(P\wedge\neg Q)$ 在任何赋值情况下，真值都相同，即具有相同的真值表。为什么会出现具有相同真值表的命题公式呢？容易发现，按照命题公式的合成规则，可以形成无穷多个形态各异的命题公式。上面提到，含有 N 个命题变元的命题公式的真值表共有 2^N 行，而任何公式在这 2^N 行中的取值非 0 即 1，于是含有 N 个命题变元的命题公式的真值表只有 2^{2N} 种情况。因此，必然有无穷多个命题公式具有相同的真值表，即在任何赋值情况下的真值均相同。

定义 2.8　对于命题公式 A 和 B，若其具有相同的真值表，即在任何赋值情况下的真值均相同，称 A 和 B 是**等价**的，记作 $A\Leftrightarrow B$。

根据定义，有 $\neg P\vee Q \rightarrow P\Leftrightarrow P\vee(P\wedge\neg Q)$。

注意，定义 2.8 中的等价符号“$\Leftrightarrow$”不是逻辑联结词，它用于表示连接的两个命题公式具有相同的真值表，其与双条件逻辑联结词“$\leftrightarrow$”具有本质区别，不能将二者混为一谈。关于二者的关系，有如下定理。

定理 2.1　对于命题公式 A 和 B，$A\Leftrightarrow B$ 当且仅当 $A\leftrightarrow B$ 是永真式。

证明： 若 $A\Leftrightarrow B$，则命题公式 A 和 B 具有相同的真值表，即对于任意赋值，二者的真值相同，而根据联结词 $\leftrightarrow$ 的定义，$A\leftrightarrow B$ 的真值为 1，即 $A\leftrightarrow B$ 是永真式，所以充分性得以证明。

类似地，若 $A\leftrightarrow B$ 是永真式，根据联结词 $\leftrightarrow$ 的定义，命题公式 A 和 B 的真值永远相同，而与赋值无关，因此 $A\Leftrightarrow B$，所以必要性得以证明。

根据上述定义 2.8 和定理 2.1，可以验证如下 16 组等价关系都成立。

（1）对合律

$$\neg\neg P\Leftrightarrow P$$

（2）幂等律

$$P\wedge P\Leftrightarrow P,\ P\vee P\Leftrightarrow P$$

（3）交换律

$$P\wedge Q\Leftrightarrow Q\wedge P,\ P\vee Q\Leftrightarrow Q\vee P$$

（4）结合律

$$(P \wedge Q) \wedge R \Leftrightarrow P \wedge (Q \wedge R)$$
$$(P \vee Q) \vee R \Leftrightarrow P \vee (Q \vee R)$$

（5）分配律

$$P \wedge (Q \vee R) \Leftrightarrow (P \wedge Q) \vee (P \wedge R)$$
$$P \vee (Q \wedge R) \Leftrightarrow (P \vee Q) \wedge (P \vee R)$$

（6）德摩根律

$$\neg(P \wedge Q) \Leftrightarrow \neg P \vee \neg Q$$
$$\neg(P \vee Q) \Leftrightarrow \neg P \wedge \neg Q$$

（7）吸收律

$$P \wedge (P \vee Q) \Leftrightarrow P$$
$$P \vee (P \wedge Q) \Leftrightarrow P$$

（8）零律

$$P \wedge 0 \Leftrightarrow 0,\ P \vee 1 \Leftrightarrow 1$$

（9）同一律

$$P \wedge 1 \Leftrightarrow P,\ P \vee 0 \Leftrightarrow P$$

（10）矛盾律

$$P \wedge \neg P \Leftrightarrow 0$$

（11）排中律

$$P \vee \neg P \Leftrightarrow 1$$

（12）条件等值式

$$P \to Q \Leftrightarrow \neg P \vee Q$$

（13）双条件等值式

$$P \leftrightarrow Q \Leftrightarrow (P \to Q) \wedge (Q \to P) \Leftrightarrow Q \leftrightarrow P$$

（14）假言易位

$$P \to Q \Leftrightarrow \neg Q \to \neg P$$

（15）双条件否定等值式

$$P \leftrightarrow Q \Leftrightarrow \neg P \leftrightarrow \neg Q$$

（16）归谬论

$$(P \to Q) \wedge (P \to \neg Q) \Leftrightarrow \neg P$$
$$(P \to Q) \wedge (\neg P \to Q) \Leftrightarrow Q$$

定理 2.2（置换规则） 设 A、B 均为命题公式，$\Phi(A)$是包含 A 的命题公式，即 A 是$\Phi(A)$的子公式，$\Phi(B)$是将公式$\Phi(A)$中所有出现的 A 置换成 B 之后形成的命题公式，若 $A \Leftrightarrow B$，则 $\Phi(A) \Leftrightarrow \Phi(B)$。

证明：在任一赋值下，A 和 B 的真值相同，故以 B 取代 A 而形成的公式$\Phi(B)$与原命题公式$\Phi(A)$的真值也相同，所以，显然有 $\Phi(A) \Leftrightarrow \Phi(B)$。

定理 2.3　设 A、B 均为命题公式，$\Phi(A)$是包含 A 的命题公式，即 A 是$\Phi(A)$的子公式，$\Phi(B)$是将公式$\Phi(A)$中所有出现的 A 置换成 B 之后形成的命题公式，若$\Phi(A)$是永真式（永假式），则$\Phi(B)$也是永真式（永假式）。

证明：由于永真式（永假式）的真值与命题变元的指派无关，因此无论赋值使得 A 的真值如何，$\Phi(A)$永远为真（假），因此将 A 替换为 B 后形成的$\Phi(B)$也永远为真（假），故$\Phi(B)$也是永真式（永假式）。

A 和 B 的真值相同，故以 B 取代 A 而形成的公式$\Phi(B)$与原命题公式$\Phi(A)$的真值也相同，所以，显然有 $\Phi(A) \Leftrightarrow \Phi(B)$。

公式之间的等价关系具有自反性、对称性和传递性，因此利用上面列出的 16 组等价关系和定理 2.2、定理 2.3，就可以实现等值式的证明，和复杂命题公式的化简。

【例 2.12】证明 $P \to Q \to R \Leftrightarrow (P \vee R) \wedge (Q \to R)$。

证明：可以从左侧开始证明，也可以从右侧开始证明，也可以从两侧开始证明。这里演示从左侧开始证明。

$P \to Q \to R$
$\Leftrightarrow (\neg P \vee Q) \to R$　　（蕴涵等值式、置换规则）
$\Leftrightarrow \neg(\neg P \vee Q) \vee R$　　（蕴涵等值式、置换规则）
$\Leftrightarrow (P \wedge \neg Q) \vee R$　　（德摩根律、置换规则）
$\Leftrightarrow (P \vee R) \wedge (\neg Q \vee R)$　　（分配律、置换规则）
$\Leftrightarrow (P \vee R) \wedge (Q \to R)$　　（蕴涵等值式、置换规则）

所以，原等值式成立。

【例 2.13】化简公式 $((P \vee Q) \wedge \neg P) \to Q$。

解：

原式 $\Leftrightarrow \neg((P \vee Q) \wedge \neg P) \vee Q$　　（蕴涵等值式、置换规则）
$\Leftrightarrow \neg(P \vee Q) \vee P \vee Q$　　（分配律、置换规则）
$\Leftrightarrow \neg(P \vee Q) \vee (P \vee Q)$　　（结合律、置换规则）
$\Leftrightarrow 1$　　（定理 2.3）

2. 谓词逻辑

命题逻辑所研究的最小单位是原子命题，并认为其不可再分。然而实际上原子命题可以进一步分析，比如两个原子命题可能包含公共的部分，这属于刻画命题内部结构的研究范畴，就是所谓的谓词逻辑。例如，

任意个位数为 0 的整数都能被 10 整除。

620 的个位数为 0。

620 能被 10 整除。

这是著名的苏格拉底三段论。根据生活经验可以判断该推理是正确的，然而在命题逻辑中，只能将三个出现的命题依次符号化为 P、Q、R，并将推理符号化为

$$(P \wedge Q) \to R$$

虽然可由 P、Q、R 为 1 判断该命题公式为 1，但由于该式不是永真式，所以在命题逻辑中无法判断该推理过程的正确性。问题出现在"任意"上，命题逻辑无法准确表达该含义，而只能简单命题化。为了克服这种局限，谓词逻辑通过引入量词来表达个体与总体之间的内在联系

和数量关系。

个体词、谓词和量词是谓词逻辑的三个基本概念。

个体词是指研究对象中可以独立存在的客体，可以是具体的，也可以是抽象的，一般用小写字母表示。个体词又包括个体常项和个体变项，将表示具体或特定客体的个体词称为**个体常项**，一般用小写字母 a、b、c 表示；将表示抽象或泛指的个体词称为**个体变项**，一般用小写字母 x、y、z 表示。个体变项的取值范围称为**个体域**，它可以是有限集合，也可以是无限集合，在不指明个体域的情况下，默认使用的是**全总个体域**，即由宇宙内一切事物组成的集合。

谓词是用来刻画个体词性质或个体词之间关系的词，一般用大写字母表示。

【例 2.14】

① 620 的个位数为 0。

"620"是个体词，而且是个体常项，用 c 表示，"个位数为 0"是谓词，用 A 表示，则这个命题可以符号化为 $A(c)$。

②小民和小利是同学。

"小民"和"小利"是两个个体词，而且都是个体常项，分别用 a 和 b 表示，"是同学"是谓词，用 B 表示，则这个命题可以符号化为 $B(a,b)$。

一般来说，含有 n 个个体词的谓词称为 n 元谓词，所以，例 2.14 ①中的 A 是一元谓词，例 2.14 ②中的 B 是二元谓词。

量词包含全称量词和存在量词两种，全称量词用于表达"所有的"或"任意的"的含义，用符号"$\forall$"来表示，存在量词用于表达"存在一些"或"至少有一个"的含义，用符号"$\exists$"来表示。"$\forall xF(x)$"表示对于任意"x"都有性质"F"，"$\exists xF(x)$"表示存在一些"x"具有性质"F"，而且全称量词和存在量词可以联合在一起使用，且两者顺序不同表意不同，"$\forall x\exists yG(x,y)$"表示对于任意"x"都存在至少一个"y"使得它们具有关系"G"，而"$\exists x\forall yG(x,y)$"表示存在至少一个"x"使得对于任意"y"它们都有关系"G"。有了量词，就可以刻画原子命题的内部结构。

【例 2.15】

①所有的正数都大于 0。

②有的正数能被 10 整除。

令 $A(x)$ 表示 $x>0$，$B(x)$ 表示 x 能被 10 整除。

当选择个体域为正数集合时，则命题①符号化为 $\forall xA(x)$，命题②符号化为 $\exists xB(x)$。这是因为个体域的选择已经限定了 x 一定为正数。

当选择个体域为全总个体域时，由于此时个体域中不仅包含正数，还包括宇宙内的万物，因此在符号化时必须要有谓词可以将正数同其他万物分离出来，即令谓词 $M(x)$ 表示 x 是正数，则命题①符号化为 $\forall x(M(x)\to A(x))$，命题②符号化为 $\exists x(M(x)\wedge B(x))$。更直观一点理解这两种符号表示，命题①的含义是"对于宇宙中的任何个体，如果它是正数，那么它一定大于 0"，命题②的含义是"宇宙中存在这样的个体，它是正数，并且它可以被 10 整除"。可以看到，同一个命题在不同的个体域时，会有不同的符号表示。

对于全称量词，$\forall xA(x)$ 是一个命题，如果对于个体域中的任一实体 a 代入 A 得到的 $A(a)$ 都为真，则命题 $\forall xA(x)$ 为 1，否则命题 $\forall xA(x)$ 为 0。对于存在量词，$\exists xA(x)$ 也是一个命题，如果在个体域中存在一个实体 a 使得代入 A 后得到的 $A(a)$ 为 1，则命题 $\exists xA(x)$ 为 1，否则命题

$\exists xA(x)$ 为 0，此时个体域中任一实体 a 代入 A 后得到的 $A(a)$ 均为 0。因此有

$$\forall xA(x) \Leftrightarrow \neg\exists x\neg A(x)$$

$$\exists xA(x) \Leftrightarrow \neg\forall x\neg A(x)$$

前面提到，同一命题在不同个体域时的符号表示可能是不同的，进一步地，同一个命题在不同个体域时的真值也有可能是不同的。

【例 2.16】对于个体域分别为自然数集 **N** 和整数集 **Z** 时，分别符号化如下命题，并判断真假。

①对于任意 x，均有 $x \geqslant 0$。

②存在 x，使得 $x+200=100$。

③对于任意 x，均有 $x^2-1=(x+1)(x-1)$。

解：令 $A(x)$ 表示 $x \geqslant 0$，$B(x)$ 表示 $x+200=100$，$C(x)$ 表示 $x^2-1=(x+1)(x-1)$，则在个体域分别为 **N** 和 **Z** 时，命题①②③均可以符号化为

命题①：$\forall xA(x)$

命题②：$\exists xB(x)$

命题③：$\forall xC(x)$

并且容易判断，当个体域为 **N** 时，命题题①为 1，命题②为 0，命题③为 1；当个体域为 **Z** 时，命题题①为 0，命题②为 1，命题③为 1。

除了个体词、谓词和量词外，谓词逻辑还引入了**函数**的概念，其将个体词映射为个体词。函数不同于谓词，其结果是个体词。例如，“a 的哥哥是警察”可记为 *isPoliceman*(*Brother*(a))，这里 a 是个体词，*Brother* 是一元函数，*Brother*(a) 是另一个个体词，*isPoliceman* 是谓词。此外，函数也分为函数常项和函数变项。函数常项常用单词来表示，函数变项常用 f，g，h 等小写字母表示。

与命题逻辑中一样，谓词逻辑的出现也是为了推理需要，为此，需要定义谓词逻辑中的合式公式，在定义合式公式以前，需要先定义原子公式。

称 $A(x_1,x_2,\cdots,x_n)$ 为谓词逻辑中的**原子公式**，其中 $x_1,x_2,\cdots,x_n$ 是个体常项、个体变项或其有限次的函数作用，A 是谓词。

定义 2.9　谓词逻辑中的合式公式，简称谓词公式，规定如下：

①原子公式是谓词公式。

②若 A 是谓词公式，则 $(\neg A)$ 也是谓词公式。

③若 A 和 B 是谓词公式，则 $(A \wedge B)$、$(A \vee B)$、$(A \to B)$ 和 $(A \leftrightarrow B)$ 也都是谓词公式。

④若 A 是谓词公式，x 是其中出现的任意变元，则 $\forall xA$、$\exists xA$ 也是谓词公式。

⑤有限次地使用①②③④形成的字符串是谓词公式。

在讨论命题公式时，曾用了关于圆括号的某些约定，即最外层的括号可以省略，在谓词合式公式中也遵循相同的规定，但需要注意的是，量词后面如果有括号不能省略。另外，上述定义中的 A、B 表示任意的谓词公式，既可以是 $F(x)$、$G(x)$ 这种原子公式，也可以是形如 $\forall x(M(x) \to A(x))$、$\forall x(F(x) \wedge \neg G(x))$ 这种复杂的谓词公式。

定义 2.10　在公式 $\forall xA$ 和 $\exists xA$ 中，称 x 为**指导变元**或**作用变元**，A 为量词的**辖域**。在 $\forall xA$ 和 $\exists xA$ 的辖域中，x 的所有出现都称为**约束出现**，A 中不是约束出现的其他变元都称为**自由出现**，相应的变元称为**自由变元**。

由上述定义可以看出，自由变元是不受约束的变元，虽然它有时也在量词的辖域中出现，

但并不受相应量词中指导变元的约束，所以可以把自由变元看成是公式中的参数。

【例 2.17】 指出下列公式中的指导变元、辖域和自由变元。

①$\forall x\big(M(x)\to A(x,y,z)\big)$。

②$\forall x\forall y\big(A(x,y)\to B(y,z)\big)\vee\exists yC(x,y)$。

解：

① $\forall x$ 的辖域$M(x)\to A(x,y,z)$，其中 x 为指导变元，y 和 z 是自由变元。

② $\forall x$ 和 $\forall y$ 的辖域均为$A(x,y)\to B(y,z)$，其中 x 和 y 是指导变元，z 是自由变元；$\exists y$ 的辖域$C(x,y)$，其中 y 是指导变元，x 是自由变元。

需要注意的是，②中虽然两个辖域中均出现了相同的变元 x、y，但在两辖域中它们是不同的变元，不是同一个东西，只不过凑巧使用了同一个符号而已，就好像两个人名字都叫张三，但却是两个不同的人，只是凑巧使用了同一个名字。

为了避免变元的约束出现和自由出现同时在一个公式中，而引起概念上的混淆，可以对作用变元或自由变元进行换名，使得一个变元在一个公式中只以一种形式出现，即约束出现或自由出现。

对于谓词公式中约束出现的变元来说，其所使用的名称是无关紧要的，例如 $\forall xA(x)$ 和 $\forall yA(y)$ 表示的含义完全相同。因此，可以对约束出现的变元进行换名操作，其遵循的规则为：

①对于约束出现的变元换名，其范围是量词中的指导变元，以及在该量词的辖域中所出现的该变元，公式中的其余部分不变。

②换名时一定要更改为辖域中没有出现过的变元名称。

例如，公式$\forall x\big(A(x,y)\to B(x)\big)\vee C(x,y)$可以换名为$\forall z\big(A(z,y)\to B(z)\big)\vee C(x,y)$，但绝不可以换名为$\forall y\big(A(y,y)\to B(y)\big)\vee C(x,y)$以及$\forall z\big(A(z,y)\to B(x)\big)\vee C(x,y)$，后面这两种换名方式均违背换名规则。

同样地，对于谓词公式中的自由变元也可以进行换名，其遵循的规则为：换名后的自由变元的名称不能与公式中其他变元的名称相同。例如，公式 $\exists x\big(A(x,y)\vee B(x)\big)$ 可以换名为 $\exists x\big(A(x,z)\vee B(x)\big)$，但不可以换名为 $\exists x\big(A(x,x)\vee B(x)\big)$。

根据谓词公式中的变元换名规则，以及之前介绍的置换规则，再配合量词辖域的收缩和扩张，就可以实现谓词逻辑中的推理，这一部分稍微复杂，本书不再介绍，感兴趣读者可以参阅离散数学的相关章节。

3. 集合论

集合论源于 16 世纪末人们追寻微积分基础的过程中对数集的研究，但直到 18 世纪，康托发表的一系列关于集合论研究的文章才奠定了集合论的基础。集合是现代各科数学发展的基石，集合论观点已经渗透到泛函、概率、信息论等现代数学各个分支领域。下面介绍集合论的基础知识。

集合的概念虽然无法精确定义，但可以按照其名字来直观理解，即把具有共同性质的一些事物汇集到一起，就构成了一个**集合**，而这些事物就是该集合的**元素**。例如，

“图书馆中的所有藏书”是一个集合，其中的每一本书都是一个元素。

“自然数的全体”是一个集合，0、1、2、3…都是其元素。

“方程 $x^2-1=0$ 的实数解”是一个集合，共有 2 个元素，分别是 +1 和 −1。

集合用大写的英文字母来表示，元素通常用小写的英文字母来表示。为使用方便，人们定

义了一些常用的集合，例如，自然数集 **N**、整数集 **Z**、有理数集 **Q**、实数集 **R**、复数集 **C** 等。元素与集合之间的关系是隶属关系，即**属于**或**不属于**，分别用符号 $\in$ 和 $\notin$ 来表示，因此有

$$0 \in \mathbf{N}, 0.2 \notin \mathbf{N}, 0.2 \in \mathbf{Q}, 2+5\mathrm{i} \notin \mathbf{R}, 2+5\mathrm{i} \in \mathbf{C}$$

集合有两种表示方法：列举法和描述法。列举法是将集合的全部元素罗列出来，元素之间用逗号分开，并用花括号将全部元素括起来，例如，

$$A = \{x, y, z\}$$
$$\mathbf{N} = \{0,1,2,\cdots\}$$

描述法是将该集合中元素所具有的共同性质描述出来，例如，

$$B = \{x \mid x \text{ 是图书馆里的藏书 }\}$$
$$C = \{x \mid x \in \{\mathbf{R} \wedge (x^2 - 1 = 0)\}$$

其中集合 C 采用了数理逻辑中谓词的形式。一般地，如果用 $p(x)$ 表示任意谓词，则 $A = \{x \mid p(x)\}$ 可以表示集合，若有 b 使得 $p(b)$ 为真，则 $b \in A$，否则 $b \notin A$。

两个集合 A 和 B 是相等的，当且仅当它们具有相同的元素，记作 $A = B$，否则称两个集合不相等，记作 $A \neq B$。其实在上面讲述集合表示方法时，已经不严格地用过集合相等的概念和符号了。集合中的元素是彼此不同的，如果同一个元素在一个集合中出现多次，则应该认为是同一个元素，例如 $\{1,1,2,3,3,3,4\} = \{1,2,3,4\}$。集合的元素也是没有顺序的，例如 $\{1,2,3\} = \{2,3,1\}$。

下面考虑两个集合之间的关系。设 A 和 B 是两个集合，如果 A 中的每个元素都是 B 中的元素，则称 A 是 B 的**子集合**，简称**子集**，也称为 A 包含于 B 或 B 包含 A，记作 $A \subseteq B$ 或 $B \supseteq A$，否则称为 A 不包含于 B 或 B 不包含 A，记作 $A \not\subseteq B$ 或 $B \not\supseteq A$。符号化表示如下：

$$A \subseteq B \Leftrightarrow \forall x(x \in A \to x \in B)$$

根据定义显然有 $\mathbf{N} \subseteq \mathbf{Z} \subseteq \mathbf{Q} \subseteq \mathbf{R} \subseteq \mathbf{C}$。

定理 2.4 集合 A 和 B 相等的充要条件是它们互为子集。

证明

充分性：若 $A = B$，则根据定义，二者有相同元素，即 $\forall x(x \in A \to x \in B)$，因此有 $A \subseteq B$，同理有 $B \subseteq A$。

必要性：利用反证法。若有 $A \subseteq B$ 且 $B \subseteq A$，假设 $A \neq B$，即 A 和 B 的元素不完全相同，那么不失一般性，设 $\exists x(x \in A \wedge x \notin B)$，则与 $A \subseteq B$ 矛盾。

该定理可以符号化表示为

$$A = B \Leftrightarrow A \subseteq B \wedge B \subseteq A$$

设集合 A 是集合 B 的子集，但 $A \neq B$，此时称 A 是 B 的真子集，也称 A 真包含于 B 或 B 真包含 A，记作 $A \subset B$ 或 $B \supset A$。符号化表示为

$$A \subset B \Leftrightarrow A \subseteq B \wedge A \neq B$$

并且由定义易知

$$A \subset B \Leftrightarrow A \subseteq B \wedge \exists x(x \in B \wedge x \notin A)$$

对于前述定义的几个集合有 $\mathbf{N} \subset \mathbf{Z} \subset \mathbf{Q} \subset \mathbf{R} \subset \mathbf{C}$。

在集合中，有一类集合比较特殊，它不包含任何元素，称为**空集**，记作 $\varnothing$。例如，集合 $\{x \mid x \in \mathbf{R} \wedge (x^2 = -1)\}$ 就是空集。空集是任意集合的子集，是任意非空集合的真子集，可以用反证法进行证明。因此，对于任意非空集合 A，至少有两个子集：$\varnothing$ 和 A。以集合 A 所有子集为

元素组成的集合，称为 A 的**幂集**，记作 $P(A)$，符号化表示为

$$P(A)=\{x \mid x \subseteq A\}$$

例如，集合 $A=\{x,y,x\}$ 的全部子集如下：

包含 0 个元素的子集：$\varnothing$

包含 1 个元素的子集：$\{x\}$、$\{y\}$、$\{z\}$

包含 2 个元素的子集：$\{x,y\}$、$\{y,z\}$、$\{z,x\}$

包含 3 个元素的子集：$\{x,y,z\}$

所以，$P(A)=\{\varnothing,\{x\},\{y\},\{z\},\{x,y\},\{y,z\},\{z,x\},\{x,y,z\}\}$。

根据二项式定理可知，若集合 A 含有 n 个元素，则其幂集 $P(A)$ 含有 2^n 个元素。

在一个具体问题中，如果所涉及的集合都是某个集合的子集，则称这个集合为**全集**，记作 E。全集是有相对性的，考虑不同的问题时所使用的全集不同，有时即使是同一个问题也可以取不同的全集来考虑。一般来说，全集取得小一些，问题的描述和处理相对会比较简单。

集合与集合还可以进行运算，两个集合之间的基本运算包括：**交、并、相对补和对称差**。设 A 和 B 是两个集合，它们的交、并、相对补分别表示为 $A\cap B$、$A\cup B$、$A-B$，定义为

$$A\cap B=\{x \mid x\in A\wedge x\in B\}$$
$$A\cup B=\{x \mid x\in A\vee x\in B\}$$
$$A-B=\{x \mid x\in A\wedge x\in B\}$$

由定义可知，$A\cap B$ 由两集合的公共元素组成，$A\cup B$ 由 A 或 B 中的元素组成，$A-B$ 由属于 A 但不属于 B 的元素组成。

例如，集合 $A=\{0,2,4,6\}, B=\{1,3,5,7\}, C=\{0,1,2,3\}$，则有

$$A\cap C=\{0,2\}, A\cap B=\varnothing$$
$$A\cup B=\{x \mid x\in \mathbf{Z}\wedge x<8\}, A\cup C=\{0,1,2,3,4,6\}$$
$$A-B=\{0,2,4,6\}, A-C=\{4,6\}, C-A=\{1,3\}$$

如果两个集合的交集为 $\varnothing$，则称这两个集合**不相交**，如上例中的 A 和 B 不相交。

上面定义了集合相对补的概念，其实还有绝对补。全集 E 与集合 A 的相对补，称为集合 A 的**绝对补**，记为 $\sim A=E-A=\{x \mid x\in E\wedge x\notin A\}=\{x \mid x\notin A\}$。容易验证，相对补和绝对补还有如下关系：对于集合 A 和 B，有 $A-B=A\cap\sim B$。

设 A 和 B 是两个集合，它们的对称差表示为 $A\oplus B$，定义为 $A\oplus B=(A-B)\cup(B-A)$。由定义可知，$A\oplus B$ 由属于 A 但不属于 B 的元素，以及属于 B 但不属于 A 的元素组成。例如，集合 $A=\{0,2,4,6\}, C=\{0,1,2,3\}$，则有 $A\oplus C=\{1,3,4,6\}$，容易验证 $A\oplus B=(A\cup B)-(A\cap B)$。

下面列出集合运算的一些恒等式，其中 A、B、C 代表任意集合。

（1）对合律

$$\sim\sim A=A$$

（2）幂等律

$$A\cap A=A, A\cup A=A$$

（3）交换律

$$A\cap B=B\cap A, A\cup B=B\cup A, A\oplus B=B\oplus A$$

（4）结合律

$$(A\cap B)\cap C=A\cap(B\cap C)$$
$$(A\cup B)\cup C=A\cup(B\cup C)$$
$$(A\oplus B)\oplus C=A\oplus(B\oplus C)$$

（5）分配律

$$A\cup(B\cap C)=(A\cup B)\cap(A\cap C)$$
$$A\cap(B\cup C)=(A\cap B)\cup(A\cap C)$$

（6）德摩根律

$$\sim(A\cap B)=\sim A\cup\sim B$$
$$\sim(A\cup B)=\sim A\cap\sim B$$
$$A-(B\cap C)=(A-B)\cup(A-C)$$
$$A-(B\cup C)=(A-B)\cap(A-C)$$
$$\sim\varnothing=E$$
$$\sim E=\varnothing$$

（7）吸收律

$$A\cup(A\cap B)=A$$
$$A\cap(A\cup B)=A$$

（8）零律

$$A\cap\varnothing=\varnothing$$
$$A\cup E=E$$
$$A-E=\varnothing$$
$$A-A=\varnothing$$
$$A\oplus A=\varnothing$$

（9）同一律

$$A\cap E=A$$
$$A\cup\varnothing=A$$
$$A-\varnothing=A$$
$$A\oplus\varnothing=A$$

（10）矛盾律

$$A\cap\sim A=\varnothing$$

（11）排中律

$$A\cup\sim A=E$$

受篇幅影响，本书只选证其中一部分，其余留给读者自行完成。证明过程会用到命题逻辑中的等值式，其中 $\Leftrightarrow$ 表示当且仅当。

【例 2.18】求证：分配律 $A\cup(B\cap C)=(A\cup B)\cap(A\cap C)$ 。

证明：由于

$$
\begin{aligned}
\forall x, x \in A \cup (B \cap C) &\Leftrightarrow x \in A \vee x \in B \cap C \\
&\Leftrightarrow x \in A \vee (x \in B \wedge x \in C) \\
&\Leftrightarrow (x \in A \vee x \in B) \wedge (x \in A \vee x \in C) \\
&\Leftrightarrow (x \in A \cup B) \wedge (x \in A \cup C) \\
&\Leftrightarrow x \in (A \cup B) \cap (A \cup C)
\end{aligned}
$$

因此有，$A \cup (B \cap C) = (A \cup B) \cap (A \cap C)$ 。

【例 2.19】 求证：德摩根律 $A - (B \cap C) = (A - B) \cup (A - C)$ 。

证明： 由于

$$
\begin{aligned}
\forall x, x \in A - (B \cap C) &\Leftrightarrow x \in A \wedge x \notin B \cap C \\
&\Leftrightarrow x \in A \wedge \neg(x \in B \cap C) \\
&\Leftrightarrow x \in A \wedge \neg(x \in B \wedge x \in C) \\
&\Leftrightarrow x \in A \wedge (x \notin B \vee x \notin C) \\
&\Leftrightarrow (x \in A \wedge x \notin B) \vee (x \in A \wedge x \notin C) \\
&\Leftrightarrow (x \in A - B) \vee (x \in A - C) \\
&\Leftrightarrow x \in (A - B) \cup (A - C)
\end{aligned}
$$

因此有，$A - (B \cap C) = (A - B) \cup (A - C)$ 。

注意到在以上的证明中使用了“当且仅当”符号“$\Leftrightarrow$”，即对充分性和必要性都进行了证明。通过上述两个证明可以看到，证明两个集合相等的思路是：设 A 和 B 是两个集合，要证明 $A=B$，只需要证明 $A \subseteq B$ 且 $B \subseteq A$，即 $A \subseteq B \wedge B \subseteq A$ 为真，具体来说，对于任意 x，有 $x \in A \Rightarrow x \in B$ 和 $x \in B \Rightarrow x \in A$ 同时成立，因此，只需证明 $\forall x(x \in A \Leftrightarrow x \in B)$ 即可。

集合恒等式的另一种证明思路是利用已知的集合恒等式进行集合计算。

【例 2.20】 求证：吸收律 $A \cap (A \cup B) = A$ 和 $A \cup (A \cap B) = A$ 。

证明：

$$
\begin{aligned}
A \cap (A \cup B) &= (A \cup \varnothing) \cap (A \cup B) \\
&= A \cup (\varnothing \cap B) \\
&= A \cup \varnothing \\
&= A
\end{aligned}
$$

这里的第一个等号用到了同一律 $A \cup \varnothing = A$，第二个等号用到了分配律，第三个等号用到了交换律和零律，即 $\varnothing \cap B = B \cap \varnothing = \varnothing$，最后一个等号再次使用同一律 $A \cup \varnothing = A$。以上证明了吸收律的第一个集合恒等式，下面证明第二个。

$$
\begin{aligned}
A \cup (A \cap B) &= (A \cup A) \cap (A \cup B) \\
&= A \cap (A \cup B) \\
&= A
\end{aligned}
$$

这里的第一个等号使用了分配律，第二个等号用到了交换律、分配律，第三个等号则是刚刚证明的吸收律的第一个集合恒等式。

除了上面列出的集合恒等式外，还有一些关于集合运算性质的重要结果，也会经常用到。例如，

$A \cap B \subseteq A, A \cap B \subseteq B$

$A \subseteq A \cup B, B \subseteq A \cup B$

$A - B \subseteq A$

$A - B = A - (A \cap B)$

$A \cup B = B \Leftrightarrow A \subseteq B \Leftrightarrow A \cap B = A \Leftrightarrow A - B = \varnothing$

$A - B = A \Leftrightarrow A \cap B = \varnothing$

$A \oplus B = \varnothing \Leftrightarrow A = B$

$A \oplus B = A \oplus C \Leftrightarrow B = C$

读者可对这些性质加以证明验证，从而灵活应用，在这里仅对最后两条有关对称差的性质进行证明。

【例 2.21】 求证：$A \oplus B = \varnothing \Leftrightarrow A = B$。

证明：

$$
\begin{aligned}
A \oplus B = \varnothing &\Leftrightarrow (A - B) \cup (B - A) = \varnothing \\
&\Leftrightarrow A - B = \varnothing \wedge B - A = \varnothing \\
&\Leftrightarrow A \subseteq B \wedge B \subseteq A \\
&\Leftrightarrow A = B
\end{aligned}
$$

这里第一步利用 $\oplus$ 的定义，第二步利用 $\cup$ 和 $\varnothing$ 的定义，第三步利用相对补的性质，第四步利用集合相等定理。

【例 2.22】 求证：$A \oplus B = A \oplus C \Leftrightarrow B = C$。

证明：

必要性：若 $B = C$，则 $A \oplus B = A \oplus C$ 显然成立。

充分性：

$$
\begin{aligned}
A \oplus B = A \oplus C &\Rightarrow A \oplus (A \oplus B) = A \oplus (A \oplus C) \\
&\Rightarrow (A \oplus A) \oplus B = (A \oplus A) \oplus C \\
&\Rightarrow \varnothing \oplus B = \varnothing \oplus C \\
&\Rightarrow B = C
\end{aligned}
$$

这里的第一步使用了必要性的证明结果，第二步使用了 $\oplus$ 的结合律，第三步使用了 $\oplus$ 的零律，第四步使用了 $\oplus$ 的同一律。

这两个证明的结论给证明集合相等提供了新思路，在涉及对称差操作的集合相等证明中可以用到。

上面介绍的集合的基本运算，可用于有限个元素的计数问题。设集合 A、B 都包含有限个元素，其元素个数分别记为 $|A|$ 和 $|B|$，则根据集合基本运算的定义，有

$|A \cap B| \leqslant \min(|A|, |B|)$

$\max(|A|, |B|) \leqslant |A \cup B| \leqslant |A| + |B|$

$|A - B| \geqslant |A| - |B|$

$|A \oplus B| = |A| + |B| - 2|A \cap B|$

除此以外，在有限集合的元素计数问题上，下面的包含容斥原理应用更为广泛。

定理 2.5　设集合 A、B 都是有限集合，包含元素的个数分别为 $|A|$ 和 $|B|$，则

$$|A \cup B| = |A| + |B| - |A \cap B|$$

【例 2.23】 全班 24 名同学中，喜欢象棋的同学有 18 名，喜欢跳棋的同学有 14 名，同时喜欢象棋和跳棋的同学有 10 人，问既不喜欢象棋也不喜欢跳棋的同学有几名？

解： 全班同学为全集 E，令喜欢象棋的同学组成集合 C，喜欢跳棋的同学组成集合 D，则根据题目有 $|E|=24$ 、$|C|=18$ 、$|D|=14$ 、$|C\cap D|=10$ ，则根据容斥原理有

$$\begin{aligned}|C\cup D|&=|C|+|D|-|C\cap D|\\&=18+14-10\\&=22\end{aligned}$$

即喜欢象棋和跳棋的同学共有 22 人。再根据德摩根律有，既不喜欢象棋也不喜欢跳棋的同学数量为

$$\begin{aligned}|\sim C\cap\sim D|&=|\sim(C\cup D)|\\&=|E|-|C\cup D|\\&=24-22\\&=2\end{aligned}$$

（另解）根据集合运算的定义和包含容斥原理，既不喜欢象棋也不喜欢跳棋的同学数量也可计算为

$$\begin{aligned}|\sim C\cap\sim D|&=|\sim C|+|\sim D|-|\sim C\cup\sim D|\\&=|\sim C|+|\sim D|-|\sim(C\cap D)|\\&=|E|-|C|+|E|-|D|-(E-|C\cap D|)\\&=|E|-|C|-|D|+|C\cap D|\\&=24-18-14+10\\&=2\end{aligned}$$

上面的包含容斥原理是关于两个集合的，实际上可以推广至任意有限多个集合。

定理 2.6 设集合 $A_1,A_2,\cdots,A_n$ 是有限集合，包含元素的个数分别为 $|A_1|,|A_2|,\ldots,|A_n|$ ，则

$$\begin{aligned}|A_1\cup A_2\cup\cdots\cup A_n|=\sum_{i=1}^{n}|A_i|-\sum_{1\leqslant i\leqslant j\leqslant n}|A_i\cap A_j|+\sum_{1\leqslant i<j<k\leqslant n}|A_i\cap A_j\cap A_k|+\\(-1)^{n+1}|A_1\cap A_2\cap\cdots\cap A_n|\end{aligned}$$

特别地，对于三个集合的包含容斥原理可以表示为

$$|A\cup B\cup C|=|A|+|B|+|C|-|A\cap B|-|B\cap C|-|C\cap A|+|A\cap B\cap C|$$

读者可在实际问题中对包含容斥原理灵活运用。

2.2 知识表示的概念与方法

知识是人类对于客观对象认知过程中的总结，人类善于总结、理解、推理知识，利用特定的知识解决特定的问题，通过经验或是他人传授得到从外观判断西瓜品质的知识，用于挑选西瓜；通过学习汽车驾驶规则和实际上路实践学得的知识，用于驾驶汽车。在人工智能中，希望机器能够像人一样通过学习知识，来完成特定任务。

2.2.1　知识表示的概念

知识表示是实现人工智能的重要一步，负责表示有关现实世界中客观对象的信息，以便计算机可以理解并利用这些知识来解决复杂的问题，例如用自然语言与人类交流。知识表示不仅仅是将感知得到的数据进行存储，在使用时直接调用，而且还要让智能机器从这些知识和经验中学习，从而可以像人类一样灵活地应对各种场景完成任务。

知识表示的类型多种多样，以下按照不同的角度进行分类。

1. 作用范围

按照知识的作用范围可以分为常识性知识和领域性知识。常识性知识是收集到的事实和普通人预知的知识，比如人人都知道的“喝水可以解渴”这一知识，而领域性知识是面向特定人群和特定空间的知识类型。

2. 作用及表示

按照知识的作用及表示可以分为过程性知识、事实性知识、控制性知识。过程性知识是用来描述问题求解过程所需要的操作等知识，比如化学实验中试剂的加入顺序。事实性知识也称为陈述性知识，是用来描述问题或事物的概念、属性、状态等情况的知识，比如太阳从东方升起，一年有四季。控制性知识又称为元知识，是用来描述知识的知识，包括怎样使用规则、解释规则、校验规则、解释程序结构等知识。

3. 确定性

按照知识的确定性可以分为确定性知识和不确定性知识。确定性知识是可以给出其真假性的知识，而不确定知识表示具有“不确定”的特性。

4. 结构及其表示形式

按照知识的结构及其表示形式可以分为逻辑性知识和抽象性知识。逻辑性知识能够反映人类的思维逻辑，而形象性知识是通过事物的形象建立起来的知识，它反映着一个人的形象思维，比如黄果树瀑布十分壮观。

2.2.2　知识表示的方法

知识表示的方法有很多种，如何表示知识从而有利于进一步推理分析并完成特定任务是颇受关注的问题，总体来说，一个好的知识表示应该具备以下条件。

首先，知识表示要保持一致性，即知识与原始信息所蕴含的意思要一致、且信息损失要尽量小。例如，给定原始信息是一个篮子里装满了苹果，那么将其表示为“两束鲜花”“一篮水果”“几个苹果”都显然不如“一篮苹果”合适。

其次，知识表示应该是紧凑的、直观的，即知识的表示尽量简洁、具有高度的概括性，且表示起来直观易懂、表示之间的关系明显且不冗余。例如，“学生”就要比“在学校求学的人”的表示紧凑。再如，“西瓜”“哈密瓜”中都包含“瓜”字，它们之间的关系在当前表示方法中就显得比“冰箱”要近。

再次，知识表示应当是任务相关的，即该表示方法有助于解决问题。例如，给定的任务是识别图片中物体的类别，那么关于物体数量的表示则没有意义，值得一提的是，深度学习模型由于其端到端（end-to-end）的学习方式，能够学得高度任务相关的表示方法，在计算机视觉、自然语言处理、语音识别等相关任务上展现了其优越的性能，在近十几年间一跃成为最主流的机器学习模型，深度学习也称为表示学习。

最后，知识表示应该从经验中获取且便于高效计算，即知识表示不应该是凭空捏造的，应该是有根据的，且应该表示成便于进一步处理的形式。例如，二进制码相比于自然语言来说更便于机器处理。

由此可见，研究知识表示方式是非常必要的，目前已有许多知识表示方式，可以大致分为四类：逻辑表示（logical representation）、语义网络（semantic network）、产生式规则（production rules）、框架表示（frame representation）。

1. 逻辑表示

逻辑表示是在20世纪初就发展起来的知识表示方法，是一种具有某些具体规则的语言，用于处理命题，且在表示上没有歧义。该表示的形式是根据各种条件得出结论，由精确定义的语法和语义组成逻辑来支持合理的推理，是一种和自然语言语法（主谓宾为主干结构）非常相似的叙述性的表示方法，又由于其精确、无歧义并且形式简单，也容易被计算机理解。具体地，语法指的是构建合乎逻辑的描述的规则，决定了知识表示过程中使用的符号；语义指的是用于解释描述的规则。逻辑表示可以以命题逻辑和谓词逻辑为形式，基础知识点在2.1.2节已有阐述，这里着重举例阐述知识的逻辑表述。

【例2.24】用命题逻辑表示下列知识：

①如果 a 是一个无理数，那么 $2a$ 是无理数。

解：

定义命题为 P：a 是无理数；Q：$2a$ 是无理数。则原知识可以表示成：$P \to Q$。

②如果明天不下雨，老板也不让我加班，我就去逛街。

解：

定义命题为 P：明天不下雨；Q：我不加班；R：我去逛街。则原知识可以表达成：$R \to (\neg P \wedge Q)$。

【例2.25】“$\sqrt{3}$”“…是无理数”“…是实数”三个结构体的命题化。

解：

“$\sqrt{3}$ 是无理数”表示为 isIrrational($\sqrt{3}$)，“无理数是实数” $\forall x$(isIrrational(x) $\to$ isReal(x))，“$\sqrt{3}$ 是实数”表示为 isReal( )。其推理过程为：isIrrational( ) $\wedge \forall x$(isIrrational(x) $\to$ isReal(x)) $\to$ isReal( )。

【例2.26】不存在小于负数的正数。

解：

$P(x)$：x 是负数；$Q(x)$：x 是正数；$R(x,y)$：x 小于 y。则命题可以写作：$\forall x \forall y(R(P(x), Q(y)))$ 或 $\exists x \exists y \neg(\neg R(P(x), Q(y)))$。

【例2.27】小亮是一名计算机专业的学生，但他不喜欢编程。

解：

①定义谓词。Computer(x)：x 是计算机专业的学生；Like(x, y)：x 喜欢 y。

②定义个体。小亮：Liang；编程：Programming。

③将个体代入谓词中：Computer(Liang)；Like(Liang, Programming)。

④根据题目表述，谓词表示为：

$$\text{Computer(Liang)} \wedge \neg \text{Like(Liang, Programming)}$$

【例 2.28】利用一阶谓词逻辑表示以下过程：

小明目前在门口 t，需要把桌子 a 上的杯子拿到桌子 b 上。

解：在这里定义状态谓词（见表 2-11）和操作谓词（见表 2-12）两类谓词。

表 2-11 状态谓词及含义

状态谓词	谓词含义
At(x,t)	x 在 t 处
Table(a)	桌子 a
Holds(x)	x 手里拿着杯子 c
Empty(x)	x 手里是空的
On(c,a)	杯子 c 在桌子 a 上

表 2-12 操作谓词及含义

操作谓词	谓词含义
Goto(a,b)	小明从桌子 a 走到桌子 b
Pickup(a)	在桌子 a 处拿起杯子
Setdown(b)	在桌子 b 处放下杯子
Clear(a)	桌子 a 上是空的

那么在具体的操作过程中，有

① $\text{Goto}(t, a)$：$\left\{\begin{array}{l}\text{删除：At}(Ming, t) \\ \text{增加：At}(Ming, a)\end{array}\right\}$

② $\text{Pickup}(a)$：$\left\{\begin{array}{l}\text{删除：Empty}(Ming) \wedge \text{On}(c, a) \\ \text{增加：Holds}(Ming) \wedge \text{Clear}(a)\end{array}\right\}$

③ $\text{Goto}(a, b)$：$\left\{\begin{array}{l}\text{删除：At}(Ming, a) \wedge \text{Holds}(Ming) \\ \text{增加：At}(Ming, b) \wedge \text{Holds}(Ming)\end{array}\right\}$

④ $\text{Setdown}(b)$：$\left\{\begin{array}{l}\text{删除：Holds}(Ming) \wedge \text{Clear}(b) \\ \text{增加：Empty}(Ming) \wedge \text{On}(c, b)\end{array}\right\}$

则最终的谓词逻辑表示为：$\text{Goto}(t, a) \to \text{Pickup}(a) \to \text{Goto}(a, b) \to \text{Setdown}(b)$。

逻辑表示的优点总结如下：

①逻辑表示的表述性最接近自然语言，便于阅读与知识梳理。表示个体和表示对象的广泛性，导致了逻辑表示的灵活性，它不仅符合一般认知，而且能够轻便地应用到计算机上，即可以方便计算机编程语言的实现，在这方面免去了大量的冗余操作。

②逻辑表示灵活的同时兼备模块化特点。上述的灵活具体是指在定义个体与谓词时遵循常用的认识，便于阅读；模块化是指通过逻辑表示将描述对象分成步骤推理，直白明显的同时逻辑性强，这使得它的应用前景比较可观。

③在基于经验认识的基础上，对一类对象实现模块化的逻辑表示也方便了采用归结推理法（消解法）进行问题求解，可以通过把问题逻辑化，利用真假性判别关联推理是否正确。

缺点如下：

①常用的逻辑表示仅适用于表示确定性知识，不能够扩展至不确定知识的表示，只有在给

定确切对象的特征后，才能够转化为逻辑表达式。

②在实际生活中却充满了不确定的知识，不能表示这些知识就意味着知识表示和知识运用分离。那么逻辑表示虽然方便，但却不利于实际的运用，在实际认识中，想要运用已经表示的知识，还需要单独设定问题求解程序或者定理证明程序，反而是不太方便的。

③即便是对确定的知识进行表示，由于书写逻辑表示的灵活性而产生的多项独特性或者可以说是限制，导致了有时的推理不一定是有效的。

2. 语义网络

语义网络早在20世纪60年代就已出现，虽然后续又出现了很多知识表示形式，但是由语义网络发展而来的知识图谱目前仍是相当常用的知识表示方式。其表示方式为有向图网络，其中图中的节点表示对象，边表示对象之间的关系，两者均需要标注具体含义，即语义网络包含三个元素：节点、边、标签，进而可由多个三元组的集合 $\{<$ 主体 i, 关系 i, 客体 $i> \mid i=1, 2, \cdots, n\}$ 表示整个网络，用于描述物体概念与状态及其间的关系。在数学上语义网络是一个有向图，与逻辑表示法对应。根据这个集合可以画出对应的语义网络。

以下是常用的基本语义关系。

①实例关系：一个事物是另一个事物的具体例子。边上的语义表示为“ISA”，即“is a”，含义为“是一个”，例如，梨树是一棵树。

②分类关系：一个事物是另一个事物的成员。边上的语义表示为“AKO”，即“a kind of”，含义为“其中一类”，例如，鱼是一种动物。

③成员关系：个体与集体的关系。边上的语义表示为“AMO”，即“a member of”，含义为“其中一员”，例如，人是动物中的一员。

④属性关系：事物的状态、特征、能力等属性。因此有很多种语义表示，例如，“Have”表示“有”；“Can”表示“能”。

⑤包含关系（聚类关系）：指具有组织或结构特征的“部分与整体”之间的关系，跟分类关系最主要的区别是包含关系一般不具备属性的继承性，边上的语义表示为“Part of”，例如，手是人的一部分。

⑥时间关系：时间上的先后次序。常用的时间语义关系，例如，“Before”表示一个事件发生在另一个事件之前。

⑦位置关系：不同的事物在位置方面的关系。常用的位置语义关系，例如，“Located on”表示事物坐落于另一事物之上。

⑧相近关系：两种关系相近的事物。边上的语义表示为“Similar to”，表示两者的相似关系，例如，猫和老虎。

【例 2.29】用语义网络表示以下关系：

小明从北京科技大学计算机专业毕业后，担任了某软件开发公司的部门经理；小亮也是北京科技大学的学生，所学专业是金融管理；两个人都来自山东，出于同乡情谊，所以小明聘用了小亮作为自己部门的财务主管；两人的公司在天津；北京科技大学坐落于北京。

解：语义网络图如图 2-1 所示。

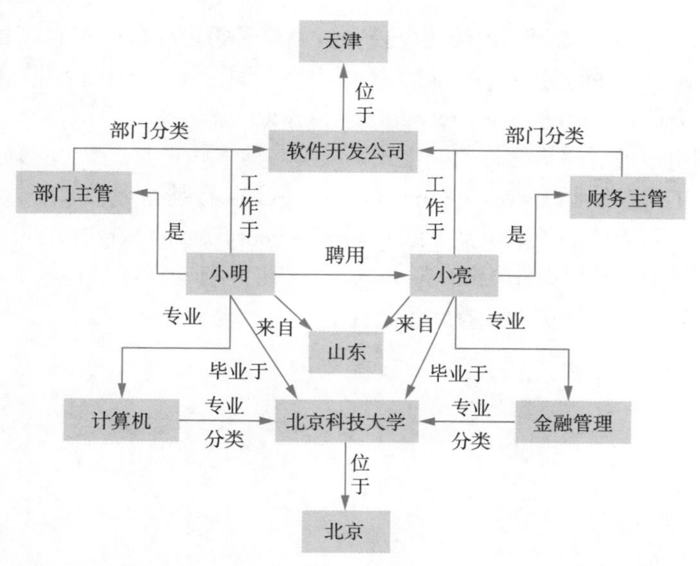

图 2-1　语义网络图

【例 2.30】 根据例 2.29 的语义网络，将小明的所有联系使用三元组表示。

① prop（小明，工作单位，软件开发公司）。

② prop（小明，职位，部门主管）。

③ prop（小明，毕业学校，北京科技大学）。

④ prop（小明，大学专业，计算机）。

⑤ prop（小明，家乡，山东）。

⑥ prop（小明，聘用，小亮）。

语义网络的优点如下：

①能够把具体对象的结构、属性与实物间的因果关系、存在联系简明地表示在图示网络或者三元组合中，表述更加透明化、直白化，这样能够通过联想方式实现对系统的解释。

②因为对象概念的属性和联系被整合在一个相应的节点中，使得所表述的概念易于受访和学习，那么知识工程师和领域专家之间的沟通也就更加的简易透彻。

③对于学习网络的人而言，语义网络中的继承方式符合正常的思维习惯，使得他们能够一目了然，以最快的速度获取网络表示的知识。

缺点如下：

①由于语义网络的搭建依赖于个人，所以在知识表示的推广方面不够智能，应用的范围可能会被限制在一小类群体中。

②语义网络结构的语义解释依赖于该结构的推理过程但却对结构没有固定的约定，因而得到的推理可能还不如谓词逻辑有效。

③建立的语义网络在某一应用场景下有效，对结构不过于限制，也会存在不良现象：节点间的联系可能是线状、树状或网状的，甚至是递归状的结构，这样就导致了相应的知识存储和检索可能需要相当复杂的过程才能完成，意味着整个认识过程会耗费大量时间，不便于大范围使用。

3. 产生式规则

产生式规则于 20 世纪 70 年代被提出，也可以称为 IF-THEN 规则。顾名思义，它模拟的是人脑以因果关系来存储各种知识，即给定条件，查看是否符合条件，符合则触发产生规则，执行相应操作动作，其中条件确定的是将哪个规则应用于问题，动作则执行相关问题的解决步骤，整个求解过程被称为认识 - 行动循环（recognize-act cycle）。

由产生式规则组成的有序集合称为产生式系统。在具体形式上，产生式系统包含三个元素：产生式规则集合、工作存储器（working memory）和认识 - 行动循环，如图 2-2 所示。其中，产生式规则集合模拟的是人脑的长期记忆（long term memory），存放既定的长期知识；工作存储器模拟的是人脑的短期记忆（short term memory）；认识 - 行动循环是对整个系统的控制过程，包括推理、冲突消解、执行规则和检查终止条件。

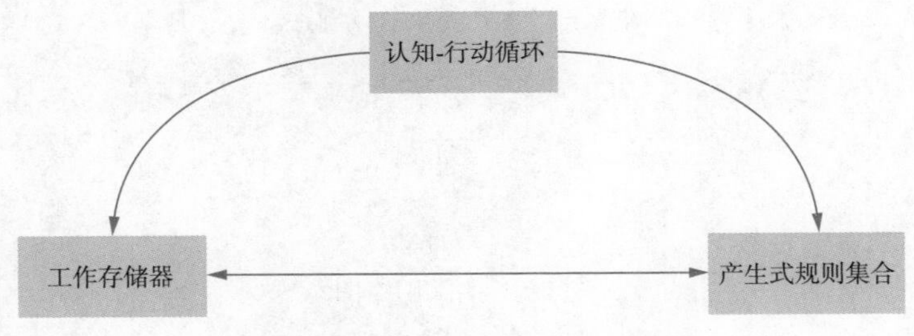

图 2-2　产生式系统结构示意图

具体而言，推理指的是按照某种策略从产生式规则集合中找出与已知事实对应的规则，并与已知事实进行比较，如果满足条件，则使用规则。若匹配成功的规则不止一条，则要按照既定策略进行冲突消解，从而找出一条规则执行。在执行规则的过程中，若得到结论，则加入工作存储器中，若得到操作，则执行操作，对于不确定性知识，还要计算结论的置信度。在推理过程中，检查工作存储器中是否包含了最终结论，若包含则终止推理。按照搜索方向可以将推理分为正向推理、逆向推理和双向推理。正向推理从表示事实的命题出发；逆向推理假设结论，从结论出发进行搜索；双向推理则是在推理过程中交替进行正向和逆向推理。

【例 2.31】图 2-3（a）为植物识别系统的产生式规则库，给定初始事实 {F1: 有果皮 , F2: 有托叶 , F4: 有刺 }，使用正向推理得到推理树如图 2-3（b）所示，从而得出结论——玫瑰。

植物识别系统包含以下产生式规则：
R1：IF种子有果皮THEN被子植物
R2：IF种子无果皮THEN裸子植物
R3：IF无茎叶AND无根THEN藻类植物
R4：IF被子植物AND有托叶THEN蔷薇科
R5：IF被子植物AND吸引菜粉蝶THEN十字花科
R6：IF被子植物AND十字形花冠THEN十字花科
R7：IF被子植物AND缺水环境THEN仙人掌科
R8：IF蔷薇科AND有刺THEN玫瑰
R9：IF被子植物AND水生AND可食用AND结果实THEN荷花
R10：IF仙人掌科AND喜阳AND有刺THEN仙人球
R11：IF蔷薇科AND木本AND可食用AND结果实THEN苹果树
R12：IF十字花科AND黄色花AND可食用AND结果实THEN油菜
R13：IF藻类植物AND水生AND可食用AND有白色粉末THEN海带
R14：IF藻类植物AND水生AND药用THEN水棉
R15：IF裸子植物AND木本AND叶片针状AND结果实THEN松树

（a）

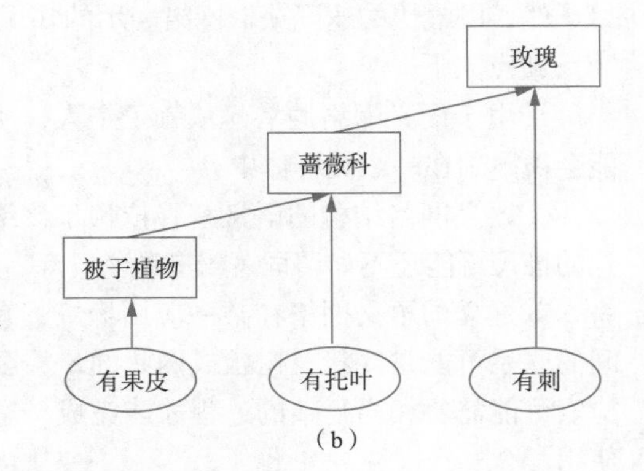

（b）

图 2-3　基于产生式系统方法的植物识别系统

产生式系统是目前常用的知识表示系统——专家系统的基础，其优势十分明显，表现在：

①产生式系统高度模块化，每一个产生式都可以轻松删除或修改，易于管理。且每一个产生式规则表示的基本形式相同，从而使得用户或者系统容易理解并进行处理。

②由于产生式系统是一种非结构化的过程性知识表示方法，因此适用于因果性的推理。目前大部分专家系统中的过程性知识都使用产生式系统来表示。

③产生式规则使用自然语言表示知识，更加直观，且能够表示确定性和不确定性知识。

产生式系统适合于表达具有因果关系的过程性知识，是一种非结构化的知识表示方法。产生式系统易于模块化管理、存在有效表示知识、知识表示清晰。但是这种形式也带来了效率不高、不能表达具有结构性的知识，不宜用来求解理论性强的问题等缺点。因此，人们经常将它与其他知识表示方法（如框架表示法、语义网络表示法）相结合。

产生式规则表示具有结构关系的知识很困难，因为它不能把具有结构关系的事物间的区别与联系表示出来。但下面介绍的框架表示法可以解决这一问题。

4. 框架表示

框架表示于 20 世纪 70 年代由马文 • 明斯基提出，该方法受启发于认知心理学的研究，即人们对日常事物的记忆存储形式类似于框架结构，当遇到新情况、新事物时，就要从之前积累的记忆中调出一个相应的框架，根据实际情况加以补充修改，从而形成新的框架。例如，看见一个新品种的水果，它有果皮、种子，根据其果皮种子的特点进行记忆，而无须重新对其进行整合记忆。框架表示采用结构化表示形式，类似于记录，通过将知识划分为固定模板的子结构对其进行表示，描述各种对象的属性和值。具体地，框架由三部分组成：框架名、槽（slot）、侧面（facet），其中槽即表示的是对象的属性，侧面表示属性的值。框架表示允许构建知识的层次结构，下层框架可以从上层框架继承属性和值，举例说明。

【例 2.32】给定一段关于北京科技大学的描述：

北京科技大学于 1952 年创立，是中华人民共和国教育部直属的全国重点大学，是“世界一流学科建设高校”，位于北京市海淀区学院路 30 号，拥有 4 个国家重点一级学科和 2 个国家重点二级学科，下设 14 个二级学院，校训是“求实鼎新”，有两首校歌，分别为《北科华章》和《摇篮颂歌》。

根据以上描述，对北京科技大学进行框架表示如图 2-4 所示，该框架继承自框架“学校”和“大学”，其中每个槽和对应的侧面都给出了相应的说明信息，比如校训槽对应的侧面为求实鼎新。

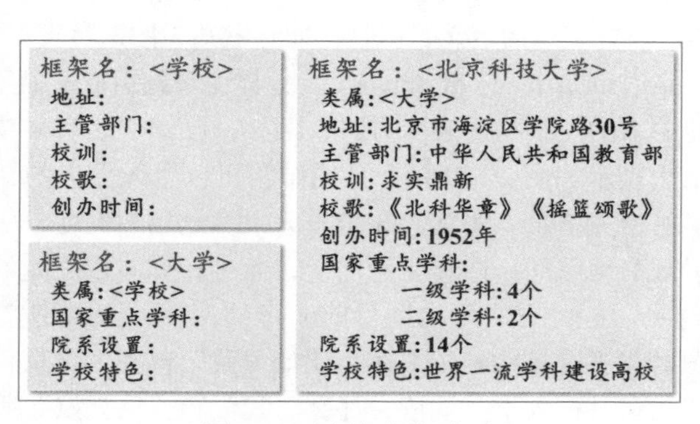

图 2-4　多层级框架表示

框架表示的优点如下：

①框架表示的数据结构和问题求解过程受启发于人类的思维和人类求解问题的过程，因此比较合理，也易于理解和可视化。

②框架表示是一种分层次嵌套式结构，既可以表示知识的属性，又可以表示知识之间的关系，而且新的属性和关系也很容易被插入，丢失的值也容易找回。

③框架表示具有继承性，下层框架可以从上层框架继承某些属性或值，可以将相关数据集成起来，因此容易进行补充修改的编程，减少冗余信息并节省存储空间。

缺点如下：

①框架表示法的主要不足之处是不善于表达过程性的知识。因此，它经常与产生式表示法结合起来使用，以取得互补的效果。

②由于许多实际情况与原型存在较大的差异，因此适应能力不强。

③框架系统中各个子框架的数据结构如果不一致会影响整个系统的清晰性，造成推理的困难，使推理过程缺乏严密性。

推理的困难导致缺乏形式理论，没有明确的推理机制保证问题求解的可行性。

2.3 知识图谱与本体知识表示

知识表示以上节所述的四种基本方式为基础，根据不同的应用需求，至今已延伸出了很多变种，在此，介绍两种较为常用、典型的方法——知识图谱（knowledge graph）和本体（ontology）知识表示。

2.3.1 知识图谱

知识图谱的前身是语义网络，是表示实体（对象、事件、概念等）相互之间关系的集合。这种知识表示方式为数据的组织、管理、分析提供了很大的方便，尤其是在互联网上的应用十分成功，可以称其是造就当代生活方式的一个重要因素。例如，现在的搜索引擎（百度等）、问答系统（Siri、小冰、小度等），都离不开知识图谱。

"知识图谱"这个概念最早于 1972 年被提出，其在搜索引擎上的成功应用，使得人们对此概念熟知起来。从那时起，越来越多的互联网公司都开始宣传他们使用的知识图谱，进一步普及了该术语。知识图谱没有正式的定义，但是正如谷歌知识图谱负责人辛格博士所说的"The world is not made of strings, but is made of things"（世界由事物组成，而不是字符串），重要的是能够体现实体之间的关系的图结构的表示方式，例如，已知"北京科技大学是一所位于北京的公办大学"，其图结构表示如图 2-5 所示，该图结构可以融入更大的知识图谱中，得到关于"北京科技大学"更多的相关信息。通常，知识图谱中度量相关程度，即判断实体之间是否相关的方法是将实体映射到高维空间，即转化为向量，通过计算向量之间的距离（距离越近，相关程度越高，反之越低）。这种方式可借助目前流行的深度学习模型实现，有了向量之后也容易推理出构建知识图谱时没有被构建的关系，比如"我"曾在"北京科技大学"就读，奥运冠军"巩立姣"曾在"北京科技大学"就读，那么"我"和"巩立姣"所转化的向量相对距离较近。

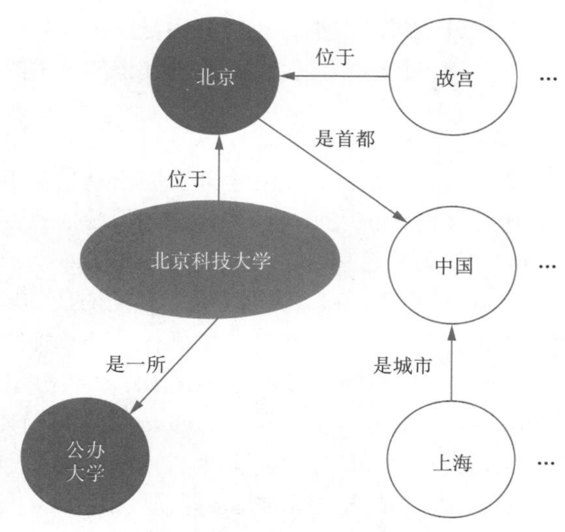

图 2-5　知识图谱示例图

在实际应用中，许多知识图谱的存储方式是基于符号的，如资源描述框架（resource description framework, RDF）、网络本体语言（web ontology language, OWL）等。其中 RDF 是由万维网联盟（world wide web consortium, W3C）提出的，该框架由“主语 - 谓语 - 宾语”三元组的集合组成，也可以用有向图模型表示，其中主语和宾语是节点，谓语是边。RDFS（RDF schema）方法进一步增加了类集合、属性集合的定义，并支持推理。OWL 又在 RDFS 的基础上增加了类和属性之间的约束，OWL 又可以分为多种子语言，分别用于完成不同的任务。

知识图谱典型应用如下：

①智能搜索：用户在查询输入后，搜索引擎不仅仅去寻找关键词，而是首先进行语义的理解。比如，对查询分词之后，对查询的描述进行归一化，从而能够与知识库进行匹配。查询的返回结果，是搜索引擎在知识库中检索相应的实体之后，给出的完整知识体系。

②深度问答：问答系统是信息检索系统的一种高级形式，能够以准确简洁的自然语言为用户提供问题的解答。多数问答系统更倾向于将给定的问题分解为多个小的问题，然后逐一去知识库中抽取匹配的答案，并自动检测其在时间与空间上的吻合度等，最后将答案进行合并，以直观的方式展现给用户。苹果的智能语音助手 Siri 能够为用户提供回答、介绍等服务，就是引入了知识图谱的结果。知识图谱使得机器与人的交互，看起来更智能。

③社交网络：Graph Search 产品的核心技术就是通过知识图谱将人、地点、事情等联系在一起，并以直观的方式支持精确的自然语言查询，例如，输入查询式：“我朋友喜欢的餐厅”“住在纽约并且喜欢篮球和中国电影的朋友”等，知识图谱会帮助用户在庞大的社交网络中找到与自己最具相关性的人、照片、地点和兴趣等。Graph Search 提供的上述服务贴近个人的生活，满足了用户发现知识以及寻找最具相关性的人的需求。

④垂直行业应用：从领域上来说，知识图谱通常分为通用知识图谱和特定领域知识图谱。在金融、医疗、电商等很多垂直领域，知识图谱正在带来更好的领域知识、更低金融风险、更完美的购物体验。例如，教育科研行业、图书馆、证券业、生物医疗以及需要进行大数据分析的一些行业。这些行业对整合性和关联性的资源需求迫切，知识图谱可以为其提供更加精确规范的行业数据以及丰富的表达，帮助用户更加便捷地获取行业知识。

尽管知识图谱可以兼容大量开放域的数据，还能够用目前十分高效的深度学习模型计算，但是相较于基于逻辑的表示方式，其对于较为复杂、高阶的知识的表示能力不足，可解释性较弱。

2.3.2 本体知识表示

上一节中已经提到了“本体”这个概念，实际上知识图谱就是基于本体知识的，知识图谱因此也是通过本体知识应用于互联网知识表示上。本体是知识的抽象，在计算机和信息科学领域，表示的是领域（domain）内概念的总称，类似于编程中的类（class）的定义、数据管理中的元数据（metadata），而知识图谱的节点和边实际上是本体所对应的取值。比如本体可以类比于“书”“人工智能类书”“语言类书”“作者”“中国作者”“外国作者”，而他们的取值可以分别是《人工智能与语言加工》《机器学习》《德语语法》、任虎林、侯静怡、J.K. 罗琳，可以看出本体下面还可以分出不同的本体，分类学（taxonomy）就可以类似看作为构建本体库。本体作为一种知识表示方法，与谓词逻辑、框架等其他方法的区别在于它们属于不同层次的知识表示方法，本体表达了概念的结构、概念之间的关系等领域中实体的固有特征，即概念共享。一个本体包含的知识不是某个个体私有的，而是可以被一个群体接受的。而其他的知识表示方法如语义网络等，可以表达某个体对实体的认识，不一定是实体的固有特征。这正是本体层与其他层的知识表示方法的本质区别。

实际上，本体比较公认的正式定义是“共享概念化的形式化、明确的规范”，从这句话可以看出，本体有以下四种特性。

①概念化（conceptualisation）：本体是对客观世界中存在事物或现象的抽象，即将客观世界存在的事物或现象进行归类并对其建立抽象的模型。

②明确性（explicit）：本体中的概念与其关系被精确地定义，即对概念类型和其使用的约束条件是显式定义的，例如，“疾病”和“症状”两个概念，这两者是因果关系，其约束是“疾病”不能作为自己的因。

③形式化（formal）：本体要通过数学描述形式化为机器可理解和可计算推理的表示，因此自然语言是不符合该条件的。

④共享性（share）：本体的表示要建立在领域内的共同认知基础上，从而实现知识共享。

因此，本体是由类、关系、函数、公理和示例的集合构成。本体知识表示应用于构建知识库的主要作用是分析、建模、实现域知识，也会参与构建问题求解知识。由于本体知识表示的是特定领域内公认的静态知识，其会应用于很多人工智能的研究领域。本体可以用于自然语言处理，比如语言学本体库 WordNet，可用于机器翻译、情感分析、文本摘要等。在数据库和信息检索领域，本体知识可以用异构源（数据库或信息系统）的相互迁移，将不同源的数据映射到本体，借助本体就可以实现多源信息的检索。

按照通用性层次对本体分类如下：

①领域本体（domain ontology）：描述对特定领域（医学、电子、机械等）有效的知识，对其进行抽象。

②通用本体（generic ontology）：在多个领域有效，也称为超级理论（super theory）或核心本体（core ontology）。

③应用本体（application ontology）：包含特定领域建模的所有必要知识。

④表示本体（representational ontology）：不涉及任何特定领域，提供表示性实体，但是不说明具体代表什么。例如，框架本体，它定义了框架、槽、约束等概念，允许以面向对象或基

于框架的方式表示知识。

知识图谱是一个基于本体知识表示的实现，主要描述实体及其之间的关系。知识图谱经历了由人工和群体智慧构建到面向互联网利用机器学习和信息抽取技术自动获取的过程。知识图谱技术是人工智能知识表示和知识库在互联网环境下的大规模应用，显示出知识在智能系统中的重要性，是实现智能系统的基础知识资源。

小 结

本章主要论述了人工智能中概念理论与知识表示方法，其中要点如下：

①概念是描述事物本质属性的手段，是知识的基本单元。经典概念理论是现今各种概念理论的基础，其通过三个元素描述：概念名、概念的内涵表示和概念的外延表示。

②数理逻辑是使用符号体系来研究思维形式和思维规律的一种数学方法。命题是梳理逻辑中最基础的概念，指的是具有确定真值的陈述句，分为两种命题：原子命题和复合命题。谓词逻辑刻画命题内部结构，包含个体词、谓词和量词三个基本概念。集合是具有共同性质元素的汇总，是概念表示的途径，集合之间有交、并、相对补和对称差四种操作，并集的元素个数可利用包含容斥原理来求解。

③知识是人类对于客观对象认知过程的总结，知识表示是实现人工智能的重要途径，目前的知识表示方式可以大致分为：逻辑表示、语义网络、产生式规则、框架表示等。其中，逻辑表示由精确定义的语法和语义组成，可以支持合理的推理；语义网络由包含节点、边、标签三个元素的有向图网络组成，其中节点表示对象、边表示对象之间的关系，标签标注对象和关系的名称；产生式规则以因果关系，即IF-THEN关系存储知识，包含产生式规则集合、工作存储器和认识-行动循环三个元素；框架表示是一种结构化表示形式，将知识划分为固定模板的子结构，该结构描述各种对象的属性和值，由框架名、槽、侧面三种元素组成，并允许构建多层次结构。

④知识图谱是由语义网络发展而来的，是表示实体（对象、事件、概念等）相互之间关系的集合，现今在互联网上的应用十分广泛，常使用的知识图谱的存储方式是基于符号的，知识图谱的表示可由深度学习方法实现。本体是共享概念化的形式化、明确的规范，由类、关系、函数、公理和示例的集合构成，知识图谱通过本体知识应用于互联网知识表示上。

习 题

1. 什么是知识？知识有哪几种表示方法？
2. 用逆向推理求解例2.31产生式系统的问题。
3. 构造一个描述你正在修的一门课的框架。
4. 知识图谱有哪些优点和缺点？
5. 什么是本体？本体有哪些特性？
6. 本体知识表示与知识图谱有哪些区别与联系？

第 3 章 搜索技术与群智能算法

搜索算法是一种非常直接的问题解决方法——将可能的解决方法列出来检验，找到其中最为合适的即可。搜索算法可以应用于非常多的场景，对于连续、离散问题都可以求解，可以充分发挥计算机数值计算快速的优势。然而，计算速度再快，面对数据量庞大的解空间，也需要考虑使用怎样的搜索算法更快、利用少的计算资源找到更优的解。因此，如何设计搜索算法是计算机科学中一个重要的研究内容，而评估搜索算法的指标除了搜索到解的质量，还要分析该算法的时间复杂度和空间复杂度。

3.1 盲目搜索与博弈搜索

3.1.1 盲目搜索

盲目搜索（blind search）也称无信息搜索（uninformed search），指的是不使用搜索空间的额外信息、能够更快找到最优解的先验信息，只按照一定的顺序对数据进行遍历求解。根据不同的遍历方式，盲目搜索又分为广度优先搜索（breadth-first search）、深度优先搜索（depth-first search）、一致代价搜索（uniform-cost search）、深度有限搜索（depth-limited search）、迭代加深搜索（iterative deepening search）、双向搜索（bidirectional search）等。下面介绍其中几种。

1. 广度优先搜索

广度优先搜索又称宽度优先搜索或者横向优先搜索，是一种图或者树的搜索算法。树是一种从一个根节点开始，不断向后扩展出子节点的树状的数据结构，而图是一种比树更复杂，体现节点多对多关系的一种数据结构。广度优先搜索算法是从根节点或者深度最浅的节点开始，按照宽度方向遍历扩展其相邻节点的算法，所谓宽度方向即优先搜索与某个节点 a 相邻的所有节点而不是这些节点的后继节点。这种算法是通过先进先出队列数据结构实现的，即只有先进入队列的元素才会被优先取出队列，算法步骤如下：

①首先将根节点放入队列中。

②从队列中取出第一个节点，并且检验这个节点是否为所要搜索的目标。如果是目标节点，

那么结束搜索并返回该节点。如果不是则将它所有没有被检验过得子节点或者相邻节点加入队列中。

③如果整个队列都为空，那就代表整张图都已经被检验过了，也就是说图中没有所要搜索的节点，结束搜索并且返回“没有找到目标”。

④重复步骤②。

【例 3.1】求图 3-1 中树 T1 节点的广度优先搜索的顺序。进行广度优先搜索时队列中最多存储了几个节点？

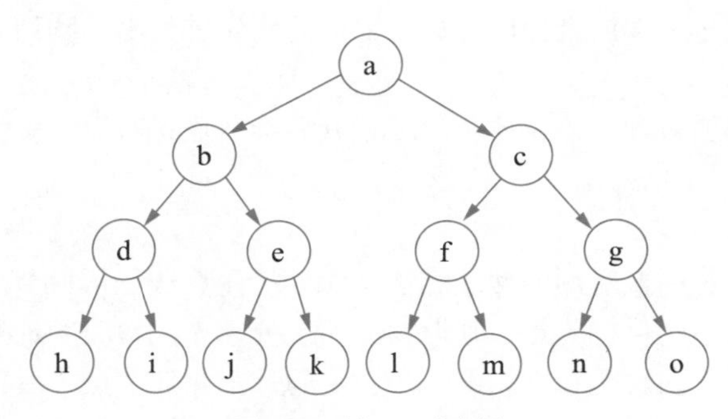

图 3-1　树 T1 示意图

从节点 a 开始开始搜索，将其放入队列中。

队头	a							

将节点 a 取出队列并检验，将其两个后继节点 b、c 加入队列。

队头	b	c						

取出节点 b，向队列中加入其后继节点 d、e。

队头	c	d	e					

取出节点 c，加入其后继节点 f、g。

队头	d	e	f	g				

取出节点 d，加入其后继节点 h、i。

队头	e	f	g	h	i			

取出节点 e，加入其后继节点 j、k。

队头	f	g	h	i	j	k		

取出节点 f，加入其后继节点 l、m。

队头	g	h	i	j	k	l	m	

取出节点 g，加入其后继节点 n、o。

队头	h	i	j	k	l	m	n	o

取出节点 h，由于节点没有后继节点，所以不向队列中加入新的节点。

队头	i	j	k	l	m	n	o	

依次取出 i、j、k、l、m、n、o 节点，此时队列为空，搜索结束。

所以，广度优先搜索的搜索顺序为 a、b、c、d、e、f、g、h、i、j、k、l、m、n、o。在进行搜索的过程中队列中最多存储了八个节点。

假设每一个节点具有 b 个后继节点，目标节点所在的深度为 d，那么广度优先搜索的时间复杂度就为 $O(b^d)$，空间复杂度也为 $O(b^d)$。

广度优先搜索的优点如下：

①广度优先搜索在性能上是完备的，也就是说如果图中存在目标节点并且目标节点的深度 d 有限，则其一定可以将节点搜索到。

②通过广度优先搜索获得最优解是有可能的。

缺点如下：

①如果目标节点位于底部或者深度过深，那么使用先进先出的队列时就会占用大量的内存空间与执行时间。

②因为每个节点都要被存入内存才可以搜索其后续节点，所以广度优先搜索需要占用大量内存，不适合解决非常大的问题。

2. 深度优先搜索

深度优先搜索是一种树或者图的搜索算法。深度优先算法是从根节点开始，按照深度方向搜索一个分支，如果找不到目标节点，则返回另一个分支未被检验的地方，按照深度方向继续搜索的算法。所谓深度方向就是在搜索某个节点 a 的一个相邻节点 b 后，接着搜索这个相邻节点 b 的相邻节点，而不是搜索节点 a 的其他相邻节点。这种算法是通过先进后出的堆栈数据结构实现的，即最先进入栈的元素会被最后取出，而最后进入栈的元素会被优先取出。算法步骤如下所示：

①将根节点压入栈中。

②取出栈的顶部弹出一个节点，并且检验这个节点是否为所要搜索的目标，如果是目标节点，那么结束搜索并返回该节点。如果不是则将它所有没有被检验过得子节点或者相邻节点压入栈中。

③如果整个栈都为空，那就代表整张图都已经被检验过了，也就是说图中没有所要搜索的节点，结束搜索并且返回“没有找到目标”。

④重复步骤 ②。

【例 3.2】求图 3-1 中树 T1 的深度优先搜索的节点顺序。进行深度优先搜索时栈中最多存储了几个节点？

从节点 a 出发开始检验，将 a 压入栈中。

栈底	a					

将 a 节点弹出并进行检验，压入节点 a 的后继节点 b、c。

栈底	b	c				

弹出节点 c，压入其后继节点 f、g。

栈底	b	f	g					

弹出节点 g，压入其后继节点 n、o。

栈底	b	f	n	o		

弹出节点 o，由于节点 o 没有后继节点，所以没有新的节点压入栈。

栈底	b	f	n			

弹出节点 n，同样没有后继节点。

栈底	b	f				

弹出节点 f，压入其后继节点 l、m。

栈底	b	l	m			

弹出节点 m，再弹出节点 l，由于两个节点都没有后继节点，不压入新的节点。

栈底	b					

弹出节点 b，压入其后继节点 d、e。

栈底	d	e				

弹出节点 e，压入其后继节点 j、k。

栈底	d	j	k			

依次弹出节点 k、j，没有后继节点。

栈底	d					

弹出节点 d，压入其后继节点 h、i。

栈底	h	i				

依次弹出节点 i、h，此时栈为空，搜索结束。

所以深度优先搜索的搜索顺序为 a、c、g、o、n、f、m、l、b、e、k、j、d、i、h。进行深度优先搜索时栈中最多存储了四个节点。

假设每一个节点具有最多 b 个后继节点，任一节点的最大深度为 m，则深度优先搜索的时间复杂度为 $O(b^m)$，空间复杂度为 $O(bm)$。

深度优先搜索的优点如下：

①深度优先搜索在使用循环的递归算法时只需要很少的内存，因为它只需要存储从根节点到当前节点的路径上的节点堆栈。

②如果选择了正确的路径，搜索速度会比广度优先搜索快许多。

缺点如下：

①深度优先搜索算法的搜索效率严重依赖于搜索的图还是树。如果是图搜索，则在有限的空间下是完备的；但如果是树搜索，由于可能错误进入某个无限分支并一直搜索下去，所以搜索并不是完备的。

②深度优先搜索算法并不是最优的，可能会产生很高的成本来寻找解决方案。

3. 一致代价搜索

一致代价搜索是一种特殊的宽度优先搜索，是一种各边权值或代价不同的图或者树的搜索算法，一致代价搜索是一种同样从根节点开始检验，按照代价最小的原则对各节点进行检验的算法。由于一致代价搜索是一种特殊的宽度优先搜索，所以这种搜索算法同样也是通过队列数据结构实现的，但此时的队列不是先进先出队列，而是优先级队列，算法步骤如下所示：

①首先将根节点放入队列中，记其代价为零。

②取出队列中优先级最高，也就是代价最低的节点并且检验这个节点是不是所要搜索的节点，如果是目标节点，则结束搜索并返回该节点，如果不是目标节点则将其所有未被检验过的子节点或者相邻节点加入队列，代价记为取出节点代价与两节点之间路径代价的和，当被加入节点已经存在于队列中时，代价记为两者中最小的代价。

③如果整个队列都为空，那就代表整张图都已经被检验过了，也就是说图中没有所要搜索

的节点，结束搜索并且返回“没有找到目标”。

④重复步骤②。

【例 3.3】如图 3-2 所示，求图中节点的一致代价搜索顺序。搜索节点 g 的最小代价为多少？是否为最优解？

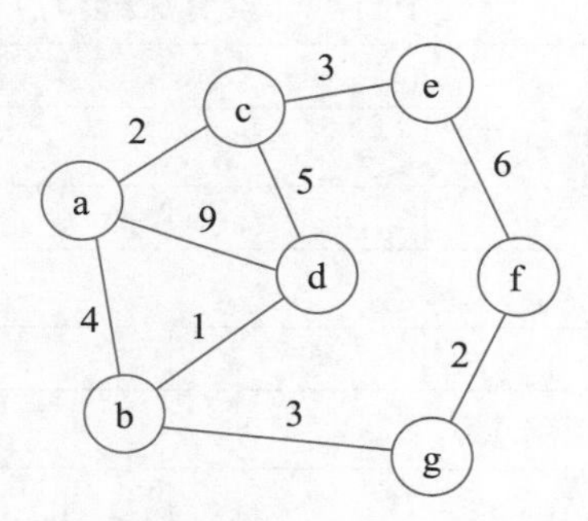

图 3-2 有权无向图 G 示意图

从 a 出发进行搜索，将 a 节点加入队列。

节点	a				
代价	0				

取出 a 节点，将 a 的相邻节点 b、c、d 加入队列。

节点	b	c	d		
代价	4	2	9		

取出代价最低的节点 c，将 c 未被检验的相邻节点 d、e 加入队列（此时 d 的代价被改为 7）。

节点	b	d	e		
代价	4	7	5		

取出节点 b，将 d、g 加入队列。

节点	d	e	g		
代价	5	5	7		

取出节点 d，由于 d 的所有相邻节点都已被检验，所以不再向队列中加入新节点。

节点	e	g			
代价	5	7			

取出节点 e，将 f 加入队列。

节点	g	f			
代价	7	11			

取出节点 g，其代价为 7，将节点 f 的代价改为 9。

节点	f				
代价	9				

取出节点 f，f 的所有相邻节点都已经被检验，不向队列中加入新的节点。

此时队列为空，所有的节点都已经被检验，所以图的一致代价搜索的顺序为 a、c、b、d、e、g、f。搜索节点 g 的代价为 7，并且是最优解。

假设每一个节点具有最多 b 个后续节点，最优解的代价为 C^*，所有路径中最低的代价为 e，则一致代价搜索的时间复杂度与空间复杂度均为 $O(b^{1+(C^*/e)})$。当所有路径的代价都相同时，其时间与空间复杂度均为 $O(b^{1+d})$，这也是高于广度优先搜索的复杂度的，因为一致代价搜索在检验节点前要确认节点的代价是否为最小值。

一致代价搜索的优点如下：

①一致代价搜索在性能上是完备的。

②一致代价搜索获得的解为最优解，因为每个节点被检验时其代价都为最小值。

缺点如下：

一致代价搜索不关心搜索的步骤数，只关心路径代价。因此，该算法可能会陷入无限循环。

4. 深度有限搜索

深度有限搜索是一种特殊的深度优先搜索，是为了避免对树进行深度优先搜索时误入错误并且无限的分支导致其无限地进行搜索下去的尴尬，设置了一个最大深度 L 来限制搜索的最大深度的搜索算法。同样，深度有限搜索是通过堆栈数据结构而实现的，算法步骤如下所示：

①将根节点压入栈中，记其深度为 0。

②取出栈的顶部弹出一个节点，并且检验这个节点是否为所要搜索的目标，如果是目标节点，那么结束搜索并返回该节点。如果不是目标节点并且其深度小于最大深度 L 则将它所有没有被检验过的子节点压入栈中（深度等于 L 则不压入节点）。

③如果整个栈都为空，那就代表整棵树都已经被检验过了，也就是说在指定深度下的树中没有所要搜索的节点，结束搜索并且返回“没有找到目标”。

④重复步骤②。

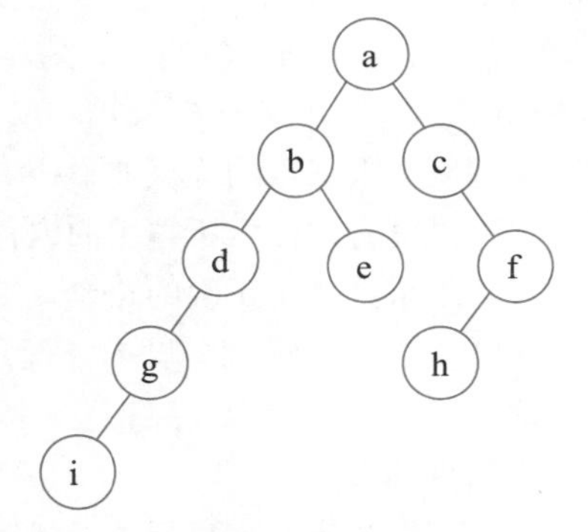

图 3-3 树 T2 示意图

【例 3.4】如图 3-3 所示，求树 T2 中节点的深度为 3 时的深度有限顺序。节点 i 是否能被检验到？

从根节点 a 开始进行搜索，将 a 节点压入栈。

节点	a				
深度	0				

将节点 a 弹出栈，压入其后继节点 b、c。

节点	b	c			
深度	1	1			

将 c 弹出栈，压入其后继节点 f。

节点	b	f			
深度	1	2			

弹出节点 f，压入其后继节点 h。

节点	b	h			
深度	1	3			

弹出节点 h，由于节点 h 没有后继节点，则不压入节点。

节点	b				
深度	1				

弹出节点b，压入其后继节点e、d。

节点	e	d			
深度	2	2			

弹出节点d，压入其后继节点g。

节点	e	g			
深度	2	3			

弹出节点g，由于节点g的深度等于最大深度，所以不压入新的节点。

节点	e				
深度	2				

弹出节点e，由于e没有后继节点，则不压入新的节点。

此时栈为空，所有深度小于或等于最大深度的节点都已经被检验，所以深度有限搜索的顺序为a、c、f、h、b、d、g、e。节点i因为深度大于最大深度，所以没有被搜索到。

假设每一个节点具有最多b个后继节点，最大深度为L，则深度有限搜索的时间复杂度为$O(b^L)$，空间复杂度为$O(bL)$。

深度有限搜索的优点如下：

①深度有限搜索所占用的内存很少，原因与深度优先搜索相同。

②如果选择了正确的路径，则搜索速度会很快。

③在给定的最大深度内，搜索是完备的，也就是说所有深度小于最大深度的节点都会被搜索到。

缺点如下：

①深度有限搜索算法不是最优的，可能会产生很大的成本来寻找解决方案。

②树的深度大于最大深度时，搜索不是完备的，深度大于最大深度的节点不会被搜索到。

5. 迭代加深搜索

迭代加深搜索是深度有限搜索的升级版，它是一种不断迭代增加深度有限搜索最大深度直到找到目标节点的搜索算法。迭代加深搜索算法的本质是迭代的，其中每一步迭代都将运行一遍深度有限搜索，算法步骤如下所示：

①设置最大深度L为0。

②进行最大深度为L的深度有限搜索，判断是否找到目标节点，如果搜索到目标节点，结束搜索并返回，否则使L+1。

③如果L达到树的最大深度却还没有搜索到目标节点，那就代表整棵树都已经被检验过了，也就是说在树中没有所要搜索的节点，结束搜索并且返回“没有找到目标”。

④重复步骤②。

【例3.5】如图3-3所示，对树T2进行迭代加深搜索，求每一次迭代得到的节点顺序。节点h将在第几次迭代的时候被搜索到？

从最大深度L=0开始迭代，进行L=0的深度有限搜索，搜索得到的节点顺序为a。

第二次迭代，令L=L+1，即L=1，进行深度有限搜索，搜索得到的节点顺序为a、b、c。

第三次迭代，令 $L=L+2$，进行深度有限搜索，搜索得到的节点顺序为 a、b、d、e、c、f。

第四次迭代，令 $L=L+3$，进行深度有限搜索，搜索得到的节点顺序为 a、b、d、g、e、c、f、h，此时找到了 h 节点。

第五次迭代，令 $L=L+4$，进行深度有限搜索，搜索得到的节点顺序为 a、b、d、g、i、e、c、f、h，此时找到了 i 节点。并且最大深度 L 已经到达了树的最大深度，搜索结束。

所以，节点 h 是在第四次迭代的时候被搜索到，而节点 i 是在第五次迭代的时候被搜索到的。

迭代加深搜索的时间复杂度为 $O(b^m)$，空间复杂度为 $O(bm)$。

由此可以看出，迭代加深搜索算法兼具了宽度优先搜索与深度优先搜索的优势，其优点如下：

①迭代加深算法在性能上是完备的。

②迭代加深算法所占用的内存很少。

③迭代加深算法所找到的解为最优解，因为它会随着深度的增加而搜索节点，当目标节点被搜索到时一定是深度最浅的。

缺点如下：

每一次迭代都会重复之前一次阶段的工作。

3.1.2 博弈搜索

无论古今中外，人类社会总能见到不同形式的博弈，人与人之间有博弈、团队协作之间也有博弈，博弈可以是双方的，也可以发生在多人之间，也可能是多个团体之间。在博弈中，参与博弈者都希望自己在约束条件下能够获得最大的收益，为此也会根据情况来制定对策。在人工智能中普遍研究和使用的博弈搜索算法适用于“双方、信息完备、确定性、零和”的博弈方式。所谓双方，指的是博弈的参与者有两方，轮流采取行动；所谓信息完备，指的是明确知道对方的行动；所谓确定性，指的是未来的行动能被确定评估；所谓零和，指的是双方的收益和损失相加总和为零，即一方收益，另一方则损失，或者两方和局。除了这种博弈方式外，在现实生活中还存在机遇性博弈，例如战争，还存在非零和博弈。此类问题研究较为复杂，本节介绍内容仅限于“双方、信息完备、确定性、零和”的博弈方式，而这种博弈最典型的代表就是棋类运动，例如剪刀石头布游戏。

自从有了计算机，人们便产生了利用计算机进行下棋的想法。早在 20 世纪 60 年代，就出现了若干计算机博弈程序，经过几十年的不断发展，计算机博弈程序取得了较高的水平。举世瞩目的人机对弈是 1997 年 IBM 公司开发的“深蓝”（Deep Blue）计算机国际象棋程序，与国际象棋大师卡斯帕罗夫的对弈，取得了三胜二平一负的好成绩，这是人机对弈历史上计算机博弈程序首次战胜人类，“深蓝”的这一胜利开启了人机对弈的新时代。其后的多年里，计算机在多个棋类上均有超越人类的表现，唯独在围棋上面无法超越，这主要是由于围棋的变化远多于其他棋类，搜索空间极大。直到 2016 年 3 月，得益于深度神经网络、强化学习与传统博弈搜索的完美融合，AlphaGo 成为第一个击败人类职业围棋选手的人工智能机器人，其在与围棋世界冠军、职业九段棋手李世石进行的围棋人机大战中，以 4 比 1 的总比分获胜，其后又在中国棋类网站上与中、日、韩的数十位围棋高手进行快棋对决，连续 60 局无一败绩，在 2017 年 5 月的中国乌镇围棋峰会上，与排名世界第一的世界围棋冠军柯洁对战，以 3 比 0 的总比分获胜。

在以棋类为代表的计算机博弈程序中，博弈搜索是技术基础，其本质是将博弈问题转化为与或图上的搜索问题，即将博弈过程表示为博弈树，然后在博弈树上搜索最佳行动。博弈树是一种与或图，与或图常应用于复杂问题的拆解和变换，其非终端节点分为两类：与节点和或节点，与节点对应于问题的拆解，即全部子节点可解该节点才可解，或节点对应于问题的变换，即只要有一个子节点可解该节点就可解。理论上讲，上面介绍的各种图搜索算法都可以应用于博弈树以求解博弈问题，只要存在必胜策略，就必然能够搜索到，然而现实中的博弈树会非常大，无论是博弈树的生成，还是在博弈树上实现整图的搜索算法，都需要很大的时间和空间代价，特别是搜索过程几乎无法在可容忍的代价下完成。因此，博弈搜索采取限制树深度的方式来完成搜索，即在有限深度内实现最佳行动的搜索，待对方回应后，再生成新的有限深度的博弈子树，交替进行，直至完成博弈过程。这就类似于人们在下棋过程中，不会把当前到最终状态的全部可能行动都考虑到，通常只会思考未来的若干步，从中选择最佳走法，待对方回应后再更具形式变化考虑下一步。按照此思路，人们提出了极大极小搜索算法，进而提出了 α-β 搜索（又称 α-β 剪枝）算法，提高了极大极小搜索的执行效率。

如前所述，博弈过程可用博弈树来进行表示。为便于描述，假设有一场 A 与 B 的博弈，据上而提出的定义给出博弈的特征。

①双方：博弈由两位选手对垒，A 和 B。

②信息完备：在博弈过程中，任何一方都了解当前的格局及过去的历史。

③确定性：任何一方在采取行动前都要根据当前的实际情况，理智地分析得失决定自己的行动，当有多个行动方案可供选择时，总是挑选对自己最为有利而对对方最为不利的行动方案。

④零和：双方轮流采取行动，博弈的结果只有三种情况，即 A 方胜 B 方败、B 方胜 A 方败、和局。

如果站在 A 方的视角，目标是 A 要取胜，则博弈过程可用构成一棵博弈树，博弈树的根节点是初始时刻的格局，它的儿子节点是先手一方执行一种方案后的各种格局，孙子节点是从儿子节点的格局下另一方再执行一种方案后的各种格局，以此类推，直到构造整棵博弈树。博弈树是一个与或图，当 A 方要做出决策时，A 方的若干行动方案之间是“或”关系，因为主动权掌握在 A 方的手里，他可从若干方案中进行选择；当 B 方要做出决策时，B 方的若干行动方案对 A 来说是“与”关系，因为主动权掌握在 B 方的手里，任何一个行动方案中都可能被 B 方选中，A 方必须应付每一种情况的发生，也即必须防止最不利于自己的情况发生。

综上所述，博弈树有如下特点：

①博弈的根节点是博弈的初始格局。

②在博弈树中，“或”节点和“与”节点是逐层交替出现的。自己一方扩展的节点之间是“或”关系，对方扩展的节点之间是“与”关系，双方轮流地扩展节点。

③整个博弈过程始终站在某一方的立场上，所有自己一方获胜的终局都是本原问题，相应的节点是可解节点，所有使对方获胜的终局都是不可解节点。

下面举一个简单的例子来加深对博弈树的理解。

【例 3.6】假设有两个钱包，每个钱包都放两张钱，第一个放了 1 元和 100 元，第二个放了 10 元和 50 元。B 要履行之前输掉的赌约，向 A 付一张钱，现在的规则是这样：A 负责挑出一个钱包，B 负责从 A 选的钱包里选一张钱给 A。因为 A 想让自己的钱越多越好而 B 不想让 A 得到更多的钱，所以 B 会选一张相对最小的钱给 A。即 A 想获得最大利益，而 B 只是想承受最小的损失。在这种情况下，站在 A 的视角上构建出博弈树，如图 3-4 所示。

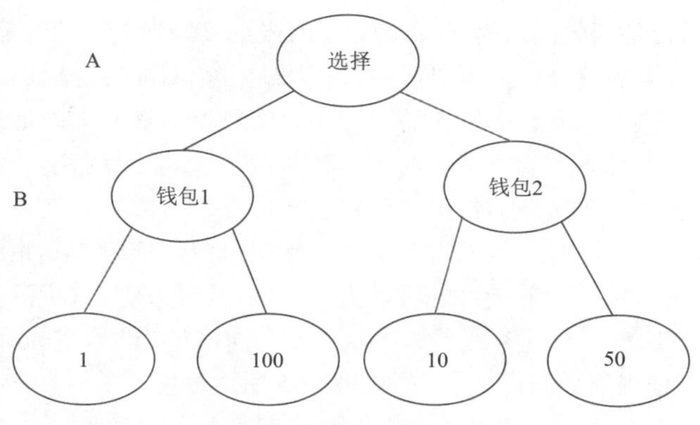

图 3-4　分钱包问题博弈树

站在 A 的视角，根节点（节点“选择”）是“或”节点，其子节点（节点“钱包 1”和“钱包 2”）是“与”节点，叶节点指示钱包中每张钱的面值。从叶节点向根的方向反算，“与”节点表示 B 承受最小损失，因此取最小值，故“钱包 1”的值为 1，“钱包 2”的值为 10，“或”节点表示 A 获取最大利益，因此取最大值，故根节点“选择”的值为 10。由博弈树的计算可以看出来，A 为了获得最大收益应该选择钱包 2，这样他将收获 10 元，而如果 A 选择了钱包 1，B 只会给他 1 元。

在上面的例子中，表示 A 方决策的节点为“或”节点，取值为其子节点值的最大值，表示 B 方决策的节点为“与”节点，取值为其子节点值的最小值。因此，按照约定俗成的习惯，有时也称 A 方为 MAX 方，B 方为 MIN 方，并在此约定基础上发展出了极大极小搜索算法。

极大极小搜索算法是博弈树搜索的基本算法，现在博弈树搜索中最常用的 α-β 搜索算法，就是从这一方法发展而来的。上例的博弈问题较为简单，因此可生成完整的博弈树，包含从初始状态到博弈最终状态的所有节点，进而完成与或图搜索。然而在实际应用的博弈问题中，每一个格局可供选择的行动方案可能非常多，因此会生成十分庞大的博弈树，试图通过直到终局的与或图搜索而得到最好的一步决策几乎是不可能的。以西洋跳棋为例，一棵完整的博弈树约有 1 040 个节点，假设 1ms 搜索一个状态，则完成一步搜索约需要 1 028 年，而宇宙年龄的估计值约为 1 010 年。因此不能盲目将图搜索算法用于完整的博弈树上，可行的办法是放弃对必胜策略的搜索，退而求其次，根据计算资源和存储资源的多少只生成一定深度的博弈树，然后进行极大极小分析，找出当前最好的行动方案。待对方决策后，再根据新的状态重新生成有限深度的博弈子树完成搜索，如此交替进行下去，直到取得胜败的结果为止。

该方法的基本思想是，在 A 方每即将走一步时，以当前状态为根节点，扩展出一棵有限深度的博弈树，然后从该博弈树的叶节点按照与或规则向上回溯，直到根节点处确定当前博弈树中的最优策略，也即根节点到叶节点的最优路径。由于该博弈树仅是有限深度，叶节点非博弈的最终状态，因此为评估每次搜索的效果，引入一个评估函数对叶节点的优劣进行评估，以使得向上回溯能够顺利进行。根据博弈“确定性”的特定，A 方的搜索目标是找到使评估函数值极大化的节点，而 B 方会选择使评估函数值极小化的节点作为决策行为。

这里的评估函数的选择很关键，合适的评估函数有利于在博弈过程中做出正确的决策，不合适的评估函数会影响博弈的结果，甚至可能导致做出错误的决策。一般会根据问题的特性来定义评估函数，对博弈树的叶节点的优劣进行静态评价，所遵循的原则是：对于 A 方有利的叶节点，其评估函数取正值，如为 A 方的必胜节点，其评估函数的值取正无穷大；对于 B 方有利的叶节点，其评估函数取负值，如为 B 方的必胜节点，其评估函数的值取负无穷大；对于双方势均力敌的叶节点，其评估函数的值为0。在确定了有限深度博弈子树的叶节点的评估函数值后，将评估函数值作为叶节点的得分，就可以开始进行回溯了。回溯的过程遵循与或规则，即如前所述：对“或”节点，选其子节点中最大的得分作为父节点的得分，这是为了使自己在可供选择的方案中选一个对自己最有利的方案；对“与”节点，选其子节点中一个最小的得分作为父节点的得分，这是为了立足于最坏的情况。值得注意的是，“或”节点和“与”节点逐层交替出现，如此逐层倒推计算各非叶节点的得分值，直到根节点。最终选择使根节点得分值最高的行动方案作为最终决策，它是当前最好的行动方案，因为已经在有限步范围内对各个可能的方案所产生的后果进行了比较，并且考虑了每一方案实施后对方可能采取的所有行动。

【例 3.7】假设根据当前局面得到了一个如图 3-5 所示的博弈子树：共有五层，从上往下，除叶节点外，单数层是 MAX 方行动（A 方），双数层是 MIN 方行动（B 方），根据实际问题的特点，也定义了评估函数，并将叶节点的评估函数值标于节点旁。试给出极大极小搜索的过程，并确定当前的最优行动决策。

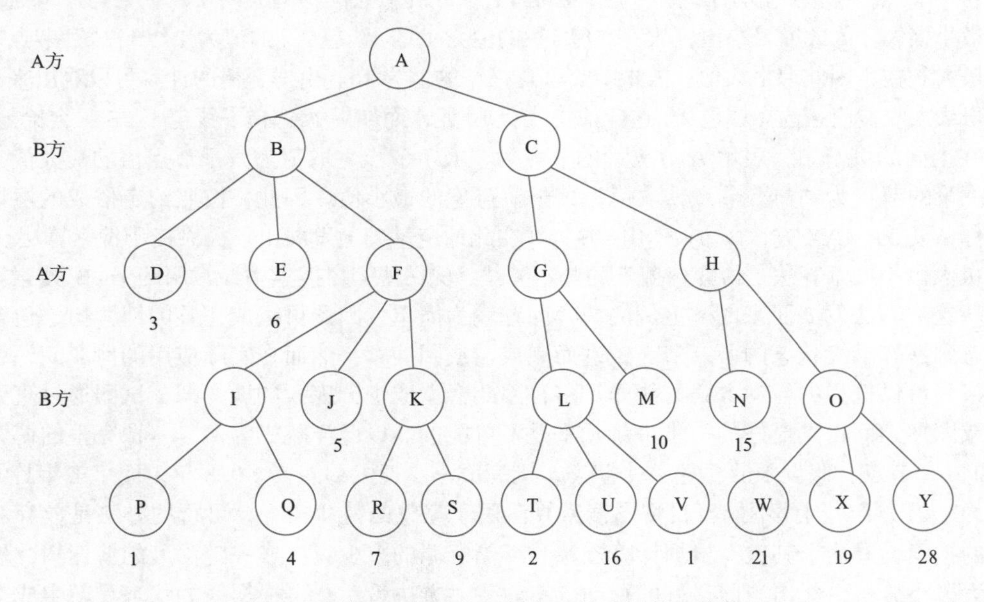

图 3-5　分钱包问题博弈子树与叶节点评估函数值

由于已经对叶节点完成了评估，因此可以直接开始回溯过程。在回溯中，A 方行动需要选择对其最有利的行动，即得分高的行动，而 B 方行动则是选择使 A 方最不利的行动，即得分低的行动。在该博弈树中，单数层是 A 方行动，为“或”节点，双数层是 B 方行动，为“与”节点。

①需要从底层——第四层开始考虑，对于节点 I，B 方会选择得分更低的节点 P，节点 I 的得分更新为 1；对于第四层的节点 K，B 方会选择得分更低的节点 R，节点 K 的得分更新为 7；对于第四层的节点 L，B 方会选择得分更低的节点 V，节点 L 的得分更新为 1；对于第四层的节点 O，B 方会选择得分更低的节点 X，节点 O 的得分更新为 19。

②再考虑第三层，对于节点 F，A 方会选择得分更高的节点 K，节点 F 的得分更新为 7；对于第三层的节点 G，A 方会选择得分更高的节点 M，节点 G 的得分更新为 10；对于第三层的节点 H，A 方会选择得分更高的节点 O，节点 G 的得分更新为 19。

③再考虑第二层，对于节点 B，B 方会选择得分更低的节点 D，节点 B 的得分更新为 3；

对于第二层的节点C，B方会选择得分更低的节点G，节点C的得分更新为10。

④最后考虑第一层的根节点A，A方会选择得分更高的节点C，根节点的得分更新为10。

最终得到的结果如图3-6所示。

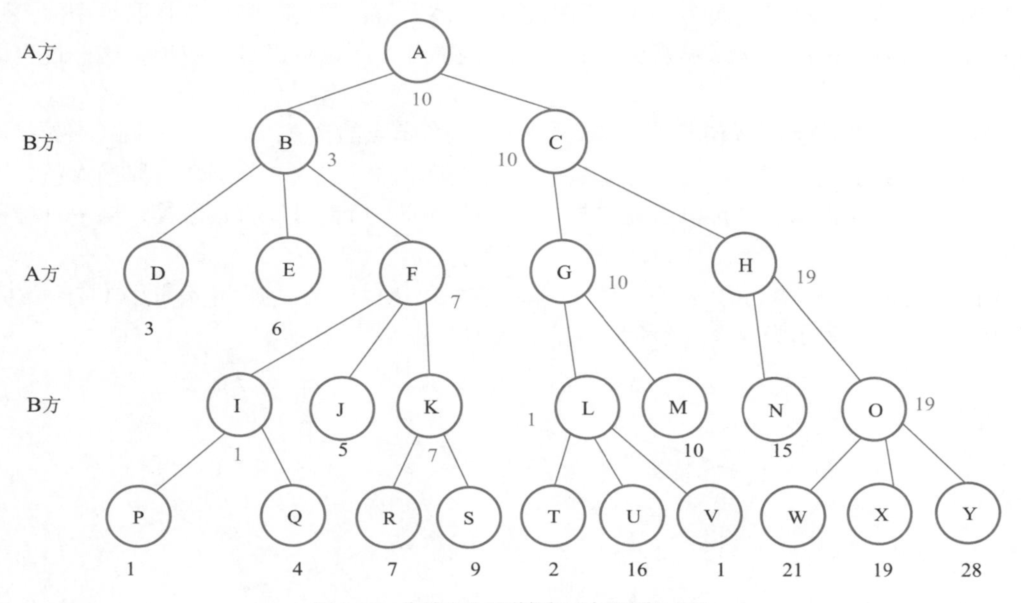

图3-6　分钱包问题博弈子树回溯过程

所以，A方当前的行动决策为使根节点取最大值10的行动，即行动C。

例3.6的搜索过程与极大极小搜索算法基本一致，只不过由于问题较为简单，列出了完整的博弈树，因此也不需评价函数，而是直接将钱包中的钱数作为叶节点的得分值。这与问题本身是相关的，该问题需要计算出A最多可以得到多少钱，而并未对谁胜谁败进行定义。

极大极小搜索算法有以下缺点：

①非常依赖于评估函数的准确度。如果评估函数不准确，则会导致经过极大极小搜索后得到的方案是局部最优而不是全局最优。

②计算复杂性仍然较高。由于所需搜索的节点数随最大深度的增长呈指数级膨胀，而算法的效果往往和深度相关，这极大限制了博弈搜索的效果。

针对计算复杂性的问题，人们对极大极小搜索进行了补充和改进，并在此基础上提出了 α-β 搜索算法。

上述的极大极小搜索算法的过程是先生成一棵博弈树，然后再倒推计算各节点的得分值。在这一过程中，生成博弈树和计算节点得分是两个独立的步骤，这样做的缺点是效率较低，导致搜索的复杂性仍然很高。如果能边生成博弈树，边计算节点的得分，进而根据一定条件，提前减去博弈树中一些没有必要进行搜索的分枝，就可以提高搜索的效率。

在具体执行中，采用深度优先搜索算法生成博弈树，即首先沿着某一分枝一直向深扩展，直到规定深度或叶节点，然后计算该分枝下各叶节点的静态评估函数值，进而倒推非叶节点的得分值。根据倒推出的得分值，及时停止扩展那些已无必要再扩展的子节点，相当于剪掉了博弈树上的一些分枝，这些分枝目前尚未扩展，但无论是否扩展都不会影响和改变其他非叶节点的倒推得分值。通过减掉这些分枝，使得搜索过程节约计算和存储资源的开销，提高了搜索效率。

为判断哪些分枝可以减掉，需计算“或”节点倒推值的下确界，称为α值，以及“与”节点倒推值的上确界，称为β值。在此定义基础上，剪枝共包含两类情况：

①若一个“与”节点的β值不大于其某一祖先“或”节点的α值，即$\beta \leqslant \alpha$，则不必再扩展该“与”节点的其余分枝了。因为“或”节点总是取最大值，“与”节点总是取最小值，则这些分枝无论扩展与否都不会影响祖先“或”节点的得分，所以可以直接减掉，这一过程称为**α剪枝**。

②若一个“或”节点的α值不小于其某一祖先“与”节点的β值，即$\alpha \geqslant \beta$，则不必再扩展该“或”节点的其余分枝了。因为“与”节点总是取最小值，“或”节点总是取最大值，则这些分枝无论扩展与否都不会影响祖先“与”节点的得分，所以可以直接减掉，这一过程称为**β剪枝**。

下面以例3.7中的博弈树为例来详细说明α-β搜索的执行过程，为计算α和β值时参看方便，将A方和B方分别表示为MAX方和MIN方，原博弈树为图3-7所示。

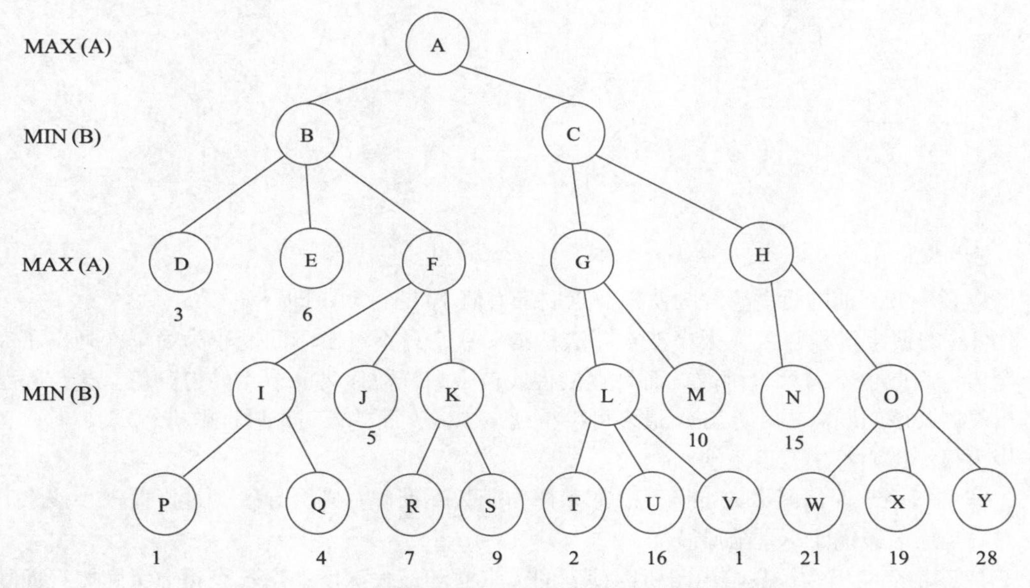

图3-7 分钱包问题博弈子树极大极小搜索示意图

假设规定该博弈树从左边的节点开始展开，则

α-β搜索流程执行如下：

①从根节点开始，按照深度优先策略，沿着最左侧分枝A-B-D进行扩展，到节点D得到其值为3。由于节点B为MIN节点，则B的$\beta \leqslant 3$。

②返回B节点后，扩展节点D，得到D的值为6，由于$6 \geqslant 3$，因此仍然B的$\beta \leqslant 3$，不进行更新。

③再返回B节点后，按照顺序继续扩展节点F-I-P-Q，得到节点P和Q的值分别为1和4，因此I的β=min(1,4)=1，进而由于F是MAX节点，得到F的$\alpha \geqslant 1$。

④返回F节点后，扩展节点J，得到J的值为5，由于F是MAX节点，因此F的$\alpha \geqslant$max(1,5)=5。注意到，一定有F的$\alpha \geqslant$ B的β，因此发生β剪枝，F的其他分枝节点，即K、R、S不再访问。

⑤再次返回到B，此时确定B的β=3，则由于A是MAX节点，有A的$\alpha \geqslant 3$。

⑥返回A后，继续扩展分枝C-G-L-T，得到节点T的值为2，由于L是MIN节点，因此L的$\beta \leqslant 2$。注意到，一定有L的$\beta \leqslant$ A的α，因此发生α剪枝，L的其他分枝节点，即U、V不再访问（虽然V节点会更新L的β，但已无访问的必要），确定L的β=2。

⑦返回G后，扩展节点M，得到M的值为10，则由于G为MAX节点，有G的α=max(2,10)=10。进一步地，由于C是MIN节点，则C的$\beta \leqslant 10$。

⑧返回C后，继续扩展分枝H-N，得到N的值为15，由于H是MAX节点，则有H的$\alpha \geqslant 15$。注意到，一定有H的$\alpha \geqslant$ C的β，因此发生β剪枝，H的其他分枝节点，即O、W、X、Y不再访问（虽然O节点会更新H的α，但已无访问的必要），确定H的α=15。

⑨返回C，得到C的β=min(10,15)=10。

⑩返回A，得到A的α=max(3,10)=10，因此选择使得A的α取最大值的C作为下一步行动。

因此，在这个博弈树从左到右的α-β搜索过程中，共发生了三次剪枝：一次α剪枝和两次β剪枝，节点K、R、S、U、V、O、W、X、Y均被剪掉，在扩展博弈树时不进行访问。相比之下，α-β搜索的执行效率比极大极小搜索大大提高。最终得到的博弈树如图3-8所示。

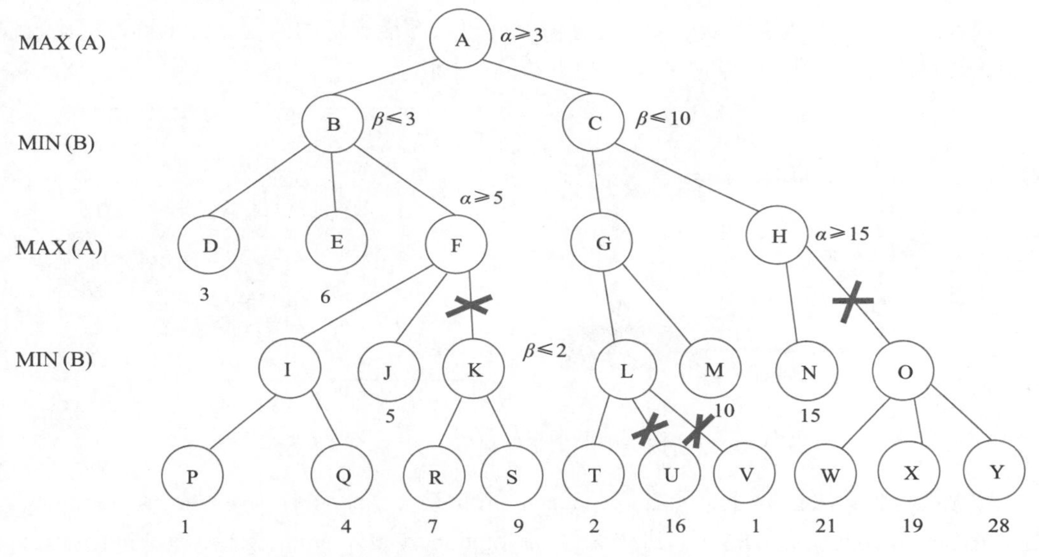

图3-8　分钱包问题博弈子树α-β剪枝示意图

极大极小搜索算法和α-β剪枝算法都有以下的缺陷：

①极大极小搜索算法和α-β剪枝算法很难准确评估胜率，除非将博弈树推到终点。

②由于计算复杂性，极大极小搜索算法和α-β剪枝算法只适用于搜索小空间。

3.2　群智能算法

搜索算法分为启发式算法（heuristic algorithm）和非启发式算法，其中启发式的意思是根据人类的直觉或者经验求解，博弈搜索运用了博弈的知识，属于启发式算法，盲目搜索需要遍历解空间，属于非启发式算法。启发式算法在数学和计算科学中起到了十分重要的作用，除了博弈算法，典型的启发式算法还有 A* 算法、进化算法（evolutionary algorithm）、模拟退火算法（simulated annealing algorithm）等。本节重点介绍典型的进化算法和一种新型的进化算法——群智能算法（swamp intelligence algorithm）。

3.2.1 进化算法

进化算法是一类启发式优化算法，受启发于生物学中自然选择的过程，即在不同的环境中会进化出不同形态的生物以满足不同的需求，如图 3-9（a）所示，该算法则是模拟这些进化过程，让机器进化出更好的解决问题的方案，如图 3-9（b）所示。其中保证算法有效的两个关键因素为繁殖（重组）和变异（突变），这两个因素保证候选解的多样性，从而扩大搜索范围。繁殖能够重组候选解，比如类似于基因重组，将两个候选解的对应部分更换，产生更多新的性状，即新的候选解；变异是指组成解的一部分以一定的概率突变，给算法以一定的机会跳出局部最优解，或者产生适应新的环境（待求解问题）的解。在获得更多的新性状（候选解）后，会发现“好的”（能够更好地解决问题的）性状（候选解）生存繁殖的更多，反之更少，这便是所谓的适者生存。资源有限是生物进化的推动力，同理，进化算法也是用于解决无法在多项式时间内求解的问题，当然也可以用于其他耗费时间过长才能求解的问题，其求解过程比较快速，也能够与其他优化方法相结合，作为其他方法的初始化。

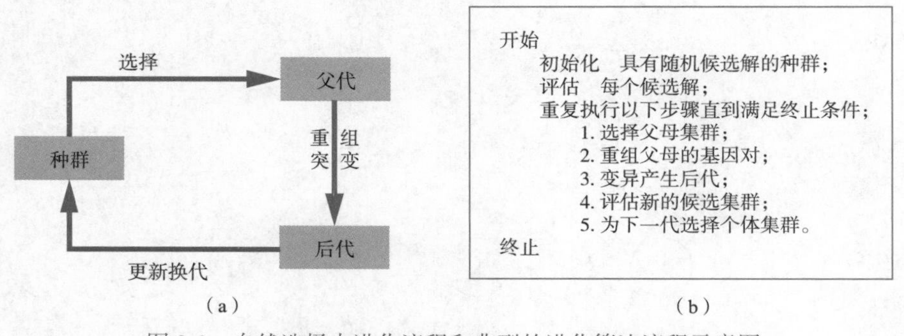

图 3-9 自然选择中进化流程和典型的进化算法流程示意图

常见的进化算法包括遗传算法（genetic algorithm）、遗传编程（genetic programming）、进化策略（evolutionary strategy）、进化编程（evolutionary programming）、差分进化（differential evolution）等，不同的算法在表达、突变、重组和选择机制上各有不同。下面以遗传算法为例，对进化算法进行详细介绍。

遗传算法起源于对生物系统所进行的计算机模拟研究，是一种随机全局搜索优化算法，它模拟了自然选择和遗传中发生的复制、交叉和变异等现象。该算法从任意初始种群出发，通过随机选择、交叉和变异操作，产生一群更适合环境的个体，使群体进化到搜索空间中越来越好的区域，不断繁衍进化，最后收敛到一群最适应环境的个体，进而求得问题的优质解。

由于遗传算法是由进化论和遗传学机理而产生的搜索算法，所以此算法会用到一些生物遗传学知识，在这里介绍遗传算法的常用术语。

①染色体：染色体又称基因型个体，也称为基因型、位串。一定数量的个体组成了种群，种群中个体的数量称为群体大小。

②基因：基因是染色体中的元素，即基因序列组成染色体，用于表示个体的特征。例如有一位串（即染色体）S=1011，则其中的 1、0、1、1 这四个元素分别称为基因。

③适应度：所有个体对环境的适应程度称为适应度。为了体现染色体的适应能力，引入了对问题中的每一个染色体都能进行度量的函数，称为适应度函数。这个函数通常会被用来计算个体在群体中被使用的概率。

遗传算法的基本步骤是：

①初始化。随机选择一些个体组成最初的种群（population）。

②评估。通过某种方式来评估个体的适应度，可以看作自然界中个体的生存能力。

③选择。适应度更高的个体被选择继续进入下一轮的概率更高，可以看作自然界中的选择，生存能力强的个体存活概率更大。但不是适应度低的个体就一定不会被选中（轮盘赌选择机制）。

④交叉。两个个体产生后代，二者的染色体交叉，可以看作自然界中个体繁衍后代的过程，后代融合了父亲和母亲的染色体。

⑤变异。后代的染色体中的基因有概率产生突变，可以看作自然界中的基因突变情况，后代生成不同于父亲和母亲的基因。变异是生物进化过程中一个很重要的部分。

步骤③至步骤⑤的过程是产生新的种群的步骤，新种群继续进行选择、交叉、变异，并在这个循环中寻找近似最优解。

下面通过两个例子进一步解释进化算法。

【例 3.8】使用进化算法求解最大割问题（max-cut problem），如图 3-10 所示。将一个无向图切成两个部分，从而使得两个子图之间连接的边数最多。

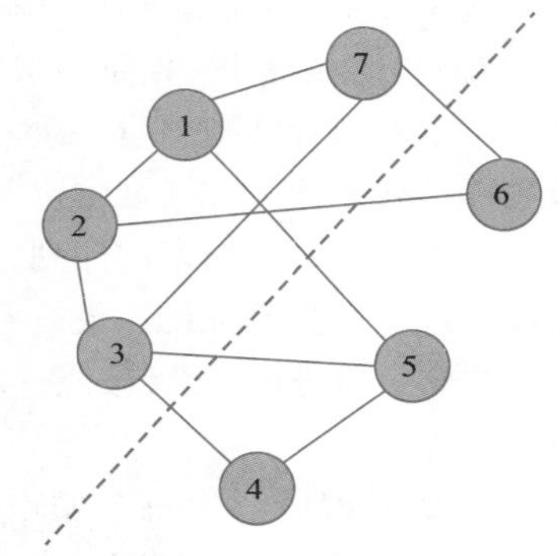

图 3-10　最大割问题

现实生活中的很多问题都可以被建模为最大割问题，例如集成电路的设计，使用进化算法求解该问题的关键在于如何定义染色体，其实，将图切成两个部分实际上就是对图上的节点分为两类，第一类节点属于第一个子图，第二类节点属于第二个子图，而适应度直接通过两个子图之间边的数量来度量即可，具体步骤如下：

①设置种群的大小，编码染色体，得到初始种群。设置种群的大小为 10，共有 7 个节点，故编码的位数为 7，则初始种群见表 3-1，编码方式为，对无向图的每个节点进行编号，进而把无向图切成两个子图，划为子图 1 的用 1 表示，划为子图 2 的用 0 表示。其中 S1=6(0001111) 表示将顶点 4、5、6、7 划给子图 1，顶点 1、2、3 划给子图 2，两个子图之间的边数为 6。

表 3-1　进化算法求解最大割问题初始种群设定

S1=6(0001111)	S2=5(0011010)	S3=6(1110000)	S4=6(1011011)	S5=6(0101100)
S6=4(0111100)	S7=3(1110011)	S8=5(0011110)	S9=6(0001101)	S10=7(1101001)

②定义适应度函数。$F(x)$ 用以计算两个子图之间的边数。通过评判这些染色体的适应度，只保留适应度较高的染色体，进而经过若干次迭代后染色体的质量将越来越优良，也意味着两个子图之间的划分越来越清晰。此时以轮盘赌的形式从种群中随机选择两个父代 S4=6(1011011)，S5=6(0101100) 作为进化的开始。每一条染色体被选择的概率可以由以下公式得到

$$\text{染色体 } i \text{ 被选择的概率} = \text{染色体 } i \text{ 的适应度} / \text{所有染色体的适应度之和}$$

③杂交。对选取的父代染色体进行杂交。常见的有拼接法，即两条染色体各自截取一段拼成完整的新染色体。在这里采用的是，若两个父代的同一节点在相同集合中，则保留；否则，

对随机分配该节点至任意集合中。交叉后的子代 =5(0011110)。

④变异。交叉能保证每次进化留下优良的基因，但它仅仅是对原有的结果集进行选择，基因还是那么几个，只不过交换了他们的组合顺序。这只能保证经过 N 次进化后，计算结果更接近于局部最优解，而永远没办法达到全局最优解，为了解决这一个问题，需要引入变异。

当通过交叉生成了一条新的染色体后，需要在新染色体上随机选择若干个基因，然后随机修改基因的值，从而给现有的染色体引入了新的基因，突破了当前搜索的限制，更有利于算法寻找到全局最优解。变异后的子代 =(7)0010110。

⑤群体更新。每次进化中，为了保留上一代优良的染色体，需要将上一代中适应度最高的几条染色体直接原封不动地复制给下一代。假设每次进化都需生成 N 条染色体，那么每次进化中，通过交叉方式需要生成 N-M 条染色体，剩余的 M 条染色体通过复制上一代适应度最高的 M 条染色体而来。此时，引入新的子代 =(7)0010110 而将父代中适应度差的淘汰。

⑥进入下一轮迭代。在子代个体中进行选择，直到达到迭代终止标准（达到最大迭代次数，或已经多次没有获得更优解）。

【例 3.9】使用进化算法解决旅行商问题（traveling salesman problem,TSP）。

在旅行商问题中，给定一组城市和城市之间的距离，求旅行的商人走遍每个城市的最短路径，其中每个城市只能被路过一次。使用进化算法解决该问题的关键在于如何根据问题的描述构建染色体，如何定义交叉规则以及变异运算，如何定义解的好坏（即如何评价适应度）。该旅行商问题的解是一个城市的序列，只要旅行商按照这个顺序走遍这些城市即可，路径越短的城市排序的适应度是越强的，最终希望留存下的路径是最短的。此处，城市序列即为染色体，每次选出两个个体进行交叉，按照一定规则对其中的基因即城市进行重组和突变，计算路径距离即可，具体步骤如下：

①基因编码。为每个城市规定一个序号，该序号可以唯一确定对应的城市名称。用包含 n 个不重复的城市序号的数组序列表示一种路线，该路线可被看作一个个体，路线的排列代表着基因序列。数组元素中的序号排列就代表着旅行商旅行的顺序，数组序列中的值不重复（省略最后回到起始点的路线），即每个城市只去一次。例如 $n=9$，可能的基因编码为 [1,2,3,4,5,6,7,8,9]。

②初始化种群。随机生成 m 个满足要求（无重复序号，长度为 n）的数组序列作为初始的种群。

③评估适应度。根据旅行商问题要解决的问题——寻找满足条件的最短路径，适应度取值可以选为路线总距离的倒数，此处，适应度取值方式不唯一，只要满足距离越短适应度越大的条件即可。

④产生新种群。首先需要选择个体，个体被选中的概率取决于个体的适应度，也就是个体所对应路径长度的倒数。（这里的选择运算采用的是轮盘赌选择机制，适应度越高被选中的概率就越大）；然后进行交叉，选中两个个体后，二者的基因序列以概率 P_{cr} 交叉，可以选择的交叉方式有三种，分别是部分映射交叉（partial-mapped crossover）、顺序交叉（order crossover）和基于位置的交叉（position-based crossover）。下面来分别介绍采用三种方法，如何对两个个体进行交叉操作。

假设两个父代个体分别为 [1,2,3,4,5,6,7,8,9] 和 [5,4,6,9,2,1,7,8,3]。

部分交叉映射。两个父代个体要交换的部分高亮表示 [1,2,**3**,**4**,**5**,**6**,7,8,9]，[5,4,**6**,**9**,**2**,**1**,7,8,3]。交换后产生两个个体，分别为 [1,2,**6**,**9**,**2**,**1**,7,8,9]，[5,4,**3**,**4**,**5**,**6**,7,8,3]。由于不得重复路过城市，即

同一条染色体中不能包含相同基因，因此构建映射表 3-2。

表 3-2　映射表

1<-->3
9<-->4
2<-->5

根据映射表消除基因冲突，得到子代个体 [3,5,**6**,**9**,**2**,**1**,7,8,4]，[2,9,**3**,**4**,**5**,**6**,7,8,1]。

顺序交叉。在父代个体 1 中即选择要交叉的部分 [1,2,**3**,**4**,**5**,**6**,7,8,9]。根据父代个体 1 交叉部分生成子代个体 1 即 [, ,3,4,5,6, , ,]。将父代个体 2 中未被选择的基因（城市序号）按照顺序复制到子代个体 1 空位中即 [9,2,3,4,5,6,1,7,8]。然后对父代个体 2 做同样的操作，得到子代个体 2。

基于位置的交叉。在父代个体 1 中随机选择交换的基因 [1,**2**,3,4,**5**,**6**,7,**8**,9]。根据交叉部分生成子代个体 1 即 [,2, , ,5,6, ,8,]。将父代个体 2 中未被选择的基因按顺序复制到子代 1 中即 [4,**2**,9,1,**5**,**6**,7,**8**,3]。然后对父代个体 2 做同样的操作，得到子代个体 2。

⑤变异。变异以概率 P_{mu} 对当前个体的基因序列（路径）产生突变。由于问题规定每个城市只经过一次所以在变异时不能随机改变基因序列中的某一个值，这会导致某个城市经过两次，而有一个城市没有路过。所以应当随机交换某两个位置的值，即对换二者的到达顺序。例如，[1,2,**3**,4,5,6,7,8,**9**] → [1,2,**9**,4,5,6,7,8,**3**]。

⑥进入下一轮迭代。在子代个体中进行选择，直到达到迭代终止标准（达到最大迭代次数，或已经多次没有获得更优解）。

进化算法的优点如下：

进化算法是一种具有稳健性的方法，能适应不同环境的问题，且在大多数情况下都能得到比较满意的有效解，广泛适用于连续、离散、混合优化问题；搜索中用到的是目标函数值的信息，不必用到目标函数的导数信息或与具体问题有关的特殊知识，没有关于凸性、连续性、可微性等的先验假设，在一定程度上节约了问题建模时间；实际应用时，进化算法是对问题的整个参数空间给出一种编码方案，而不是直接对问题的具体参数进行处理，不是从某个单一的初始点开始搜索，而是从一组初始点搜索；此外，进化算法还有对噪声比较不敏感、易于并行化的优点，算法本身也可以采用动态自适应技术，在进化过程中自动调整算法控制参数和编码精度，具有比较广的应用范围。

缺点如下：

虽然进化算法总是能够在一定范围内得到比较满意的可行解，但遇到复杂问题时，费时比较长，不能够在有限的时间内获得想要的结果；算法的普适性方便了使用，但是由于没有复杂理论知识的支撑，理论基础薄弱，能够获取的有效信息比较有限，获取的重要信息可能也比较单一，不利于应对推理性、理论性极强的模型；此外，算法迭代过程中如果出现了不理想的进化方向，还需要时时关注，进行参数调优以保证算法的迭代方向无误，保证解有效。

3.2.2　群智能算法的定义

在过去的几十年里，生物学家和自然科学家一直在研究群居生物的行为，因为这些自然群体系统具有惊人的效率。在 20 世纪 80 年代后期，计算机科学家们尝试将这些自然群体系统的机制引入人工智能领域，群智能（swarm intelligence）最早的应用场景是 1989 年提出的细胞机器人系统（cellular robotic system），该系统由一群机制简单的智能体组成，这些智能体拥有单独的智能，通过与最近邻的智能体交互来完成任务。后来，该定义被延伸到——任何受群居昆虫或其他动物群落的集体行为启发而设计的算法或分布式系统，比较有代表性的动物群落有蚂蚁、蜜蜂、鸟等，这些群落中的每一个个体都是有自组织性的（self-organizing），并不遵从统一指令，即复杂的群体行为源于个体之间的互动，而个体的行为机制比较简单，服从简单自发规则，通过个体在局部区域的交互达到自组织的目的。可以回想中学时期生物课上学习的蚂蚁的习性，蚂蚁在觅食的时候会在路上散发信息素，后续的蚂蚁会根据路上信息素的浓度来选择道路，因为信息素浓度越高，说明在这条道路上通过的蚂蚁数量越多，也就最有可能找到食物。事实上，经典的蚁群算法（ant colony optimization,ACO）便是借鉴了这个思路，蚁群算法将在下节详细介绍。

群体智能可以将固定形态、弱智能的简单智能体整合成为灵活、智能、复杂的人工智能系统。群智能算法的特点如下：

①分布式的，即没有中央控制或数据源。

②沟通有限，即使用间接通信的方式，可扩展性强，通信资源消耗少。

③能够感知环境，无须显式建模环境。

④能够对环境变化做出相应反应。

群智能算法目前已成功应用于很多优化任务和研究问题中，包括函数优化问题、寻找最优路线、调度、结构优化以及图像和数据分析。群计算模型也已进一步应用于各种不同领域，包括机器学习、生物信息学、医学信息学、动态系统、运筹学，甚至是金融领域。

3.3 蚁群算法与粒子群算法

本节继续介绍群智能算法的两个经典例子。简单来说，群智能算法是指受自然群体系统启发而设计的算法。目前已有很多基于不同自然群体系统的群智能算法，并成功地应用于许多实际应用中。1991 年，Dorigo 等人提出了蚁群算法，用于解决 NP 难组合优化问题。1995 年，Kennedy 等人提出了粒子群算法（particle swarm optimization, PSO），该算法最初用于模拟鸟群的社会行为。到了 20 世纪 90 年代末，这两种最流行的群体智能算法开始应用于各种实际问题。2005 年，Karabago 提出了人工蜂群算法（artificial bee colony），另外还有细菌生存算法（bacterial foraging optimization）、猫群算法（cat swarm optimization）、人工免疫系统算法（artificial immune system）等。本节介绍两种最为经典的群智能算法，即蚁群算法和粒子群算法。

3.3.1 蚁群算法

早在 20 世纪四五十年代昆虫学家皮埃尔・保罗・格拉斯发现白蚁对某种“重要刺激”（significant stimuli）有反应，并且这些刺激可以作为产生刺激的白蚁和群体中其他白蚁的新的刺激，这种沟通方式称为“间接通信”（stigmergy）。间接通信有两个特点，首先该方式是一种间接的、非符号的通信形式，由环境介导，即昆虫通过改变环境来交换信息；其次，该方式是局部的，即只有在释放刺激的位置（或其邻近区域）的昆虫才能做出反应。

具体地，在许多蚂蚁物种中，寻找食物的蚂蚁会在地面上留下一种叫做信息素的物质。其他蚂蚁感知到信息素的存在，并倾向于沿着信息素浓度较高的路径行进。通过这种机制，蚂蚁能够以一种非常有效的方式将食物运送到它们的巢穴。

后来 Deneubourg 等人彻底研究了蚂蚁的信息素分泌和跟随行为。其中有一项双桥实验，蚂蚁巢穴通过两条长度相等的桥与食物相连，如图 3-11（a）所示，蚂蚁探索巢穴周围的环境，并最终到达食物，其路径上会沉积信息素。最初，每只蚂蚁随机选择两座桥中的一座，一段时间后，两个桥中的一个呈现出比另一个更高的信息素浓度，因此吸引了更多的蚂蚁。这将在该桥上带来更多的信息素，使其更具吸引力，结果是经过一段时间后，整个蚁群都向使用同一桥的方向收敛。这种基于自催化的群体水平行为，即利用正反馈，可以被蚂蚁用来寻找食物源和巢穴之间的最短路径。Goss 等人进行了双桥实验的一个变体，其中一座桥明显比另一座长，如图 3-11（b）所示。在这种情况下，初始选择桥的随机波动大大减小，随机选择短桥的蚂蚁首先到达食物。因此，短桥信息素浓度增加的比长桥快，这就增加了蚂蚁选择短桥而不是长桥的可能性。

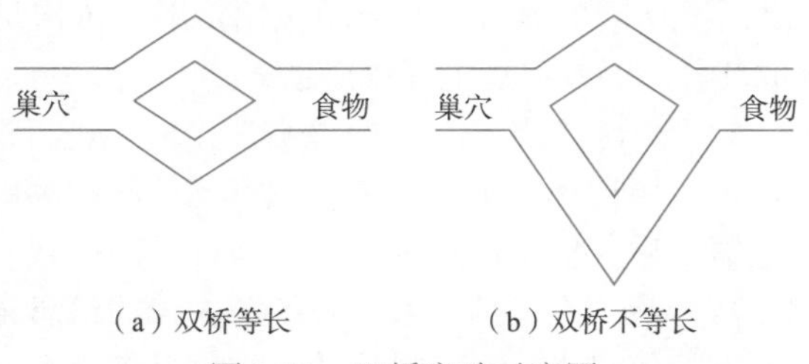

图 3-11　双桥实验示意图

蚁群算法与该机制一样，用数学语言对其进行描述。使用蚁群算法解决组合优化问题，其中模型为 $P=(\boldsymbol{S},\Omega,f)$，$\boldsymbol{S}$ 是搜索空间，其定义在由 n 个离散决策变量构成的集合 $\{X_i\,|\,i=1,2,\cdots,n\}$，该空间包含所有可能的解，$s\in\boldsymbol{S}$ 表示其中的一个解，X_i 是 s 的第 i 个元素，其取值范围是 $\boldsymbol{D}_i=\{v_i^1,\cdots,v_i^{|\boldsymbol{D}_i|}\}$。举简单的例子说明，搜索空间 $\boldsymbol{S}$ 可以看作一批水果，其中的一个解 s 是西瓜，解中的元素 X_1 是形状，取值范围 $\boldsymbol{D}_1$={ 圆形 , 方形 ,……}，X_2 是颜色，取值范围 $\boldsymbol{D}_2$={ 红色 , 绿色 ,…}。Ω 是这些决策变量的约束集，比如只要是方形就不能是红色的，因此 s 还要满足 Ω 中所有约束条件才能有意义；$f:\{\boldsymbol{S}\}\rightarrow\mathbf{R}_0^+$ 是待最小化的目标函数，即该目标函数将搜索空间 $\boldsymbol{S}$ 按照一定规则映射到正实数空间以便于计算。当且仅当 $f(s^*)<f(s)\forall s$ 时，称 s^* 为该组合优化问题的全局最优解。

对于蚁群算法，将信息素的值 v_i^j 作为解的元素 X_i 的值，解空间中的解由全连通图 $G(\boldsymbol{V},\boldsymbol{E})$ 表示，其中 $\boldsymbol{V}$ 为顶点集合，$\boldsymbol{E}$ 为边的集合。通过蚂蚁遍历全连通图来构建解 s，s 可由顶点或边组成。蚂蚁沿着图的边从一个顶点移动到另一个顶点，以增量方式构建部分解，同时，蚂蚁会在顶点或边上释放一定量的信息素，释放的多少取决于解的质量。后面的蚂蚁就可以根据信息素的多少来选择希望搜索的区域。

【例 3.10】使用蚁群算法解决旅行商问题。

旅行商问题在例 3.9 中已有描述，在蚁群算法中，进一步形式化该问题，在每个城市仅能被路过一次的前提下，走遍每个城市的最短路径，也称为哈密尔顿路径，而城市和城市之间的路可以建模成一个全连通图，如图 3-12 所示，用数学化的语言来描述该问题，在全连

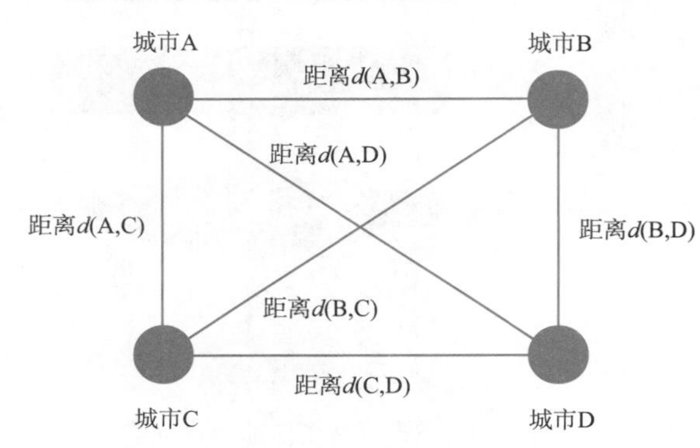

图 3-12　城市之间构成的全连通图

通图上找到最短哈密顿路径。

在蚁群算法中，旅行商问题可以通过模拟蚂蚁在全连通图上移动来解决，每个顶点代表一个城市，每个边代表两个城市之间的连接。设置名为信息素的变量，每个边都对应一个信息素的值，蚂蚁可以读取和修改这个值。蚁群算法是一种迭代算法，在每次迭代中，都会取一些蚂蚁，其中每个蚂蚁都会从图上的一个顶点走到另一个顶点，但是不会再选择已经走过的顶点。每次选择行走路线时，蚂蚁都会根据信息素的浓度随机选择要访问的顶点，即浓度越高，选择要行走的边的概率越高，对蚂蚁走过的边，更新其信息素浓度。在迭代结束后，可选择信息素浓度最高的路径作为最终的结果，算法流程如图 3-13 所示。

具体地，在旅行商问题中，一个解的n个变量表示城市的数量，每个变量都与一个城市相关联。变量X_i表示城市i之后要访问的城市。解是由按给定顺序依次访问的城市对组成，因此全连通图中的边是解的组成部分。蚂蚁在边上释放信息素。

蚁群算法示意图如图 3-14 所示。初始化后，算法分三个阶段进行迭代：在每次迭代中，首先蚂蚁构造若干个解，一步步按照选择规则和约束组成不同的解；然后通过局部搜索改进这些解决方案（可选），在构建解之后、更新信息素之前，通过局部搜索来提高解的质量，多数最新的蚁群算法都会应用此技巧；最后更新信息素，好的解相关的信息素增加，具体通过随着时间的增加来“蒸发”减少所有的信息素，对于较优的解增加其信息素，同时允许“遗忘”，这样有利于探索新的领域。

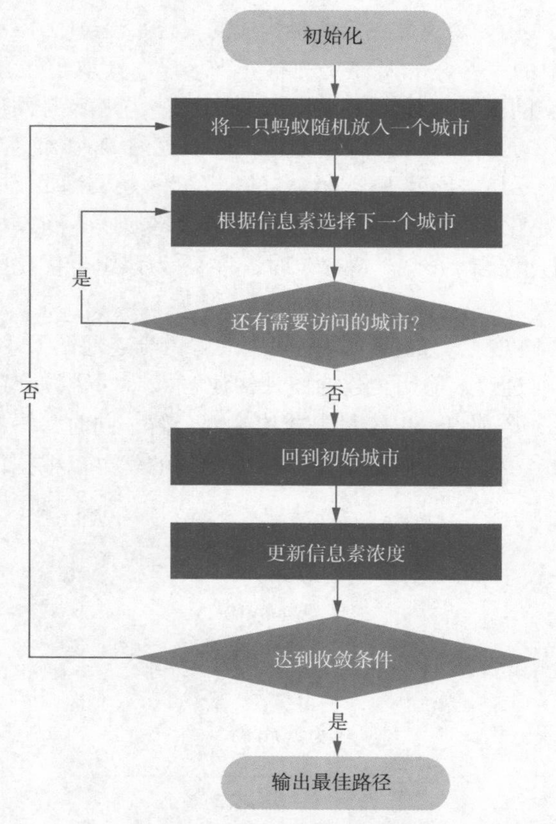

图 3-13　蚁群算法解决旅行商问题流程图

蚁群算法

设置参数，初始化信息素路径
循环　直至满足终止条件
　　构建若干解
　　局部搜索（可选）
　　更新信息素
停止

图 3-14　蚁群算法示意图

3.3.2　粒子群算法

粒子群算法模拟的是鸟群捕食，鸟群在寻找食物的过程中，可以互相传递各自位置信息，通过这样的信息共享来找到食物。

在鸟群中，每一个鸟都知道自己与食物的距离（但不知道食物的具体位置），每个鸟会分享自己与食物的位置。这时，假如与食物距离远的鸟尝试随机移动去找食物，能找到的概率不大，如果让距离食物最近的鸟（设为 A）去寻找，则能找到食物的概率就很大了，这无须数学上的严格证明，根据日常生活经验就有所体会。因此，距离食物远的鸟就会往鸟 A 的方向飞，即鸟群会在 A 附近寻找食物。需注意，有一种比较不幸的情况，鸟群聚过来之后，发现所有鸟离食物都变远了，现在离食物最近的是鸟 B，但是显然，放着更近的曾经 A 去过的位置附近不探索，再跟着 B 飞也不尽合理。因此，另外设置一条规则，选择当前离食物最近的鸟的位置和曾经离食物最近的鸟的位置的折中，作为新的目标方位，直到越来越多的鸟找到食物。

试想，如果一个空间有多个食物，鸟群是在局部自由探索，不一定找到的是最开始离着最近的食物，比如一开始的食物不是最大的，后来因为探索具有随机性，就有可能找到更大的。这说明这种方式可以跳出局部最优解，与传统进化算法的突变有异曲同工之妙。

使用形式化的语言来描述粒子群算法，在粒子群中的每一个个体都包含三个 D 维向量，其中 D 表示搜索空间，三个向量分别是当前位置 $\boldsymbol{x}_i$、历史最优位置 $\boldsymbol{p}_i$ 和速度 $\boldsymbol{v}_i$，当前位置 $\boldsymbol{x}_i$ 可以看作描述个体坐标点的集合。在算法每一次迭代过程中，评估当前位置就相当于求解问题，如果当前位置是目前为止最好的，则将该结果赋给历史最优位置 $\boldsymbol{p}_i$，具体地，该值会赋到变量 p_i^{best} 中。在下一轮中，按照一定的速度 $\boldsymbol{v}_i$ 移动到新的位置 $\boldsymbol{x}_i$，并按照一定的算法来调整 $\boldsymbol{v}_i$。

粒子群不只是一群粒子，一个粒子个体没有能力去解决问题，只有粒子个体之间进行交互才能够完成工作。在任何情况下，群体都是根据某种通信结构或拓扑结构组织起来的，也就是组成一个社会网络，该拓扑结构通常由粒子作为节点，两两之间双向连接构成，因此如果节点 j 在 i 的邻域中，i 也在 j 的邻域中。每个粒子与其他粒子通信，并受其拓扑邻节点找到的最优位置（该节点设为 g）的影响，粒子 g 的最优位置用 $\boldsymbol{p}_g$ 表示，注意可以用来建模解决问题的拓扑结构有很多种。在粒子群优化过程中，每个粒子的速度是迭代调整的，因此粒子在 $\boldsymbol{p}_i$ 和 $\boldsymbol{p}_g$ 位置附近随机振荡，具体实现算法如下：

①在 D 维搜索空间上随机赋予粒子群中每个个体的初始位置、速度值。

②迭代循环以下步骤，直至达成终止条件。

③对于每个粒子个体，评估其位置（对应进化算法中提到的适应度）。

④比较每个粒子当前的位置与 p_i^{best}，如果较优，则将当前值赋予 p_i^{best}，从而更新 $\boldsymbol{p}_i$。

⑤找出邻域最优的粒子 g。

⑥按照以下公式更新粒子的位置和速度，每个维度分别更新，以第 d 个维度为例：

$$\begin{cases} \boldsymbol{v}_i[d] \leftarrow \omega \boldsymbol{v}_i[d] + u_1(\boldsymbol{p}_i[d] - \boldsymbol{x}_i[d]) + u_2(\boldsymbol{p}_g[d] - \boldsymbol{x}_i[d]) \\ \boldsymbol{x}_i[d] \leftarrow \boldsymbol{x}_i[d] + \boldsymbol{v}_i[d] \end{cases}$$

⑦若结果满足预设界限或达到最大迭代次数则停止迭代。

其中，ω 为惯性权重，u_1 和 u_2 是加速度常量，用于调节速度更新的程度，其取值为随机均匀采样自小于一个特定数值的正数范围，每次迭代、每个粒子都会执行一次随机采样过程，该算法流程图如图 3-15 所示。

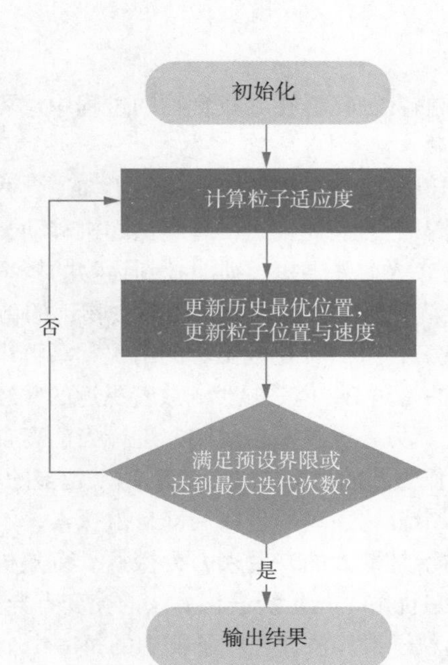

图 3-15　粒子群算法流程图

【例 3.11】 使用粒子群算法求 Ackley 函数在 $x_1, x_2 \in [-4, 4]$ 范围内的最小值，该函数的数学表达式为

$$f(x_1, x_2) = -2\exp\left(-0.2\sqrt{\frac{(x_1^2 + x_2^2)}{2}}\right) - \exp\left(\frac{\cos 2\pi x_1 + \cos 2\pi x_2}{2}\right) + 20 + \mathrm{e}$$

其三维图像如图 3-16 所示，其极小值点在 $x_1=0, x_2=0$ 时的位置，该函数有多个局部极值点，比较容易使优化算法陷入局部最优。

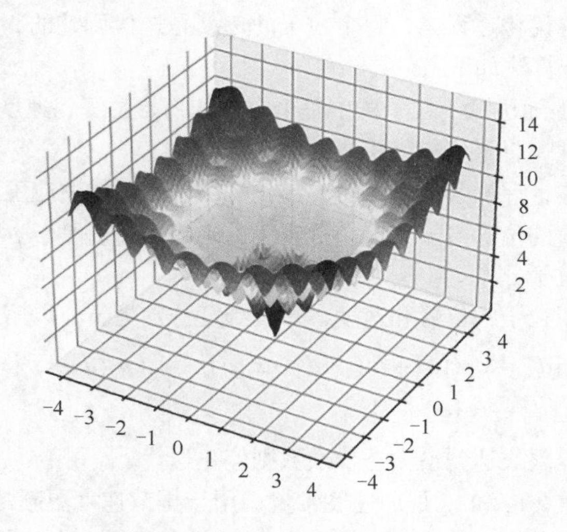

图 3-16　Ackley 函数示意图

设置最大迭代次数为 30，粒子群数为 40，分别比较惯性权重 ω、加速度常量 u_1 和 u_2 取值不同时的解和粒子群在迭代次数为 5 和 20 次时的分布图像，见表 3-3。

表 3-3　迭代次数为 5 和 20 次时的分布图像

ω	u_1	u_2	x_1	x_2	$f(x_1,x_2)$	迭代 =5	迭代 =20
0.5	0.5	0.5	1.4e−5	2.5e−5	8.6e−5	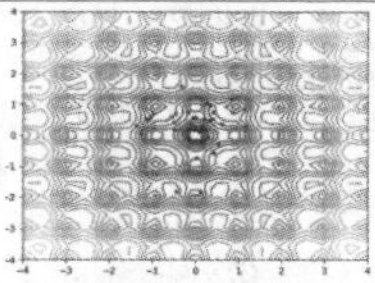	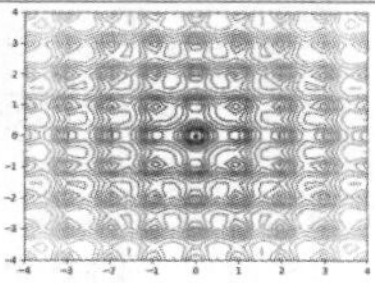
1	0.5	0.5	7.3e−2	−6.9e−2	5.4e−1	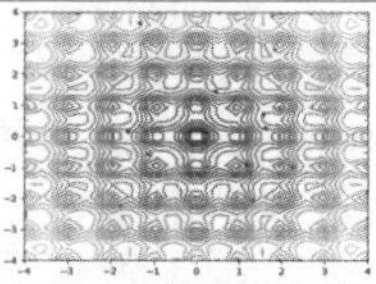	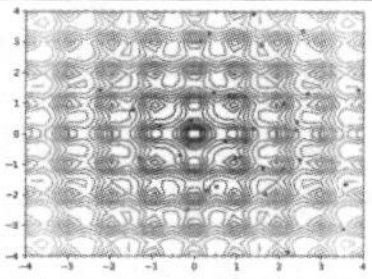
0	0.5	0.5	−3.2e−5	1.4e−4	3.4e−4	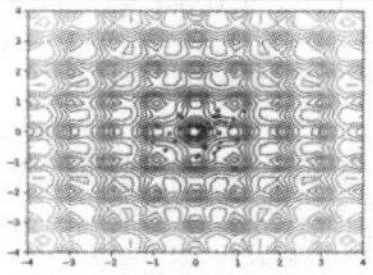	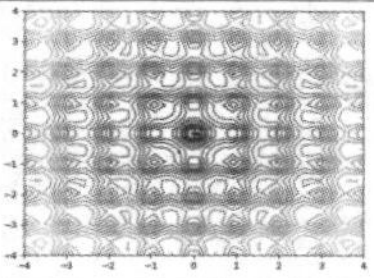
0.5	0	1	−1.7e−5	−9.5e−6	5.6e−5	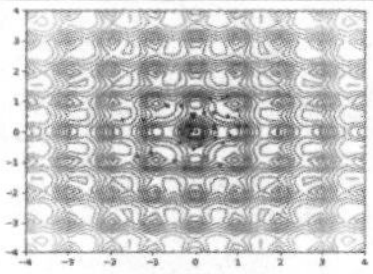	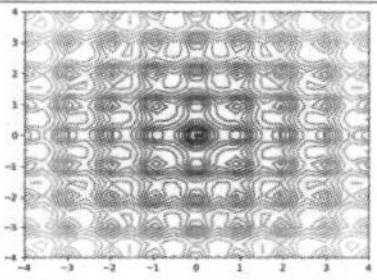
0.5	1	0	−2.0e−1	3e−2	1.3	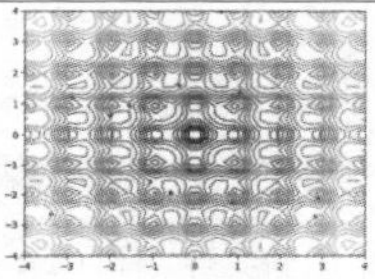	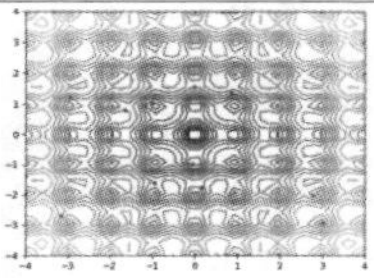

可以发现，粒子群算法可以比较好地避免落入局部极值，得到近似全局最优的解。惯性权重表示粒子保持上一次迭代时速度的程度，在取值较大时粒子会更倾向于保持原有方向以较大速度移动，这使得粒子探索能力更强，但是取值过大时显然算法会变得不再稳定。加速度常量 u_1 是粒子关于自身位置之间的比较调整，如果设为 0，便会使粒子只考虑所有的粒子，一旦某一个粒子陷入局部最优，所有粒子也有可能跟着陷入局部最优，好在粒子群算法还有其他防止陷入局部最优的机制，保证了在本例中算法的稳定性。加速度常量 u_2 是粒子关于相邻粒子与自身之间的比较调整，如果设为 0，则会使粒子只考虑自身情况，失去了与其他粒子共享信息的能力，导致算法收敛缓慢。

上述两种算法进一步体现了群智能无须外部指导和控制，就可以实现无法由个体单独行动完成的任务。群体智能具有稳定、自我调节的能力，很容易适应进化环境中不可预测的场景，体现了其在动态多变环境中完成困难任务的可能性。

小　　结

本章主要论述了常用的搜索优化算法，其中要点如下：

①盲目搜索是一类不使用搜索空间的额外信息、能够更快找到最优解的先验信息，只按照一定的顺序对数据进行遍历求解的非启发式搜索算法。根据不同的遍历方式，盲目搜索又分为广度优先搜索、深度优先搜索、一致代价搜索、深度有限搜索、迭代加深搜索、双向搜索等。

盲目搜索一般只适用于求解比较简单的问题。

②博弈搜索是计算机博弈问题的技术基础，其本质是将博弈问题转化为与或图上的搜索问题，即将博弈过程表示为博弈树，然后在博弈树上搜索最佳行动。由于现实应用中博弈树展开会非常大，全图搜索费时费力，一般使用极大极小搜索方法通过限制深度搜索交替生成博弈子树来完成任务，在搜索过程中又进一步采用 α-β 剪枝来提高搜索效率。

③进化算法受启发于生物学中自然选择的过程，该算法模拟了自然选择和遗传中发生的复制、交叉和变异等现象，能够进行随机的全局搜索，从而可以解决一些较复杂的优化问题。常见的进化算法包括遗传算法、遗传编程、进化策略、进化编程、差分进化等，不同的算法在表达、突变、重组和选择机制上各有不同。群智能算法是一种特殊的进化算法，相较于传统的进化算法模拟单个生物体的进化成长，群智能算法注重模拟大自然中群体生物所展现的智能。

④蚁群算法是一种典型的群智能算法，常用于寻找图中的最优路径，其模拟蚂蚁在经过的路径上释放信息素，并能够感知其他蚂蚁释放的信息素，根据信息素浓度来选择路径的正反馈机制。

⑤粒子群算法是另一种典型的群智能算法，模拟的是鸟群捕食时互相传递各自位置信息，并通过这样的信息共享，对比自身历史最优解和整体历史最优解来调整自身速度和位置，最终找到食物。

习　题

1. 简述盲目搜索与启发式搜索的区别。

2. 举例说明博弈搜索在现实生活中可能的各种应用场景。

3. 比较传统进化算法与群智能算法之间的相同点与不同点。

4. 使用蚁群算法和粒子群算法求解最大割问题，并比较这两种算法与进化算法在该问题上的收敛速度和解的质量。

第4章 人工神经网络与深度学习

人工智能是赋予机器以智能，比如使机器能够分辨事物、与人交谈、玩游戏、驾驶汽车等。机器学习（machine learning）则是实现该目的的手段。类比人类，机器学习就是搭建模型或者根据事先设定的规则，通过观察外界数据或者与外界进行交互得到反馈来训练模型或者从中“总结经验”，在面对新数据时能够根据之前得到的模型或者经验，预测生成完成相应任务所需的数据。比如，识别照片中是否有某物体，则可以通过机器学习输入该图片，输出一个概率值表示有该物体的可能性；在中文到英文的机器翻译中，输入则是中文的语句，输出可以是一个离散概率分布序列，序列中的每一个概率分布代表字典中文字是当前预测文字的概率，一般取概率最高的作为预测值。

4.1 深度学习

深度学习（deep learning）是机器学习的一个重要分支，也是目前最热门的方向。与深度学习相对应的其他机器学习方法可以称作浅层学习，这种学习方法主要关注预测，将数据转换为计算机能够计算的形式，一般称为特征，常用向量表示，通过一系列向量矩阵运算得到新的向量或矩阵，将其转换为预测结果，这种运算是机器最为擅长的。至于如何将数据转化为特征向量，则是通过人为的设置来得到，比如对于图片数据，可以将线条、边角在图片中的位置提取出来，作为代表该图片的特征向量。当然，这种提取方式也是通过计算自动完成的，比如将图片相邻像素点的灰度值相减，差值大的说明这两个点可能构成边或角，因此将该位置保留作为特征向量中的一个值。综上，利用浅层学习完成机器学习任务需要分多步进行，一般包含以下几个步骤。

①预处理。将数据中的噪声去除，以免提取对于后续任务没有意义的特征，比如将图像进行归一化操作，避免因为图片拍摄时光线差异、整体颜色深浅不一导致预测时过于关注这些变化而失效；将文本中的停用词或低频词去掉，停用词在文中没有实际意义，而低频词很少出现，不值得浪费计算资源去处理。

②特征提取和处理。将数据的特征提取出来，有时，提取后的特征对于进一步预测计算仍然不甚理想。例如特征维度过高，计算起来耗费资源，可以将特征降维，去除一些信息量较少

或者是包含重复信息的维度。也有可能对特征进行升维，这是因为有些特征所在的空间并不适合计算，将其映射到更高维的空间可以使用更简单的计算方法。还有可能是，每组数据提出的特征点数量不一，比如提取图像角点特征，不同的图像含有的角点数不一样多，这时就会用到特征编码将这些特征点处理成定长的。

③预测。使用浅层学习方法，学习函数或者规则进行预测。

上述方式中，机器学习在不同任务上的性能除了受预测方法的影响外，还严重依赖特征提取的好坏，为此研究者们付出很多精力用于设计好的、适用于任务的特征提取方法上。

深度学习则是将上述过程结合到了一起，通过一种“端到端”的方式，直接学习将原始数据映射到预测结果，由于该映射函数需要通过多次线性、非线性映射构成，需要对这个“深”层次的映射函数进行学习，因此称为深度学习，而这些堆叠在一起的映射函数组成了人工神经网络（artificial neural network, ANN），后来也称深度神经网络（deep neural network, DNN），简称神经网络。

深度学习是一种表示学习，其每一层映射都可以看作在学习一种特征表示，这种特征表示逐层抽象，直至抽象到预测结果层级的表示。例如，对于图像分类任务，最开始的输入是每个像素灰度值组成的矩阵，即图像。第一层的特征表示是图像中的特定方向和位置的线条，即边（edge）；第二层检测的是一些以特定规则排列具有某些含义的边组成的图形（如方形、圆形等简单图形）；第三层进一步得到更大的组合，表示组成某些物体的部件（如自行车的轮子）；第四层可得到整个物体的表示，很容易就可以对其分类。上述例子实际上描述的是卷积神经网络的机制，其模仿了大脑视觉皮层处理图像的过程，在 4.3 节会详细介绍。

由于深度学习中各层映射函数是相互连接的，在训练时可以由任务指导，因此每一层学到的映射函数的参数都是为了表示任务相关的特征，从而学到简单有效的表示，减少不必要的资源浪费。对比浅层学习，浅层学习在特征提取时很难人工判断哪些特征是必要的，因此经常需要稠密采样，争取将所有可能有用的信息都提取出来再做进一步处理，处理和存储这些过于冗余的信息十分耗费计算资源和存储资源。

4.2 大数据与神经网络

深度学习的关键特点就是无须手动设计特征，其通过数据自动学习特征表示。纵然深度学习有着很多优点，其发展的道路也是十分坎坷的。

4.2.1 神经网络的发展历史

深度学习是 2006 年才提出的，但其依赖的模型是神经网络，1943 年已经被提出了，就在这短短的 60 余年中，其发展十分波折，经历了三起两落。

1943 年，人工神经网络的概念和数学模型——McCulloch-Pitts（M-P）模型首次被提出。M-P 模型的提出被认为是人工神经网络发展的起点。

1. 第一波研究热潮（1949—1969 年）

1949 年生理心理学家唐纳德·赫布（Donald Olding Hebb）在《行为组织学》一书中提出，人工神经网络中的信息存储于神经元连接权重中，并且认为神经元 A 到神经元 B 的连接权重等于神经元 B 到神经元 A 的连接权重。直到今天，赫布提出的权重思想仍旧发挥作用。人们往往通过调节神经元之间的权重来得到不同的神经网络。

1957 年，计算机学家弗兰克·罗森布拉特（Frank Rosenblatt）提出了一种称为感知器（perceptron）的具有三层网络结构的神经网络。感知器仍旧使用的是 M-P 模型，但是通过人工调节权值来优化感知器的输出。人们通常认为，感知器是第一个真正意义上的人工神经网络。感知器的提出，引起了 20 世纪 60 年代的神经网络研究热潮。

1969 年，人工智能创始人之一的马文·明斯基（Marvin Minsky）和西摩尔·帕普特（Seymour Papert）出版了《感知器》一书，书中提到，感知器神经网络只能解决简单的线性问题，理论上无法证明多层感知器模型的实际作用。由于 Minsky 在人工智能领域的地位和影响，其否定的观点对神经网络的研究产生了巨大的冲击，此书出版后，为神经网络研究提供的基金支持逐渐减少，以感知器为代表的初代神经网络进入了第一次低潮期。

2. 第二波研究热潮（1982—1986 年）

1982 年，物理学家约翰·霍普菲尔德（John Hopfield）提出了 Hopfield 神经网络，该网络在旅行商问题上取得了当时最好的结果。1984 年他设计基于该网络的电子线路，并为模型的可用性提供了物理证明。Hopfield 的工作重新打开了人们的思路，吸引了很多非线性电路科学家、物理学家和生物学家来研究神经网络。

1985 年，杰弗里·辛顿（Geoffrey Hinton）和特里·谢泽诺斯基（Terry Sejnowski）提出了玻尔兹曼机（Boltzmann machine，BM），并于 1986 年提出了改进后的受限玻尔兹曼机（restricted Boltzmann machine，RBM）。两层的 RBM 是后期深度玻尔兹曼机（deep Boltzmann machine，DBM）和深度信念网络（deep belief network, DBN）工作的基础。

1986 年，大卫·鲁梅尔哈特（David Rumelhart）、杰弗里·辛顿和罗纳德·威廉姆斯（Ronald Williams）发展了 1974 年由保罗·维波斯（Paul Werbos）提出的反向传播（back propagation，BP）算法，并将其成功应用于优化学习多层感知器的参数。到目前为止，这种多层感知器的误差反向传播算法还是非常基础的算法，目前流行的深度网络模型仍然是基于反向传播算法进行优化学习。

反向传播算法使得人工神经网络具有自学习的能力，但是由于当时硬件和数据量有限的原因，使用反向传播算法的神经网络再一次遇到了瓶颈。另外，1995 年，基于结构风险最小化的支持向量机（support vector machine，SVM）的提出能有效地应对陷入局部最优和样本数量较少的问题，使得研究热潮转向了 SVM。

3. 第三波研究热潮（2006 至今）

从 2006 年开始至今，杰弗里·辛顿提出了深度信念网络，该网络首先在未标注数据上预训练（pre-train），然后使用标注数据进行微调（fine-tune），这种方式有效解决了深度神经网络难以训练的问题，成功地在手写体识别数据集 MNIST 上性能超过了核 SVM。

2012 年，深度神经网络在语音识别和图像分类的世界级竞赛上取得了碾压式的成功，自此深度学习开始在工业界和学术界掀起了巨大的浪潮。

近年来，随着计算机科学技术的发展，大规模并行计算和 GPU 设备的普及使得机器计算能力大幅度提升。此外，由于互联网技术的迅速发展，可提供给人工神经网络完成优化任务的数据也越来越大。得益于强大的计算能力和海量的数据规模支持下，计算机可以利用海量样本端到端地训练一个深度神经网络。针对各异的应用背景和任务，目前深度神经网络主要有卷积神经网络、循环神经网络、自编码器、生成对抗网络、图神经网络等。此外深度神经网络在客观世界改造上颇有成效，如广泛应用的刷脸支付、指纹门锁、自动驾驶等多项应用。

4.2.2 大数据与有监督学习

最常见的机器学习方法是有监督学习（supervised learning）。举例说明，需要一个图像分类模型，对该模型输入一张图片，希望它输出图片中物体的类别，形式为一个向量，该向量中的每一维度是分类为某种物体的概率，概率最大的维度对应的物体即为识别结果，如图 4-1 所示。

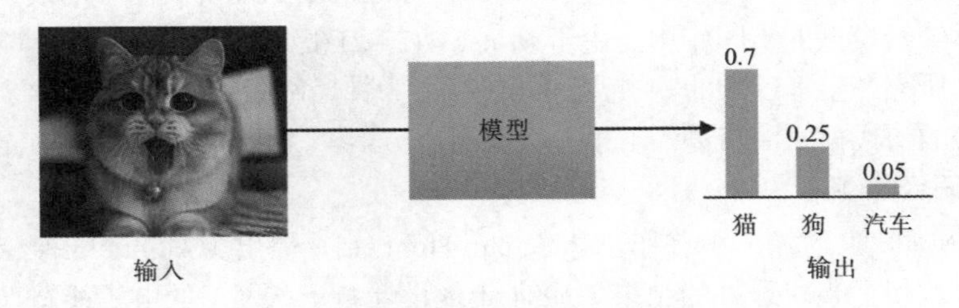

图 4-1 图像分类模型示意图

为了得到这样一个模型，需要搭建一个初始化模型（即函数），收集各种物体的图片，给每个图片标注其中物体的类别，从而组成一个训练数据集来优化模型使得其能够尽可能准确地完成分类任务（初始化模型也能够输出分类结果，但是由于参数是随机赋予的，很难得到理想的结果）。当然，准确完成分类任务不只是指在训练数据上能够有完美的性能，还要在未知数据上也能够准确预测其类别，为此设置测试 / 验证阶段，在该阶段模拟的是真实场景下，将训练好的模型参数固定，将未知数据输入到模型中来测试其性能，如果模型能够在更加广泛的未知数据上的表现优越，说明其泛化性能越好。

具体介绍训练阶段，与人们使用早教卡片教幼儿识物类似，将训练数据集中的图片和图片中物体的标签展示给模型，希望模型能够据此学到输出准确的概率分布向量。由此，需要一个判断输出准确性的函数来反馈训练中搜索的方向是否正确，该函数称为目标函数（objective function）或损失函数（loss function），不管何种具体形式，其度量的都是输出向量与数据集中图片的真实标签之间的差距（比如度量距离、误差等）。根据目标函数值，模型就可以像拧旋钮一样调节其所有参数来使得差距变小，这些参数也称为权重，一个深度学习模型通常会有不少于上百万量级的参数。

如果一个模型的参数太少，那么其将没有能力拟合理想的函数，这种情况称为欠拟合（underfitting），例如只有一个参数的函数，只能拟合一个过原点的线性函数，这样固然是不可取的。无论是理论还是直觉上，参数越多，就能逼近更加复杂的函数，然而，并不是函数越复杂越好，与欠拟合对应，函数过于复杂会引发过拟合（overfitting）现象。如图 4-2（a）所示，需要一个函数拟合图中数据，进而能够对新数据进行预测；如果仅用线性函数拟合该数据，则如图 4-2（b）所示；如果使用恰当的函数进行拟合，则对于新数据的适应能力会更好，如图 4-2（c）所示；如果想要对更多的特征点进行拟合从而使用了过于复杂的函数，则会出现过拟合的情况，如图 4-2（d）所示。分析图中情况可知，在欠拟合的情况下，如果遇到的新数据取值过大，则其预测值偏差可能会很大；在过拟合情况下，模型在训练集上会表现得很好，但是在新的未知数据上表现可能会相对更差，即泛化能力更差。

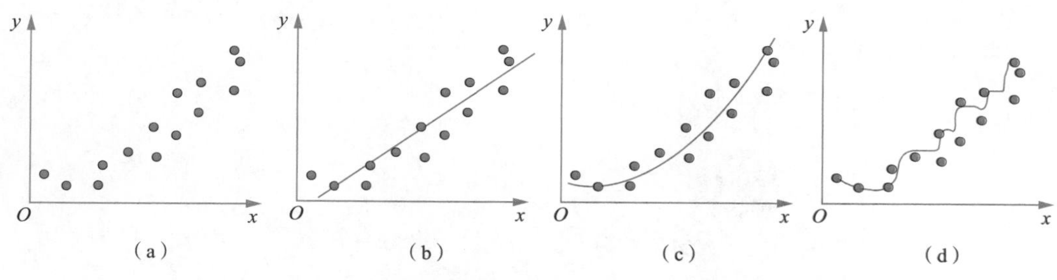

图 4-2　不同函数在回归问题上的拟合程度

致使出现过拟合问题的原因，除了函数过于复杂外，还有可能是训练样本数量相对较少，对于机器学习模型而言，尤其是深度学习模型，大数据是十分关键的，传统的机器学习模型由于其机制并不需要过多数据，但是其在训练数据更多的时候性能也会被限制住，图 4-3 显示了各类模型随着训练数据量增大而性能提升的大致情况。

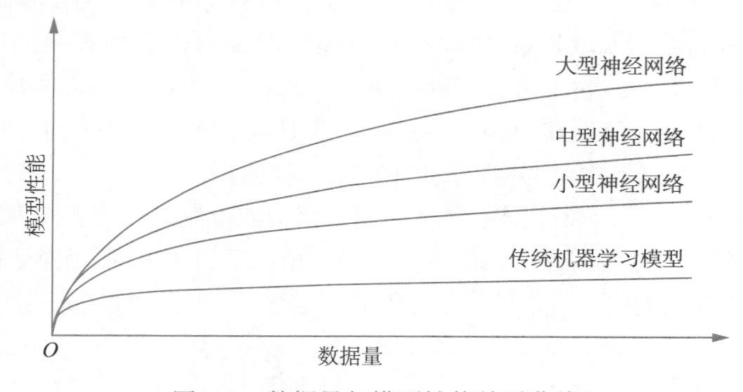

图 4-3　数据量与模型性能关系曲线

为了有效调整权重，需要设置学习算法寻找极小值，由于极小值位于函数的顶点，而顶点的梯度为 0，因此根据逆梯度方向进行搜索，即采用梯度下降法。实际上，大多数的优化方法都基于随机梯度下降（stochastic gradient descent, SGD），每次计算梯度只拿出一个或几个训练数据，算出其平均梯度，并据此进行优化，在每次迭代过程中，用于计算梯度的数据是随机选取的，这样做既节省计算资源，又能够引入一些噪声，防止落入局部极值。

4.2.3　神经元与神经网络

人类大脑可以抽象、处理各种身体感受器官接收到的各种信号，例如视觉、听觉、嗅觉等，并且进一步能够产生意识和情感。将接收、抽象信号的能力称为感知能力，产生意识和情感的功能则上升为认知能力。目前，人工智能通过模仿大脑神经系统机制，在图像、语音、文本分类识别等感知任务上取得了重要突破，甚至在某些任务上的性能表现已超越人类，在认知任务上虽然还处于探索阶段，但是模仿人脑的神经网络已展现了其强大的学习能力，给予了人工智能完成认知任务以可观的前景。

事实上，人脑的学习能力是非常强大的，根据神经系统学家的研究可知，不同区域的大脑皮层不仅可以处理与之相对应的信息，还可以很快学会处理其他信息，例如听觉皮层也可以处理视觉信息，如果将大脑皮层对信息的处理机制建模，也很可能可以得到如此强大的学习器。而神经元是大脑最基本的组成成分，人的大脑大约包含 860 亿神经元，每个神经元之间相互连接组成神经网络。神经元的结构如图 4-4 所示，其信息传递功能由树突、细胞体和轴突组合完成。

树突的作用是接收信号；细胞体的作用是对传递过来的信号做出反应，即兴奋或抑制；轴突的作用是将信号传输出去。

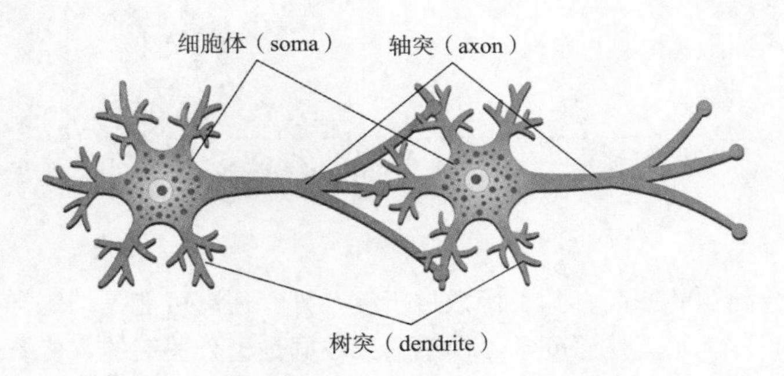

图 4-4　神经元示意图

人工神经网络的基本单元为人工神经元，其基本结构和人类神经元是类似的，20 世纪 40 年代，心理学家 Warren McCulloch 和数学家 Walter Pitts 在生物物理学会期刊上提出了 M-P 神经元的数学描述与结构，认为由足够多的简单人工神经元组成的网络原则上可以完成任何算术或者逻辑运算以及计算任何已知的函数，这被认为是人工神经网络的起源。人工神经元的基本结构如图 4-5 所示，类比于树突结构，人工神经元接收输入信号 $\boldsymbol{x}=[x_1;x_2;\cdots;x_d]\in\mathbf{R}^d$ ，将信号中所有元素加权相加，类似于细胞体，对信号做出兴奋或抑制的反应，称为激活（activation），在 M-P 神经元中使用的激活函数为阶跃函数，即输入值大于等于 0 时输出为 1，小于 0 时为 0，现在的神经网络为了方便优化，常用的激活函数都是连续可导的。神经元的数学化表示为

$$h(\boldsymbol{x})=f(\boldsymbol{w}^{\mathrm{T}}[\boldsymbol{x};1])$$

其中， $\boldsymbol{w}=[w_1;w_2;\cdots;w_d;w_0]\in\mathbf{R}^{d+1}$ ， w_0 表示偏置（bias），引入偏置使得模型更加灵活地处理输入的偏差，$f(\cdot)$ 为激活函数，常用的激活函数有 Sigmoid 函数、Tanh 函数、ReLU 函数、LeakyReLU 函数、ELU 函数等，如图 4-6 所示。

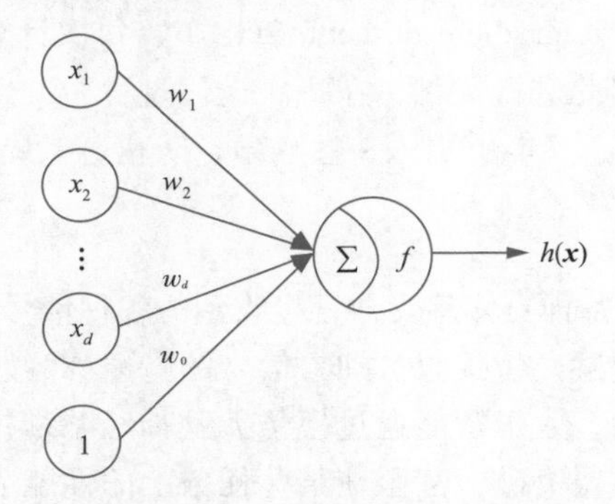

图 4-5　人工神经元示意图

其中，Sigmoid 函数的定义式为

$$\sigma(x)=\frac{1}{1+\mathrm{e}^{-x}}$$

该函数将输出值压缩到了 0 到 1 之间，因此该输出直接可以看作概率值，使得神经网络可以更好地和统计学习模型进行结合。可以看作一个软性门（soft gate），用于控制其他神经元输出信息的数量。

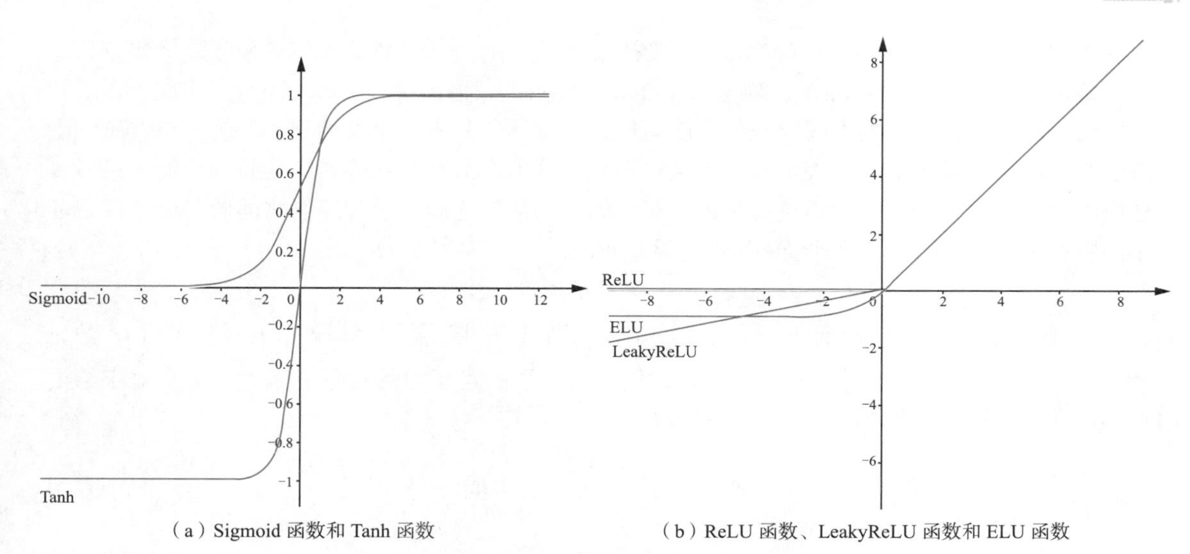

（a）Sigmoid 函数和 Tanh 函数　　（b）ReLU 函数、LeakyReLU 函数和 ELU 函数

图 4-6 各类激活函数示意图

Tanh 函数的定义式为

$$\mathrm{Tanh}(x)=\frac{\mathrm{e}^{x}-\mathrm{e}^{-x}}{\mathrm{e}^{x}+\mathrm{e}^{-x}}=2\sigma(2x)-1$$

该函数的输出取值范围是 -1 到 1，可以当作一个软性开关，比如用于处理时间序列长短时记忆网络中，就将其作为门控开关来控制是否对某时刻的输入进行记忆。该函数因为是零中心化，可以防止偏置偏移（bias shift）。

修正线性单元（rectified linear unit, ReLU）函数的定义式为

$$\mathrm{ReLU}(x)=\max(0, x)$$

该函数的优点是形式简单不需要指数运算，从而计算高效。另外，其运算时进行单侧抑制，可以使神经网络稀疏化，提升计算效率。并且该函数不存在饱和区，有效地避免了梯度消失问题（该问题将在后文中详细介绍）。该函数也符合生物神经网络的特型，例如单侧抑制、稀疏性。但是缺点也很明显，那就是存在死亡 ReLU 问题，神经元梯度一旦被置为 0 就再也无法被优化，且该函数非零中心化。

LeakyReLU 解决了 ReLU 函数在被置 0 后无法优化的问题，其令输入小于 0 时，输出还可以带有一个很小的梯度 γ，定义式为

$$\mathrm{LeakyReLU}(x)=\max(0, x)+\gamma\min(0, x)$$

指数线性单元（exponential linear unit, ELU）函数解决 ReLU 函数非零中心化的问题，但是计算又会变得比较复杂，定义式为

$$\mathrm{ELU}(x)=\max(0, x)+\alpha\min(0, \mathrm{e}^{x}-1)$$

其中，$\alpha>0$。

神经网络是由神经元组成的、具有层次结构的网络结构。神经网络按照连接方式可以分为全连接神经网络、循环神经网络、图神经网络、卷积神经网络等。全连接神经网络是最典型、最简单的神经网络，下面以此为例介绍人工神经网络和其优化机制。

全连接神经网络也称前馈神经网络（feedforward neural network）或多层感知器（multi-layer perceptron, MLP）。该网络的每一个节点都和其前后两层的每一个节点相连，且信息只能从前

向后传递。以图 4-7 所示的一个三层全连接神经网络为例，介绍网络的结构和参数优化方式。该网络由输入层（input layer）、隐藏层（hidden layer）、输出层（output layer）构成，多层神经网络除输入、输出层的中间层都称为隐藏层，图中网络只有一个隐藏层，较为简单。图中隐藏层和输出层的每个节点都表示一个人工神经元，输入层节点的功能是将接收到的输入信号传送给隐藏层人工神经元，而不进行任何计算，图中的箭头连线表示神经元之间的神经连接，基于图中所示的网络结构，该神经网络的计算过程表示

$$f(\boldsymbol{x})=f_2(\boldsymbol{W}^{(2)}[f_1(\boldsymbol{W}^{(1)}[\boldsymbol{x};1];1)$$

其中，$\boldsymbol{x}\in\mathbf{R}^3$ 为输入特征向量，$f_1(\cdot),f_2(\cdot)$ 分别表示隐藏层和输出层的激活函数，$\boldsymbol{W}^{(1)}\in\mathbf{R}^{4\times(3+1)}$，$\boldsymbol{W}^{(2)}\in\mathbf{R}^{2\times(4+1)}$ 分别表示隐藏层和输出层的可学习的权重和偏置参数。对于给定输入，神经网络固定参数逐层向前计算的过程称为**前向传播**。

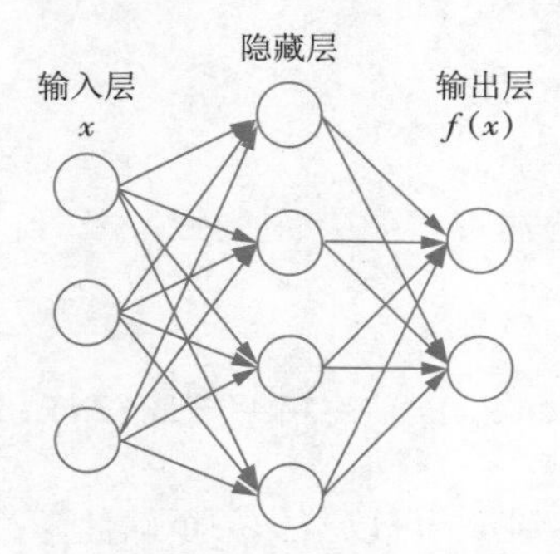

图 4-7　三层全连接神经网络

为了使神经网络能够输出理想的结果，还要对参数进行优化。如上文介绍，神经网络的优化是通过基于梯度下降的方法完成的。首先设置目标函数，表示为 L，对于网络中的某个参数 w，需要对其求偏导，然后更新该参数

$$w:=w-\alpha\frac{\partial L}{\partial w}$$

其中，$\alpha>0$ 为学习率，$\frac{\partial L}{\partial w}$ 为步长，$w=\{\boldsymbol{W}^{(1)},\boldsymbol{W}^{(2)}\}$ 为隐藏层和输出层的参数。

基于梯度的优化过程的主要步骤在于步长的计算，即求偏导，而这一偏导数的计算是通过**反向传播**（back-propagation）来实现的。具体地，定义如下符号表示。

输入层输入信号：$\boldsymbol{x}=[x_1;x_2;x_3]$

隐藏层参数：$\boldsymbol{W}^{(1)}=(\boldsymbol{W}_{ij}^{(1)})_{4\times4}$

隐藏层输入信号：$\boldsymbol{x}^h=[x_1^h;x_2^h;x_3^h]=\boldsymbol{W}^{(1)}[\boldsymbol{x};1]=\left(\sum_{j=1}^{3}\boldsymbol{W}_{ij}^{(1)}x_j+\boldsymbol{W}_{i4}^{(1)}\right)_{3\times1}$

隐藏层输出信号：$\boldsymbol{y}^h=[y_1^h;y_2^h;y_3^h]=[f_1(y_1^h);f_1(y_2^h);\ f_1(y_3^h)]$

输出层参数：$\boldsymbol{W}^{(2)}=(\boldsymbol{W}_{ij}^{(2)})_{2\times5}$

输出层输入信号：$\boldsymbol{x}^o=[x_1^o;x_2^o]=\boldsymbol{W}^{(2)}[\boldsymbol{y}^h;1]=\left(\sum_{j=1}^{4}\boldsymbol{W}_{ij}^{(2)}y_j^h+\boldsymbol{W}_{i5}^{(2)}\right)_{2\times1}$

输出层输出信号：$\boldsymbol{y}=[y_1;y_2]=[f_2(y_1^o);f_2(y_2^o)]$

由此，可以看出该神经网络前向传播过程的数据流为

$$\boldsymbol{x} \xrightarrow{\boldsymbol{W}^{(1)}} \boldsymbol{x}^h \xrightarrow{f_1} \boldsymbol{y}^h \xrightarrow{\boldsymbol{W}^{(2)}} \boldsymbol{x}^o \xrightarrow{f_2} \boldsymbol{y} \longrightarrow L$$

由于 w 包含隐藏层的参数 $\boldsymbol{W}^{(1)}$ 和输出层的参数 $\boldsymbol{W}^{(2)}$，因此 $\frac{\partial L}{\partial w}$ 分两部分进行计算，再进行拼接。首先计算 $\frac{\partial L}{\partial \boldsymbol{W}^{(2)}}$，根据链式法则有

$$\frac{\partial L}{\partial \boldsymbol{W}_{ij}^{(2)}} = \frac{\partial L}{\partial y_i}\frac{\partial y_i}{\partial x_i^o}\frac{\partial x_i^o}{\partial \boldsymbol{W}_{ij}^{(2)}}$$

等式右侧共有三项，其中的前两项可根据损失函数 L 和激活函数 f_2 的具体形式直接计算，第三项 $\frac{\partial x_i^o}{\partial \boldsymbol{W}_{ij}^{(2)}} = y_j^h \,|_{j=1,2,3,4}$，$\frac{\partial x_i^o}{\partial \boldsymbol{W}_{i5}^{(2)}} = 1$。再来计算 $\frac{\partial L}{\partial \boldsymbol{W}^{(1)}}$，根据链式法则有

$$\frac{\partial L}{\partial \boldsymbol{W}_{ij}^{(1)}} = \frac{\partial L}{\partial y_i^h}\frac{\partial y_i^h}{\partial x_i^h}\frac{\partial x_i^h}{\partial \boldsymbol{W}_{ij}^{(1)}}$$

等式右侧共有三项，其中的第二项可根据激活函数 f_1 的具体形式直接计算，第三项 $\frac{\partial x_i^h}{\partial \boldsymbol{W}_{ij}^{(1)}} = x_j \,|_{j=1,2,3}$，$\frac{\partial x_i^h}{\partial \boldsymbol{W}_{i4}^{(1)}} = 1$，第一项由于隐藏层的输出信号 $\boldsymbol{y}^h$ 未知而无法直接计算，这是 Minski 在 1961 年提出的著名的信用分配问题，该问题困扰了人们近 20 年，严重阻碍了神经网络的发展。其实，隐藏层并不直接对损失函数产生影响，而是通过输出层神经元间接地影响损失函数，因此该项仍然可以利用链式法则来进行求解，即

$$\frac{\partial L}{\partial y_j^h} = \sum_{i=1}^{2}\frac{\partial L}{\partial y_i}\frac{\partial y_i}{\partial x_i^o}\frac{\partial x_i^o}{\partial y_j^h}$$

等式右侧的累加符号中共有三项，其中的前两项与计算 $\frac{\partial L}{\partial \boldsymbol{W}^{(2)}}$ 时一样根据损失函数 L 和激活函数 f_2 的具体形式直接计算，第三项 $\frac{\partial x_i^o}{\partial y_j^h} = \boldsymbol{W}_{ij}^{(2)} \,|_{j=1,2,3,4}$，因此，$\frac{\partial L}{\partial \boldsymbol{W}^{(1)}}$ 最终的计算公式为

$$\frac{\partial L}{\partial \boldsymbol{W}_{ij}^{(1)}} = \left(\sum_{i=1}^{2}\frac{\partial L}{\partial y_i}\frac{\partial y_i}{\partial x_i^o}\frac{\partial x_i^o}{\partial y_j^h}\right)\frac{\partial y_i^h}{\partial x_i^h}\frac{\partial x_i^h}{\partial \boldsymbol{W}_{ij}^{(1)}}$$

从而完成梯度优化中步长的计算。

可以发现，在计算步长的过程中，梯度是由输出层向输入层的方向传导的，即依次计算 $\frac{\partial L}{\partial \boldsymbol{y}}$、$\frac{\partial L}{\partial \boldsymbol{W}^{(2)}}$、$\frac{\partial L}{\partial \boldsymbol{y}^h}$、$\frac{\partial L}{\partial \boldsymbol{W}^{(1)}}$，与前向计算的过程正相反，因此称为反向传播算法。

4.3 循环神经网络与图神经网络

4.3.1 循环神经网络

在实际应用中，序列信息是十分常见的，比如语言、语音、视频等，传统深度学习模型不适宜处理这种信息，例如全连接深度网络的输入要求是定长的，但是序列信息通常是长度不一的，一句话可以有几十个字，也可能只有两个字，如果每个字分别输入到全连接网络中，则会失去

上下文联系，如果将所有句子都压缩为定长，对前期信息压缩能力又是一种考验。因此需要专门设计模型，而循环神经网络（recurrent neural network, RNN）是处理序列信息的典型模型之一，循环神经网络示意图如图 4-8 所示。

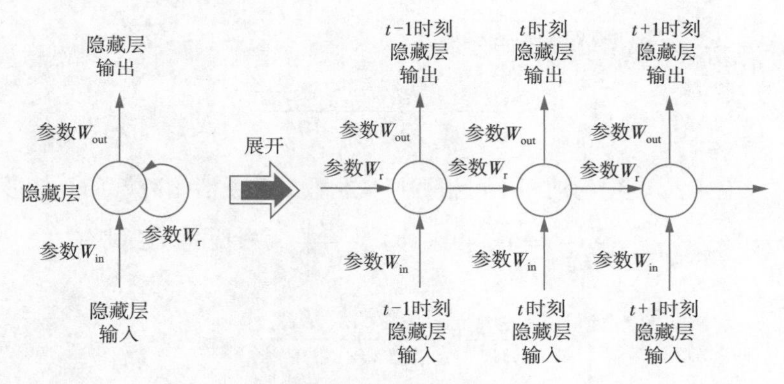

图 4-8　循环神经网络示意图

如图 4-8 所示，循环神经网络每次输入一个时刻的信号，比如视频中的一帧或一个片段、一句话中的一个字或一个词，将该信号处理并存储在对应隐藏层中，并与下一时刻的隐藏层相连，形成一个循环，实现序列信息的传递。也可以将该网络展开成一个序列状以便于前向计算和反向传播，展开后与全连接网络相似，但是每一时刻的权重是共享的。在图中，每个图中表示隐藏层的节点实际上代表节点的集合，如一个全连接层，有时该隐藏层也称为胞元（cell），输入到隐藏层的参数于隐藏层到输出的参数与传统神经网络的形式相同，分别表示为 $\boldsymbol{W}_{\text{in}}$ 和 $\boldsymbol{W}_{\text{out}}$，上一时刻输入到当前时刻的参数为 $\boldsymbol{W}_{\text{r}}$，表示时延。

最基础的循环神经网络在每一时刻 t 的运行过程用数学形式化表示为

$$\boldsymbol{h}^t = g(\boldsymbol{W}_{\text{in}}[\boldsymbol{x}^t;1] + \boldsymbol{W}_{\text{r}}[\boldsymbol{h}^{t-1};1])$$

$$\boldsymbol{y}^t = f(\boldsymbol{W}_{\text{out}}[\boldsymbol{h}^t;1])$$

其中，$\boldsymbol{x}^t, \boldsymbol{h}^t, \boldsymbol{y}^t$ 分别为 t 时刻的输入、隐藏层、输出特征，$f(\cdot), g(\cdot)$ 为激活函数。与全连接神经网络一样，循环神经网络也有其万能近似定理，即含有一层隐含层的节点数足够的循环神经网络可以逼近任意一个非线性动力系统。事实上，循环神经网络是图灵完备的，即理论上可解决任何可计算问题。循环神经网络的优点如下：

①可以处理不定长的序列数据，并且能够考虑序列中的历史数据。

②网络规模不会随数据长度而增长，这是因为隐藏层的参数是共享的。

缺点如下：

①当前时刻的输出只考虑当前和前序时刻的信息，无法获得后序时刻的信息（后文介绍的双向循环神经网络可以克服该问题）。

②由于其序列串联、权重共享的结构，容易产生某些叠加效应，在序列过长时会导致信息消失或者爆炸。

针对第一个缺点，使用双向循环神经网络（bidirectional recurrent neural network, Bi-RNN）即可克服，如图 4-9 所示，该网络可看作由两层循环神经网络组成，一层正序后接一层逆序，其在每一时刻 t 的运行过程用数学形式化表示为

$$h_1^t = g(W_{\text{in}}^1[x^t;1] + W_{\text{r}}^1[h^{t+1};1])$$
$$h_2^t = g(W_{\text{in}}^2[x^t;1] + W_{\text{r}}^2[h^{t-1};1])$$
$$y^t = f(W_{\text{out}}[h_1^t;h_2^t;1])$$

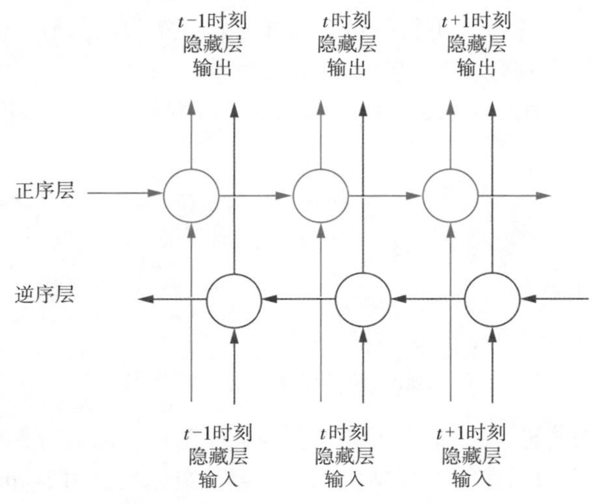

图 4-9　双向循环神经网络示意图

下面详细分析第二个缺点出现的原因，循环神经网络与全连接网络等其他神经网络的优化机制相同，使用反向传播算法，只需如图 4-8 所示提前将网络按时间展开然后进行反向传播计算即可，该方法称为基于时间的反向传播（back propagation through time, BPTT）。如上节介绍，反向传播算法需要用到链式法则，简而言之，每一步计算都需要求梯度，然后将梯度相乘，若每一步梯度略小于 1，则经过多次乘法操作就会逐渐趋近于零，那么梯度下降法将会无效，该情况被称为梯度消失；若梯度大于 1，则经过多次乘法操作就会逐渐趋近于无穷大，那么梯度下降法也会失去意义，该情况被称为梯度爆炸。而循环神经网络需要沿着时间计算求导，表示时延的参数 W_{r} 重复乘法操作，随着序列长度的增加而增多，很容易导致梯度消失和爆炸问题。梯度爆炸问题可以通过设置激活函数来解决，例如 Tanh 激活函数的梯度取值范围在 0 到 1 之间，而 Sigmoid 激活函数的梯度取值范围则在 0 到 0.25 之间，也可以通过梯度剪裁（gradient clipping）或梯度缩放（gradient scaling）来解决，梯度剪裁即若各权重梯度的绝对值大于某阈值时，将梯度绝对值强制设置成该阈值，梯度缩放即若各权重的梯度范数大于某个阈值，则将梯度范数缩放至该阈值。

为了应对梯度消失问题，提高循环神经网络对长时信息的处理能力，除了可以使用梯度不过于小的激活函数，例如 ReLU 函数的梯度在取值大于 0 的时候为 1；也可以将权重在初始化时设置为 1，偏重设置为 0，从而使函数的优化有一个稳定的开端；也可以将隐藏层之间用残差的形式传递，与目前应用广泛的残差神经网络（residual network, ResNet）类似（事实上 ResNet 的提出一定程度上受到了该结构的启发），即令时延为 1，加一个在 0 附近的可学习参数来强制网络记住每一时刻的大部分信息，然而这种机制并不能够如残差神经网络适用于卷积网络一样，在循环神经网络上发挥超常的作用，就像人类一样，不可能记得经历过的一切，而是会选择记忆最重要的事物。

对此还有更加稳健的方法，可以对隐藏层胞元加以改进，加入门控结构来决定是否要记忆某些时刻的信息，从而使得长期比较重要的信息被保留，例如长短时记忆（long short-term memory, LSTM）胞元和门控循环单元（gated recurrent unit, GRU）胞元，分别将由这两种胞元构成的循环神经网络简称为 LSTM 网络和 GRU 网络。

LSTM 胞元包含 4 种功能，遗忘、存储、更新和输出，遗忘是指抑制前序信息中的无关部分，存储是指将相关新信息保留下来，更新是指有选择性地更新胞元的值，输出是指决定哪些信息输出到下一时刻。为了实现以上功能，LSTM 引入输入 $\boldsymbol{i}^t \in \{0,1\}^d$ 、遗忘 $\boldsymbol{f}^t \in \{0,1\}^d$ 、输出 $\boldsymbol{o}^t \in \{0,1\}^d$ 3 个门控和 1 个中间状态 $\boldsymbol{c}^t \in \mathbf{R}^d$ ，则 LSTM 网络在每一时刻 t 的运行过程用数学形式化表示为

$$
\begin{aligned}
\boldsymbol{h}^t &= \boldsymbol{o}^t \odot \tanh(\boldsymbol{c}^t) \\
\boldsymbol{y}^t &= f(\boldsymbol{W}_{\text{out}}[\boldsymbol{h}^t;1])
\end{aligned}
$$

其中，$\odot$表示向量元素相乘，

$$
\begin{aligned}
\boldsymbol{c}^t &= \boldsymbol{f}^t \odot \boldsymbol{c}^{t-1} + \boldsymbol{i}^t \odot \tilde{\boldsymbol{c}}^t \\
\tilde{\boldsymbol{c}}^t &= \tanh(\boldsymbol{W}_{\text{in}}[\boldsymbol{x}^t;1] + \boldsymbol{W}_{\text{r}}[\boldsymbol{h}^{t-1};1])
\end{aligned}
$$

表示 t 时刻及之前的信息。3 个门控模仿的是电路中的门，取 0 时为关闭，取 1 时为开放，此处为了求导方便，且希望门控能够控制信息传递量，实际上使用 Sigmoid 激活函数 $\sigma(\cdot)$ 得到软性门，即取值在 (0,1) 之间，具体计算为

$$
\begin{aligned}
\boldsymbol{i}^t &= \sigma(\boldsymbol{W}_{\text{ix}}[\boldsymbol{x}^t;1] + \boldsymbol{W}_{\text{ih}}[\boldsymbol{h}^{t-1};1]) \\
\boldsymbol{f}^t &= \sigma(\boldsymbol{W}_{\text{fx}}[\boldsymbol{x}^t;1] + \boldsymbol{W}_{\text{fh}}[\boldsymbol{h}^{t-1};1]) \\
\boldsymbol{o}^t &= \sigma(\boldsymbol{W}_{\text{ox}}[\boldsymbol{x}^t;1] + \boldsymbol{W}_{\text{oh}}[\boldsymbol{h}^{t-1};1])
\end{aligned}
$$

输入门控制候选的中间状态 ，即当前更新信息是否保留，遗忘门控制上一时刻中间状态是否需要遗忘，输出门控制当前时刻中间状态是否需要输出。

GRU 胞元比 LSTM 胞元形式更加简洁，使用一个门 $\boldsymbol{z}^t$ 来替换输入门和遗忘门的功能，表示为

$$
\begin{aligned}
\boldsymbol{h}^t &= \boldsymbol{z}^t \odot \boldsymbol{h}^{t-1} + (1-\boldsymbol{z}^t) \odot \tilde{\boldsymbol{h}}^t \\
\boldsymbol{y}^t &= f(\boldsymbol{W}_{\text{out}}[\boldsymbol{h}^t;1])
\end{aligned}
$$

其中

$$
\tilde{\boldsymbol{h}}^t = \tanh(\boldsymbol{W}_{\text{in}}[\boldsymbol{x}^t;1] + \boldsymbol{W}_{\text{r}}[\boldsymbol{r}^t \odot \boldsymbol{h}^{t-1};1])
$$

为候选的隐藏层，与传统的循环神经网络不同，增加一个重置门 $\boldsymbol{r}^t$ 来控制当前候选隐藏层是否与前序信息有关，两个门控与 LSTM 类似，表示为

$$
\begin{aligned}
\boldsymbol{z}^t &= \sigma(\boldsymbol{W}_{\text{zx}}[\boldsymbol{x}^t;1] + \boldsymbol{W}_{\text{zh}}[\boldsymbol{h}^{t-1};1]) \\
\boldsymbol{r}^t &= \sigma(\boldsymbol{W}_{\text{rx}}[\boldsymbol{x}^t;1] + \boldsymbol{W}_{\text{rh}}[\boldsymbol{h}^{t-1};1])
\end{aligned}
$$

实际上，传统循环神经网络是当 $\boldsymbol{r}^t = 1, \boldsymbol{z}^t = 0$ 时的特例；当 $\boldsymbol{r}^t = 0, \boldsymbol{z}^t = 0$ 时，则退化成只与当前时刻输入有关的全连接网络；当 $\boldsymbol{z}^t = 1$ 时，则相当于整个网络略过了当前的输入，直接将前序信息传到下一时刻。

4.3.2 图神经网络

在现实生活中，图结构是一类十分常见的数据形式，在前文中已经有所涉及，常见的图结构由节点（node）和边（edge）构成，节点包含了实体（entity）信息，边包含实体间的关系（relation）

信息。现在许多学习任务都需要处理图结构的数据，比如化学分子式、推荐系统中用户和产品之间的关系、交通网、电网等，实际上图像、文本等欧式空间结构信息也是一种图结构信息。

定义图 $G=(V,E)$，其中 $V=\{v_1,\cdots,v_N\}$ 表示包含 $N=|V|$ 个节点的集合，节点 v_i 的特征定义为　$\in$　，$E\subseteq V\times V$ 为边的集合，节点 v_i 和 v_j 的边表示为 e_{ij}，其特征表示为 $\boldsymbol{x}_{e_{ij}}$，$N(v_i)$ 表示节点 v_i 的邻节点集合。定义图的邻接矩阵（adjacency matrix）为 $\boldsymbol{A}\in\mathbf{R}^{N\times N}$，其中每个元素表示对应位置两个节点之间关系的权重，例如 $\boldsymbol{A}(i,j)$ 表示第 i 个节点 v_i 和第 j 个节点 v_j 之间关系的权重。

图神经网络（graph neural network,GNN）的输入是图结构的数据，输出根据具体任务而不同，例如关于节点的任务，节点预测、分类、回归等；关于边的任务，链接预测（link prediction）、边的分类等；全图任务，图的分类、匹配等。无论何种任务，图神经网络主体结构的作用仍然与其他神经网络相同，信息传递（message propagation），其每一层中每一个节点的运算可总结为

$$\boldsymbol{h}_{v_i}^{(l)}=\sum_{v_j\in N(v_i)}f(\boldsymbol{h}_{v_i}^{(l-1)},\boldsymbol{h}_{v_j}^{(l-1)},\boldsymbol{x}_{e_{ij}})$$

其中，$\boldsymbol{h}_{v_i}^{(l)}$ 表示节点 v_i 在第 l 层的信息表示，$\boldsymbol{h}_{v_i}^{(0)}=\boldsymbol{x}_{v_i}$。

图神经网络最早于 2005 年提出，早期人们关注基于谱的图神经网络，根据图谱论（spectral graph theory）将图映射到频域（spectral domain）进行计算，但是这样做需要进行特征分解等复杂的计算，可扩展性差。随着大数据时代的到来，数据量激增，基于谱的图神经网络无法适应该情况，研究者们开始尝试简化模型，将注意力转回直接在空域（spatial domain）上对数据计算，反而大获成功。

首先介绍基于谱的图神经网络，在正式介绍之前，需要了解图谱论的基本概念知识。**拉普拉斯矩阵**（Laplacian matrix）是研究图结构性质的重要途径，其反映了图中相邻节点喜好的平滑程度，定义为 $\boldsymbol{L}=\boldsymbol{D}-\boldsymbol{A}$，其中 $\boldsymbol{D}$ 为对角阵，$\boldsymbol{D}(i,i)=\sum_{j=1}^{N}\boldsymbol{A}(i,j)$，表示节点 v_i 的度。拉普拉斯矩阵的元素级定义为

$$\boldsymbol{L}(i,j)=\begin{cases}\boldsymbol{D}(i,i), & i=j\\ -\boldsymbol{A}(i,j), & i\neq j\text{且}e_{ij}\in E\\ 0, & \text{其他}\end{cases}$$

拉普拉斯矩阵模拟的是欧式空间离散信号的拉普拉斯算子，表示的是二阶微分，该矩阵也起到类似的作用。

【例 4.1】如图 4-10 所示无向图 G，其边的权重均为 1，求该图的邻接矩阵、度矩阵和拉普拉斯矩阵。

图 G 的邻接矩阵为

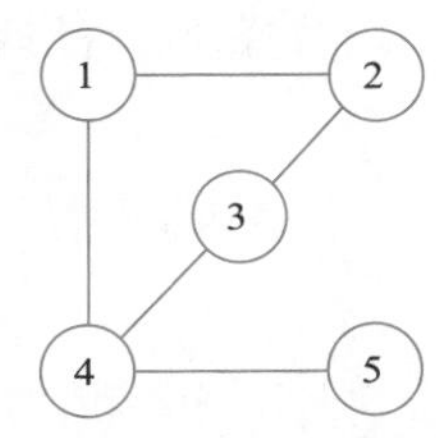

图 4-10　无向图 G 示意图

$$A=\begin{pmatrix}0&1&0&1&0\\1&0&1&0&0\\0&1&0&1&0\\1&0&1&0&1\\0&0&0&1&0\end{pmatrix}$$

度矩阵为

$$D=\begin{pmatrix}2&0&0&0&0\\0&2&0&0&0\\0&0&2&0&0\\0&0&0&3&0\\0&0&0&0&1\end{pmatrix}$$

拉普拉斯矩阵为

$$L=D-A=\begin{pmatrix}2&-1&0&-1&0\\-1&2&-1&0&0\\0&-1&2&-1&0\\-1&0&-1&3&-1\\0&0&0&-1&1\end{pmatrix}$$

基于谱的图神经网络将图信号从空域转化为谱域进行计算，这种转化称为图傅里叶变换（graph Fourier transform）。传统的傅里叶变换是将时序信号转换到频域，具体地，任何函数都可以通过傅里叶展开为三角级数加权叠加（三角函数也可以通过欧拉公式转为复指数形式），将这些复指数函数作为基函数，傅里叶变换相当于是将函数映射到这些基函数所在的空间，在这个空间内，运算更加简便。在图傅里叶变换中，将拉普拉斯矩阵的特征向量 U 看做基，在这里考虑无向图，因此拉普拉斯矩阵是实对称矩阵，其特征向量是正交的，即 $L=U\Lambda U^{\mathrm{T}}$。图上的空域信号可以表示为特征向量的加权叠加，而其中的权重就是信号经过图傅里叶变换得到的频域上的表示。令 $v_i^{(i)}=H^{(l)}[:,i]\in\mathbf{R}^N$ 表示所有节点在第 l 层第 i 维特征上的取值，根据定义，图的傅里叶变换表示为

$$F(v_i^{(l)})=U^{\mathrm{T}}v_i^{(l)}$$

该矩阵为对角阵。傅里叶逆变换表示为

$$F^{-1}(v_i^{(l)})=Uv_i^{(l)}$$

基于谱的图神经网络对图上的信号进行卷积运算从而实现信息传递，通常卷积运算涉及积分操作，而傅里叶变换可以使卷积操作变得十分容易，即两个函数卷积后进行傅里叶变换等于两个函数分别进行傅里叶变换再相乘

$$F(f*g)=F(f)\bullet F(g)$$

其中，* 表示卷积操作。图上的卷积操作可以表示为

$$k*v_i^{(l)}=F^{-1}(F(k)\bullet F(v_i^{(l)}))=U(U^{\mathrm{T}}k\odot U^{\mathrm{T}}v_i^{(l)}),$$

$\odot$为哈达玛积（Hadamard product），即矩阵对应元素相乘，k 为卷积核。在基于谱的图卷积中，直接学习 $F(k)$，使用对角元素为 θ 的对角矩阵 $\mathrm{diag}(\theta)$ 表示，则每一层节点运算可以表示为

$$v_j^{(l)} = f\left(U\sum_{i=1}^{d^{(l)}} \mathrm{diag}(\boldsymbol{\theta}_{ij})U^{\mathrm{T}} v_i^{(l-1)}\right)$$

其中，$j=1,\cdots,d^{(l)}$，$d^{(l)}$ 表示第 l 层的节点特征维度。由此可以看出，基于谱的图神经网络，只需要学习卷积模板在谱域上的参数 $\boldsymbol{\theta}$，相较于在空域实现同样的卷积参数量小，然而由于其需要求拉普拉斯矩阵的特征向量，这对于计算机来说是一项计算量相当大的工作，图节点数越多计算时间就会成幂增长，并不适用于大数据计算。

后来提出的切比雪夫谱卷积神经网络（Chebyshev spectral CNN，ChebNet）和图卷积神经网络（graph convolutional network，GCN）等方法尝试通过近似和简化的方法将基于谱的图神经网络复杂度降低，并且将卷积局部化，让每个节点不受与该节点不太相关的节点的影响。例如 ChebNet 将卷积核近似为特征值对角阵的切比雪夫多项式 K 阶截断，即与每个节点只受与其连接小于等于 K 步的节点的影响，该多项式可以用递归方式求解从而减小计算难度；GCN 是将 ChebNet 中 K=1，这一点使得 GCN 也可以被归为基于空域的图神经网络，通过叠加多层卷积层使得节点的 K 阶邻居也可以对其进行影响，另外该网络还引入一个可学习参数矩阵对图上的信息做映射，其每一层的运算表示为

$$\boldsymbol{H}^{(l)} = f(\tilde{\boldsymbol{L}}_{\mathrm{sym}}\boldsymbol{H}^{(l-1)}\boldsymbol{W}^{(l-1)})$$

其中，$\boldsymbol{W}^{(l-1)}$ 为可学习参数矩阵，$\tilde{\boldsymbol{L}}_{\mathrm{sym}}$ 是将拉普拉斯矩阵两次对称归一化的结果，这样可以使数值计算变得稳定并防止梯度爆炸。

基于谱域的图神经网络除了计算复杂度较高之外，由于其需要变换到谱域计算，需要计算特征向量、特征值等，面对新数据无法增量学习，因此缺乏迁移泛化性能。虽然基于谱域的图神经网络目前的性能和推广程度不如基于空域的图神经网络好，但是仍然给目前的研究提供了大量的理论支持。

基于空域的图神经网络是直接在空域上将邻域节点的信息聚合，来实现信息传递。回顾 GCN，将拉普拉斯矩阵的变形与节点特征相乘，实际上就是对于每个节点的信息，使用其邻节点与其自身信息加权求和来更新。早期基于空域的图神经网络是使用循环神经网络实现的，希望图神经网络构建一个压缩映射使得学到的节点能够代表其邻节点的信息，根据巴拿赫不动点定理（Banach's fixed point theorem）即可求解该表示，即从初始值开始，循环迭代进行压缩映射，最终会收敛到一个不动点，而该点就是所需要的解。刚好循环神经网络就可以重复迭代一个映射，为了保证循环神经网络是一个压缩映射从而保证收敛，加入一个对参数的雅可比矩阵（一阶偏导矩阵）的惩罚项。

门控图神经网络（gated graph neural network,GGNN）使用 GRU 网络作迭代计算，其每一层中每一个节点的运算可总结为

$$\boldsymbol{h}_{v_i}^{(l)} = \mathrm{GRU}\left(\boldsymbol{h}_{v_i}^{(l-1)}, \sum_{v_j \in N(v_i)} \boldsymbol{W}\boldsymbol{h}_{v_j}^{(l-1)}\right)$$

与循环图神经网络不同，门控图神经网络不再关注图是否收敛，并使用目前深度学习的优化方法，基于时间的反向传播进行优化，这是因为如果令图收敛会出现过平滑问题，即每个节点包含的信息相似，从而失去判别性，对于基于节点的分类等任务并不友好。

以上方法都是在全图上进行学习的，无法增加新的节点，在大规模数据上的运行效率也有限，

归纳式图神经网络 GraphSAGE 采取每次优化迭代时，随机采样每个节点的固定节点进行聚合的操作，来解决上述问题，而 GraphSAGE 中的 SA 代表 Sample（采样），GE 代表 aggreGatE（聚合）。其每一层中每一个节点的运算可总结为

$$\boldsymbol{h}_{v_i}^{(l)} = f(\boldsymbol{W}^{(l)}\mathrm{Agg}^{(l)}(\boldsymbol{h}_{v_i}^{(l-1)},\{\boldsymbol{h}_{v_j}^{(l-1)},\forall v_j \in S(v_i)\}))$$

其中，$S(\cdot)$ 表示在邻节点中随机采样的集合，$\mathrm{Agg}^{(l)}(\cdot)$ 表示聚合操作（aggregator）。GraphSAGE 提供了三种聚合方式，分别是平均、最大池化和 LSTM 操作。平均操作是直接对每一个节点与其采样后的邻节点的信息表示特征对应元素取平均；最大池化操作是对应元素取最大值，该操作受启发于卷积神经网络的降采样方式；LSTM 操作是使用 LSTM 胞元来完成，需注意的是为了使网络对节点顺序不敏感，每次迭代输入时将节点顺序打乱后再输入。实事上，聚合操作还可以有更多的形式，只要满足能够自适应处理不定长输入即可。

上述模型在处理节点之间连接和连接的权重时，都是根据先验学习的，实际上，也可以让机器根据数据结构自动学习该权重，因此进一步更换聚合操作，引入注意力机制（attention mechanism），称为图注意力网络（graph attention networks，GAT）。

注意力机制受启发于人类认知系统中的注意力机制，比如在视觉上，人们会注意到自己比较感兴趣的区域，而忽略一些背景等无关信息。这些受到关注的区域并不是一成不变的，而是根据实际看到的内容决定的。具体地，GAT 每一层中每一个节点的运算可总结为

$$\boldsymbol{h}_{v_i}^{(l)} = f\left(\sum_{v_j \in N(v_i)\cup\{v_i\}} \alpha_{ij}^{(l)}\boldsymbol{W}^{(l)}\boldsymbol{h}_{v_j}^{(l-1)}\right)$$

其中，$\alpha_{ij}^{(l)}$ 为注意力权重，表示当前节点 v_j 与其他节点连接程度的强弱。

$$\alpha_{ij}^{(l)} = \mathrm{softmax}(\mathrm{LeakyReLU}(\boldsymbol{a}^{\mathrm{T}}[\boldsymbol{W}^{(l)}\boldsymbol{h}_{v_j}^{(l-1)};\boldsymbol{W}^{(l)}\boldsymbol{h}_{v_i}^{(l-1)}]))$$

其中，$\boldsymbol{a}$ 为可学习参数，$\mathrm{softmax}(\cdot)$ 表示 softmax 函数，该函数将数值归一化到 0 到 1 的区间内，且向量各元素加和为 1。为了表示节点之间更多样的关系，GAT 使用多头注意力（multi-head attention）操作，即将上式重复多次，设置其可学习参数不同，从而得到不同的注意力权重，不同的权重会得到不同的节点表示，将这些表示拼接或者取均值得到当前层节点最终的表示。值得一提的是，目前在自然语言处理、图像视频分类任务中表现最为突出的 Transformer 模型就是基于这种图注意力网络的。

4.3.3 卷积神经网络

卷积神经网络（convolutional neural network,CNN）可以看作一种特殊的图神经网络，但是该网络的兴起早于图神经网络，这是因为该网络是根据生物大脑皮层视觉处理过程来设计的，有着生物学启发基础。20 世纪中叶，神经生物学家 Hubel 和 Wiesel 研究发现，猫视觉皮层中的每个神经元会单独对某一小块视觉区域有所反应，这一小块区域称为对应神经元的感受野（receptive field），相邻的神经元有着相同或者重叠的神经元，所有的感受野拼起来可以组成完整的视觉图像，卷积神经网络中的卷积操作就是在模拟这种神经元。整个大脑的视觉原理可以概括为，首先视网膜接收视觉信号，也就是一张张的图片，送入大脑皮层，大脑皮层又分为初级视觉皮层 V1 以及纹外皮层（extrastriate cortex，如 V2、V3、V4、V5 等）。V1 层做一些初步处理，比如发现边缘和方向等，然后纹外皮层进一步抽象，比如先识别形状、再识别物体等，卷积神经网络的每一层就是在模拟这些大脑皮层。值得一提的是，Hubel 和 Wiesel 二人因为关于大脑视觉系统的研究，在 1981 年获得了诺贝尔医学奖。

卷积神经网络的机制和大脑皮层机制相仿，可以处理各种维度的信号，例如 1D 卷积神经网络可以处理文本、语音等序列信号，2D 卷积神经网络可以处理图像信号，3D 卷积神经网络可以处理视频信号等，应用最广泛、最成功的是 2D 卷积神经网络，下面以 2D 卷积神经网络为例详细介绍其基本结构。卷积神经网络的数据流如图 4-11 所示，整体结构可以分为两个阶段，第一个阶段是由卷积层（卷积函数 + 激活函数）和池化层交替构成，第二个阶段由用于特定的任务（例如分类任务主要包括一个全连接层）和一个 Softmax 激活函数层构成。

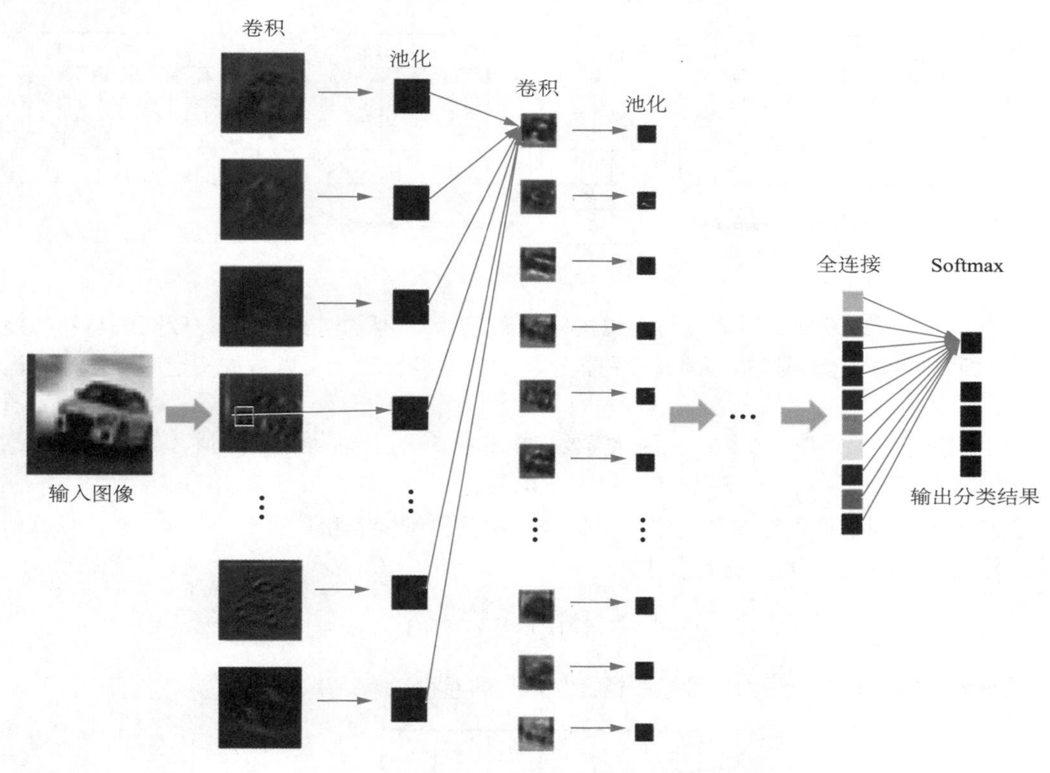

图 4-11　卷积神经网络数据流示意图

（1）卷积层

首先，介绍卷积神经网络中最重要的组成部分——卷积层。在上节图神经网络中的卷积操作是在谱域上进行的，而卷积神经网络的卷积计算是直接在空域上进行的，下面给出其详细运算机制。视觉中感受野机制为神经元接受其所支配的局部视觉区域内的信号，而卷积操作能够实现该功能，其经常用于信号处理，用于计算时序信号的延迟累计，给定一个信号和一个卷积核，计算将卷积核经过翻转平移相乘所构成的函数围成的面积得到卷积结果。因为卷积神经网络计算的是离散卷积，其中一维离散卷积的计算形式为

$$\boldsymbol{y}=\boldsymbol{w}*\boldsymbol{x}$$

其中，$\boldsymbol{x}$ 和 $\boldsymbol{y}$ 分别是输入和输出时序信号，$\boldsymbol{w}$ 是长度为 K 的卷积核。具体地，输出信号在 t 时刻计算为

$$\boldsymbol{y}[t]=\sum_{k=1}^{K}\boldsymbol{w}[k]\cdot\boldsymbol{x}[t-k+1]$$

【例 4.2】分别求卷积核 $\boldsymbol{w}_1=[1/3,1/3,1/3]$（均值滤波）、$\boldsymbol{w}_2=[-1,0,1]$（梯度算子）和 $\boldsymbol{w}_3=[1,-2,1]$（二阶微分算子）与信号 $\boldsymbol{x}=[-1,0,1,0,1,1,1,-2,1]$ 的卷积结果。

图 4-12 所示为三个卷积操作的计算过程，由此可得计算结果为

$\boldsymbol{w}_1*\boldsymbol{x}=[0,1/3,2/3,2/3,1,0,0]$

$\boldsymbol{w}_2*\boldsymbol{x}=[-2,0,0,-1,0,3,0]$

$\boldsymbol{w}_3*\boldsymbol{x}=[0,-2,2,-1,0,-1,6]$

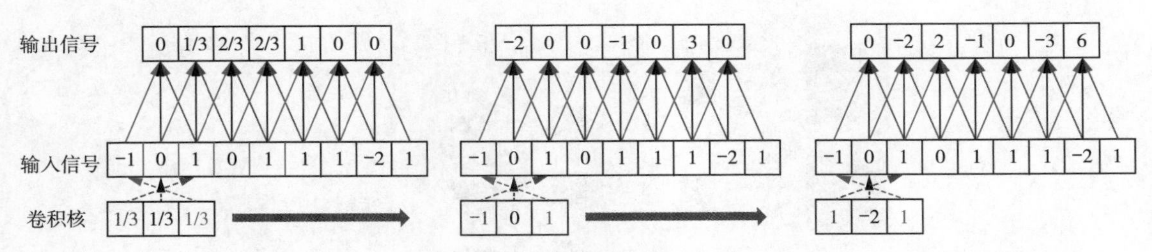

图 4-12　二维卷积计算示意图

根据例 4.2 可以发现，当信号与卷积核形状类似时，卷积的响应值会比较高，与卷积核形状差距大时，响应会受到抑制，因此卷积核也称为滤波器，表示可以过滤特定频率信号的运算操作。

由于图像是由二维像素点组成，因此需要使用二维卷积，与一维卷积类似，二维卷积表示为

$$\boldsymbol{Y}=\boldsymbol{W}*\boldsymbol{X}$$

其中，$\boldsymbol{X}$ 和 $\boldsymbol{Y}$ 分别是输入图像和输出二维信号，$\boldsymbol{W}$ 是二维的卷积核，尺寸为 $K\times L$。具体地，输出二维信号中的位置为 i,j 的元素计算为

$$\boldsymbol{Y}[i,j]=\sum_{l=1}^{L}\sum_{k=1}^{K}\boldsymbol{W}[l,k]\boldsymbol{X}[i-l+1,j-k+1]$$

【例 4.3】图 4-13 所示为二维卷积模板与信号的卷积运算结果。

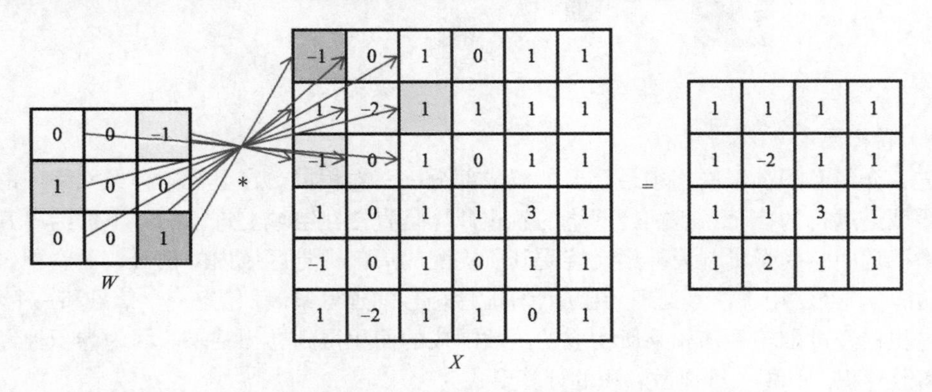

图 4-13　二维卷积计算过程示意图

在数字图像处理中，也会利用卷积对图像进行滤波，从而实现不同的目的，例如使用均值滤波、中值滤波、高斯滤波等模板可以对图像进行平滑，消除图像中的高频噪声；边缘滤波，比如 Sobel 算子、Prewitt 算子、拉普拉斯算子等计算的是信号的一阶或二阶微分，可以用于提取能够表示图像的关键信息。

在卷积神经网络中，一层卷积层包含多个卷积模板，每个卷积模板可以提取不同种类的特征，卷积中的权重参数是可学习的。一张输入图像或二维图像特征通过不同卷积模板会输出与之相对应的二维图像特征，也称为通道（channel）或特征图（feature map），数量与卷积模板数量相同。

通过上述例子还可以发现，每一次对图像进行卷积操作后，输出的特征图尺寸就会减小，例如输入特征图尺寸是 $n \times n$，卷积核尺寸为 $k \times k$，则输出特征图的尺寸为 $(n-k+1)\times(n-k+1)$。如果叠加多层卷积后，特征图尺寸会越来越小。同时，由于输入图像边缘参与计算的次数较其他区域更少，因此会丢失大量图像边缘的信息。为了解决该问题，使用填充（padding）操作对输入图像的边缘进行扩充，从而令输出的特征图尺寸与输入尺寸相等，如果卷积核尺寸为 $k \times k$，则无论输入尺寸是多少，对输入特征图的每个边向外增加填充的尺寸均为 $(k-1)/2$。需要注意的是，若卷积核尺寸为偶数，则无法得到整数，好在人们通常采用奇数尺寸的卷积核，方便获取中心点信息。在大多数卷积神经网络中，填充的值会设置为 0。

另外还有空洞（dilated）卷积操作，如图 4-14 所示，空洞卷积参与卷积运算的点不一定是相邻的，这样做的目的是能够用更少的参数扩大感受野，根据前文可知，参数越多越容易引起过拟合。另外，空洞卷积还可以在参数量不变的情况下，通过设置不同的空洞率 r 来获取不同感受野的卷积模板，从而得到多尺度的上下文信息。空洞率表示的是在卷积核的每个值中间插入 $r-1$ 个空洞，即 0，这是尺寸为 k 的卷积核的感受野扩展为 $k+(k-1)(r-1)$，实际上，标准卷积是空洞卷积的特例，其空洞率为 1。

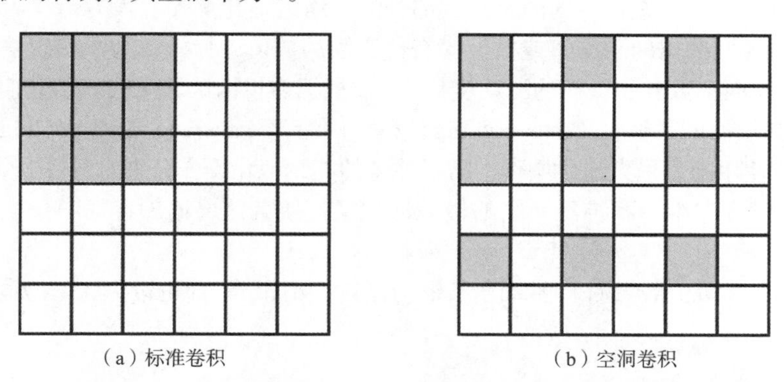
（a）标准卷积　　（b）空洞卷积

图 4-14　标准卷积与空洞卷积在二维信号进行一次卷积计算位置示意图

【例 4.4】 比较输入一维向量 $\boldsymbol{x} \in \mathbf{R}^7$ 分别通过一层全连接、尺寸为 5 的卷积、尺寸为 3 空洞率为 2 的空洞卷积操作，在没有偏置量的情况下（通常卷积操作也如全连接操作一样，需要设置偏置参数），输出一维向量 $\boldsymbol{y} \in \mathbf{R}^3$ 所需的参数量。

全连接层所需参数量为输入与输出特征点数量的乘积，即 5×3=15 个参数。

标准卷积层所需的参数量为卷积模板尺寸数，即 5 个参数。

空洞卷积层所需的参数量为卷积模板尺寸数，即 3 个参数。

如图 4-15 所示为三种操作对应的示意图。

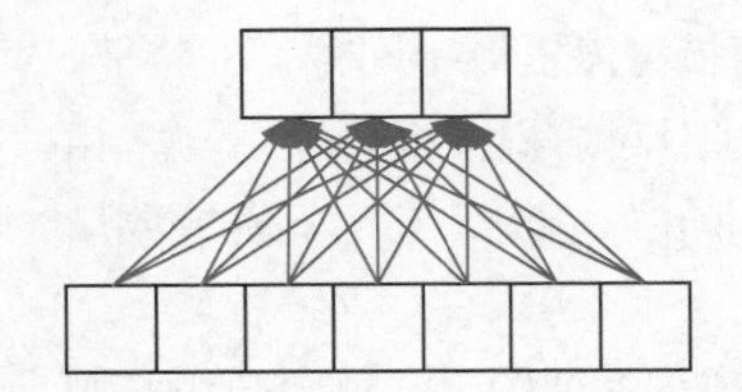
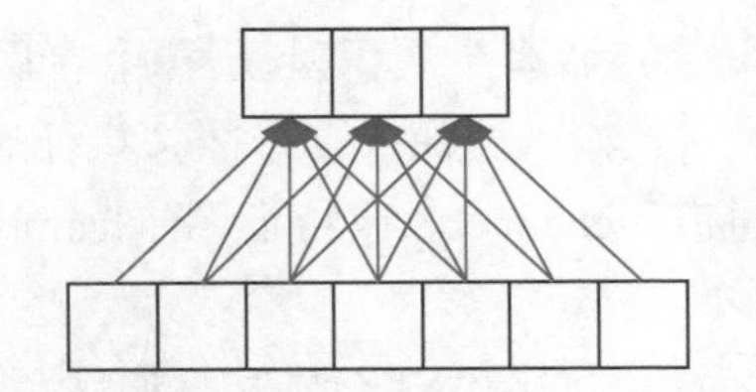
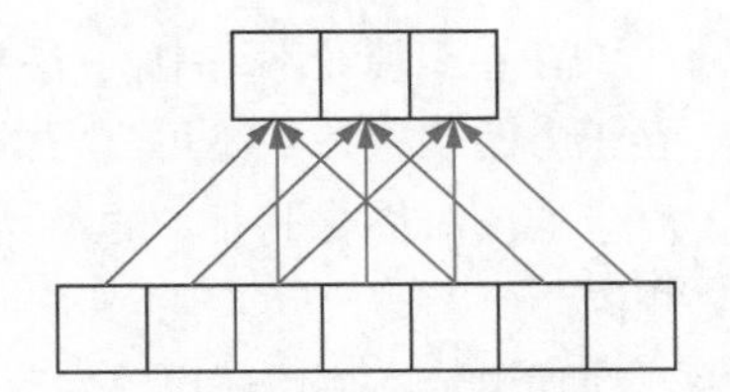

图 4-15 全连接、卷积、空洞卷积示意图

卷积操作后面通常会紧接着使用激活函数，在 4.2 节中已经对激活函数进行了初步介绍，在卷积神经网络中，通常使用的是 ReLU 激活函数及其变体，如 ELU、Leaky ReLU 等。

（2）池化层

池化（pooling）操作也称为降采样，即降低信号的采样率，使得信号数据的大小。这是因为通常需要处理的数据过于庞大、复杂，比如市面上常见手机拍摄的照片像素都是千万级的，意味着有上千万个数据点需要处理，适当降低这些照片的像素，不会特别影响信息的传输，反而可以大大减轻计算负担，提高运算效率，还能减少一些冗余信息，从而提高信号处理的性能。实际上，在生物视觉系统中，也有类似的机制。

在卷积神经网络中池化操作不仅可以降低计算量，也能够使模型保持一些尺度和平移不变性，比如一个物体在图片中的近大远小和位置实际上对于该物体的类别没有影响，这对于人来说很容易根据经验判断，但是对于机器很难具备这样的推理能力，处理起来也比较困难。

池化操作与卷积操作类似，都是使用一个固定尺寸的窗口在特征图上滑动计算，一次计算对应一个输出值。与卷积操作不同的是，大部分的网络的池化操作是没有可学习参数的，只是简单的求窗口内区域数据的平均值或极值等有代表性的数值。另外，为了实现信息压缩，滑动步长也会大于 1，而多数卷积操作的滑动步长为 1。根据窗口内区域求代表性数值的计算方法，常见的池化操作包括最大池化（max pooling）和平均池化（average/mean pooling），而目前卷积神经网络最常使用的是最大池化操作。需要注意的是，池化操作分别对每一个特征图。

【例 4.5】设计二维卷积神经网络的最大池化层，使得该层输出特征图长宽两个维度的尺寸均减半。

使用尺寸为 2×2 的滑动窗口，滑动步长需与窗口大小相等，即也设为 2，示例如图 4-16 所示。

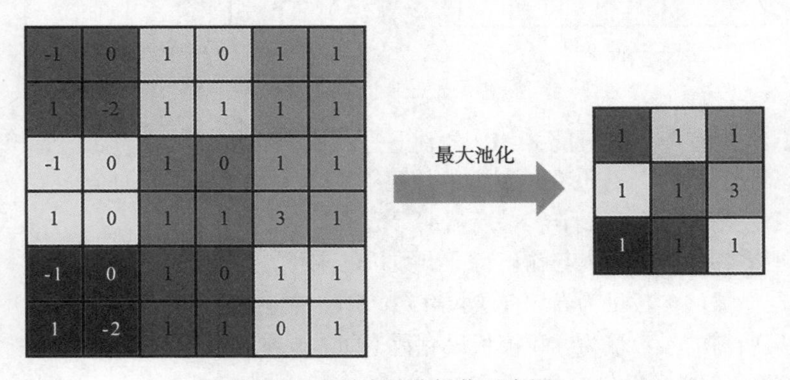

图 4-16 最大池化操作示意图

（3）分类层

每个卷积神经网络在使用卷积、池化等操作进行特征表示后，最后都要额外接一层用于完成特定任务，例如分类、回归等。卷积神经网络最广泛的应用是图像分类，因此以分类为例介

绍这一特定层，实际上很多看起来与分类无太大关系的任务，也需要使用分类层，比如图像分割实际上是对图像中每一个像素点进行分类，相同类别的像素点被划为同一片区域。

分类层的输入是上一层输出的向量，而一般卷积层输出的是（通道数 × 长 × 宽）的张量，并非一个向量，为此常见的做法是将这个张量中的所有数据点按顺序一一排列组成一个向量，或者使用一个尺寸为（长 × 宽）的池化层，直接将张量降采样到（通道数 ×1×1）。

处理完分类层输入后，将该向量输入到全连接层中，得到向量 $\boldsymbol{x}_c \in \mathbf{R}^C$，其中 C 为数据集中所有样本的类别数，希望分类层能够输出一个离散的概率分布，该分布的每一个取值都对应着预测成某一个类别的概率值，将该概率分布于真实值比较，通过基于梯度下降的算法优化整个网络使得预测的概率分布于真实值更加接近。

具体的实现过程以一个样本为例，给定分类层中全连接层的输出向量 $\boldsymbol{x}_c$ 和真实值 $\boldsymbol{y}$，为了计算方便令 $\boldsymbol{y} \in \{0,1\}^C$，即该向量中的所有 C 个元素是非 0 即 1 的，而且有且只能有一个 1，因此称为 one-hot 向量。若该样本属于第 c 类，则其 C 真实值向量表示为

$$\boldsymbol{y} = [I(1=c),\cdots,I(C=c)]^{\mathrm{T}}$$

其中

$$I(c'=c) = \begin{cases} 1 & c'=c \\ 0 & c' \neq c \end{cases}$$

表示指示函数，使用 softmax 函数求得预测为第 c' 类的概率预测值为

$$\hat{\boldsymbol{y}}[c'] = \mathrm{softmax}_{c'}(\boldsymbol{x}) = \frac{\mathrm{e}^{\boldsymbol{x}[c']}}{\sum_{i=1}^{C} \mathrm{e}^{\boldsymbol{x}[i]}}$$

使用交叉熵损失（cross entropy loss）作为目标函数，

$$L = -\sum_{c'=1}^{C} \boldsymbol{y}[c'] \log \hat{\boldsymbol{y}}[c'] = -\log \boldsymbol{y}[c]$$

仔细观察该损失函数只有在预测为真实类别 c 的概率越大时，该损失函数才会越小，而概率值最大取值为 1，则该损失函数最小取值为 0。所谓熵，指的是信息熵或香农熵，描述的是随机变量信息量的大小，而随机变量信息量可以由随机变量概率分布的信息量表示，交叉熵描述的是两个概率分布之间的信息差异程度，差异越大说明两个概率分布越不相似。在实际计算时，每次优化迭代常计算多个样本的平均交叉熵损失来计算梯度。

4.4　深度生成模型

生成式模型（generative model）在人工智能的多个领域都被广泛使用，目前与深度学习结合更扩大了其应用范围，并提高了对高维数据的建模能力，使得人们能够利用该模型在图像、文本、语音等高维复杂数据处理上完成一些传统机器学习方法无法做到的任务。

通常，深度生成模型方法能够拟合观测到的数据集 D 所服从的未知分布 p_D，并根据该分布随机生成新的数据，得知数据分布后，可以加深对数据的理解，并且通过该分布，还可以进一步用于基于概率的推理任务，增加模型的可解释性。

具体地，需要构建深度生成模型，学习模型参数 θ 使其能够输出概率分布 p_θ，让该分布近

似真实的数据分布 p_D

$$\min_{\theta} d(p_D, p_\theta)$$

其中，$d(\cdot)$ 表示两个概率分布距离度量函数。然而，虽然目前已被称为大数据时代，但是数据量还远远不能满足像素级别参数的拟合，平时常见的百万像素级的图片，想要穷举所有取值范围需要天文数量级的样本。所幸我们所处的世界是存在秩序的，人们在描述一个物体的时候也不一定非要展示物体的图片，比如汽车，只需将其描述为四个轮子和一个车厢、需要动力驱动的物体。希望深度生成模型也能够实现类似的功能，但是无须显式地定义这些属性结构，而是自动挖掘隐式结构。将以变分自编码器（variational autoencoder,VAE）为例，详细介绍深度生成模型的数学机制。

4.4.1 变分自编码器

变分自编码器是目前使用较为广泛的、可解释性较强的典型深度生成模型。生成式模型的目的是学习所有给定数据的联合分布，那么如何判断该模型学习到的分布就是理想的呢？可以从三个方面评估。

首先，密度估计（density estimation），比如对于一个生成汽车概率分布的模型，希望其在估计概率密度函数时，汽车的概率要高于其他物体；其次，采样（生成样本），即希望该模型能够生成新的数据样本，而不是只能重复生成已有数据；最后，无监督表示学习，即希望模型能够学到一些更高层的结构，例如汽车的种类等。

在进行密度估计时，假设给定观测数据 $D=\{\boldsymbol{x}^{(n)} \mid n=1,\cdots,N\}$ 是独立同分布的，通过学习生成模型来估计其概率密度函数 $p_\theta(\boldsymbol{x})$，但是由于高维复杂数据内部之间的依赖关系复杂，很难直接去建模其概率图模型，因此引入隐变量 $\boldsymbol{z}$，将其视为关于数据 $\boldsymbol{x}$ 的某种高层结构，这样就可以将问题简化为通过隐变量的分布 $p_\theta(\boldsymbol{z})$ 来推断观测数据的条件分布 $p_\theta(\boldsymbol{x}|\boldsymbol{z})$，再根据条件分布进行采样。这样做通过将 $\boldsymbol{z}$ 视为数据 $\boldsymbol{x}$ 的共因，从而通过条件独立来消除数据维度之间的关系约束。将上述过程直观地表示为有向图模型：$\boldsymbol{z} \to \boldsymbol{x}$，该模型的联合概率分布表示为

$$p_\theta(\boldsymbol{x}, \boldsymbol{z}) = p_\theta(\boldsymbol{x}, \boldsymbol{z}) p_\theta(\boldsymbol{z})$$

计算模型的边缘分布 $p_\theta(\boldsymbol{x}) = \int p_\theta(\boldsymbol{x}, \boldsymbol{z})\,\mathrm{d}\boldsymbol{z}$，令其与真实数据分布相近，一般通过最小化两个分布之间的 KL 距离来实现

$$\min_{\theta} \mathrm{KL}(p_D, p_\theta) = \min_{\theta} \mathbf{E}_{\boldsymbol{x} \sim p_D}[\log p_D(\boldsymbol{x}) - \log p_\theta(\boldsymbol{x})]$$

其中，$\mathbf{E}$ 表示取期望，由于要优化的是参数 θ，而 $p_D(\boldsymbol{x})$ 与该参数无关，因此该优化目标等价于最大化对数似然，此处又等于求联合概率的边缘分布

$$\max_{\theta} \mathbf{E}_{\boldsymbol{x} \sim p_D}[\log p_\theta(\boldsymbol{x})] = \max \sum_{\boldsymbol{x} \in D} \log \int p_\theta(\boldsymbol{x}, \boldsymbol{z}) \mathrm{d}\boldsymbol{z}$$

由于求积分计算复杂，积分项可以转化为条件概率的期望，并采用 Monte Carlo 采样近似该目标

$$\begin{aligned}
&\max_{\theta} \sum_{\boldsymbol{x} \in D} \log \int p_\theta(\boldsymbol{x} \mid \boldsymbol{z}) p_\theta(\boldsymbol{z}) \mathrm{d}\boldsymbol{z} \\
&= \max_{\theta} \sum_{\boldsymbol{x} \in D} \log \mathbf{E}_{\boldsymbol{z} \sim p_\theta(\boldsymbol{z})} p_\theta(\boldsymbol{x} \mid \boldsymbol{z}) \\
&\approx \max_{\theta} \sum_{\boldsymbol{x} \in D} \log \frac{1}{L} \sum_{L=1}^{L} p_\theta(\boldsymbol{x} \mid \boldsymbol{z}^{(l)})
\end{aligned}$$

其中，$z^{(l)}$ 表示根据分布 $p_\theta(z)$ 进行一次随机采样，L 表示采样次数。

然而，直接对隐变量进行采样会面临两个问题：首先在优化求导时，对数内的求和操作有可能会过于复杂；其次，随着隐变量维度增高，其可能的取值越多，每次计算所需采样的次数就要增加来保证足够的信息量，这大大增加了计算难度。

希望隐变量能服从比较简单、常见的分布，比如高斯分布，这样更加便于处理。根据重要性采样（importance sampling）的思想，引入一个重要性权重，其值为原来的分布 $p_\theta(z)$ 除以新的较为简单的分布 $q(z)$，将分布在 $p_\theta(z)$ 下的期望变为分布在简单分布下的加权期望，即

$$\max_\theta \sum_{x\in D} \log \mathbf{E}_{z\sim p_\theta(z)} p_\theta(\boldsymbol{x} \mid z) = \max_\theta \sum_{x\in D} \log \mathbf{E}_{z\sim q(z)} \frac{p_\theta(z)}{q(z)} p_\theta(\boldsymbol{x} \mid z)$$

希望分布 max 能够更有规律，使得权重更加稳定，不会出现过大或过小的情况从而使求解更加稳定，因此增加一个约束使得 $q(z) = p_\theta(z \mid \boldsymbol{x})$，即最小化两个分布的 KL 距离，从而得到最终的优化目标

$$\begin{aligned} & \max_\theta \log p_\theta(\boldsymbol{x}) - \mathrm{KL}(q(z), p_\theta(z \mid \boldsymbol{x})) \\ = & \min_\theta \mathbf{E}_{z\sim q(z)}[\log q(z) - \log p_\theta(z) - \log p_\theta(\boldsymbol{x} \mid z)] \\ \triangleq & \ \mathrm{ELBO}(q, x; \theta) \end{aligned}$$

其中，$\mathrm{ELBO}(\cdot)$ 表示证据下界（evidence lower bound），或变分下界（variational lower bound），之所以称为证据下界是因为 $p_\theta(\boldsymbol{x})$ 又称为证据，而 KL 距离一定是大于等于 0 的，所以 ELBO 刚好是 $p_\theta(\boldsymbol{x})$ 的下界；而变分是泛函（functional）中的名词，即取泛函的极值，泛函指函数的函数，而概率分布本质上是函数，找到简单分布使其近似其他分布，实际上是在解决一个变分推断问题（variational inference），最早该问题的求解使用的是期望最大化（expectation maximum,EM）算法来实现的。

变分自编码器本质上就是在进行变分推断，其与传统变分推断方法有两点不同：首先，变分自编码器能够通过构建神经网络拟合更复杂的分布，为了能使计算更加快速，该方法构建神经网络学习 $q_\phi(z \mid \boldsymbol{x})$ 来代替 $q(z)$；其次，传统方法的采样过程是离散的，需要使用 EM 算法交替迭代计算，该方法使用重参数技巧（reparameterization trick）使得整体模型端到端可学习。重参数化的意思是将要学习的参数用另外一组参数表示，使得计算更加方便，在变分自编码器中，为了使得对参数求梯度时不受随机采样的限制，例如根据高斯分布采样，只优化高斯分布的均值 $\boldsymbol{\mu}$ 和方差 $\boldsymbol{\sigma}$，即将隐变量表示为

$$z = \boldsymbol{\mu} + \boldsymbol{\sigma} \odot \boldsymbol{\varepsilon}$$

其中，$\boldsymbol{\varepsilon}$ 服从标准正态分布，由于 $\boldsymbol{\varepsilon}$ 是一个固定的不包含参数的分布，因此不需要求梯度，整个网络在求梯度时仅需使用 Monte Carlo 近似计算即可。

具体地，变分自编码器的结构如图 4-17 所示，由编码器 $q_\phi(z \mid \boldsymbol{x})$ 和解码器 $p_\theta(\boldsymbol{x} \mid z)$ 组成。编码器 $q_\phi(z \mid \boldsymbol{x})$ 根据观测数据 x 推断其隐变量 z 的分布，解码器根据隐变量 z 分布输出变量的分布。由于问题的解决用到了变分法的思想，所以取名为变分自编码器。与传统算法相比，变分自编码器优化推断网络和生成网络的过程更为统一，整个过程可以看作神经网络和贝叶斯网络的混合体，在变分自编码器中，编码器承担了变分推断的任务，解码器主要目的是将一个隐变量映射到观测变量。

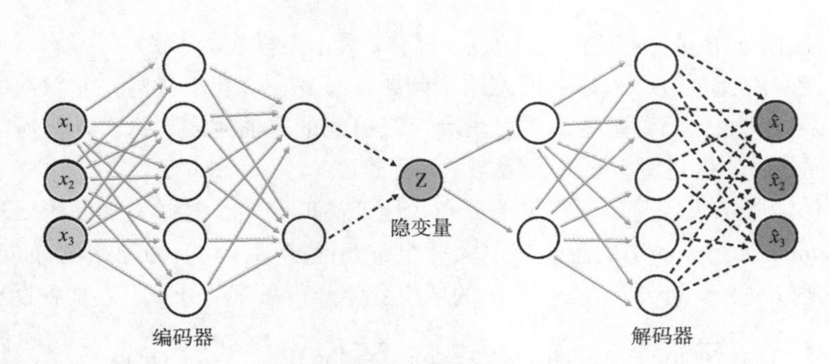

图 4-17 变分自编码器结构图

变分自编码器模型训练的目标同样也是最大化证据下界 ELBO

$$\max_{\theta,\phi} \mathrm{ELBO}(\boldsymbol{x};\theta,\phi)=\max_{\theta,\phi} \mathbf{E}_{z\sim q_{\phi}(z|x)}[\log p_{\theta}(\boldsymbol{x}\mid \boldsymbol{z})]-\mathrm{KL}(q_{\phi}(\boldsymbol{z}\mid \boldsymbol{x}),p_{\theta}(\boldsymbol{z}))$$

其中，第一项期望值 $\mathbf{E}_{z\sim q_{\theta}(x|z)}[\log p_{\theta}(\boldsymbol{x}\mid \boldsymbol{z})]$ 可以通过采样的方式近似计算，有

$$\mathbf{E}_{z\sim q_{\phi}(x|z)}[\log p_{\theta}(\boldsymbol{x}\mid \boldsymbol{z})]\approx \frac{1}{M}\sum_{m=1}^{M}\log p(\boldsymbol{x}\mid \boldsymbol{z}^{m})$$

期望 $\mathbf{E}_{z\sim q_{\phi}(x|z)}[\log p_{\theta}(\boldsymbol{x}\mid \boldsymbol{z})]$ 依赖于推断网络参数 ϕ，但通过采样方式近似时，这个期望变得和参数 ϕ 无关，因此为了优化推断网络的参数，要使用重参数化的技巧。

ELBO 的第二项 KL 散度一般可直接计算，假设隐变量服从多维标准正态分布时，KL 散度计算公式为

$$\mathrm{KL}(q_{\phi}(\boldsymbol{z}\mid \boldsymbol{x}),p_{\theta}(\boldsymbol{z}))=\frac{1}{2}\sum_{i=1}^{M}(\mu_i^2+\rho_i^2-\log\rho_i^2-1)$$

为了进一步简化 ELBO 运算，一般使用重构损失来代替第一项期望值的计算，简化后第一项可表示为重构损失

$$\mathbf{E}_{z\sim q_{\theta}(x|z)}[\log p_{\theta}(\boldsymbol{x}\mid \boldsymbol{z})]\approx \frac{1}{2}\|\boldsymbol{x}-\hat{\mu}(\boldsymbol{z})\|^2$$

整理之后，ELBO 如下，期望利用 Monte Carlo 采样原理进行估计，KL 损失直接计算

$$\mathrm{ELBO}=\frac{1}{2}\|\boldsymbol{x}-\hat{\mu}(\boldsymbol{z})\|^2-\frac{1}{2}\sum_{i=1}^{M}(\mu_i^2+\rho_i^2-\log\rho_i^2-1)$$

等式右边第一项是 MSE 函数的重构损失表征生成模型的质量，第二项代表模型生成的能力。另外，重构损失和 KL 损失不能拆开分析，需要认为二者同时优化达到最小。

在 MNIST 手写体数字数据集（yann.lecun.com/exdb/mnist/）上进行图像重构实验，分别可视化原图像和自编码器生成的图像，得到如图 4-18 所示的图像。

（a）原始图像

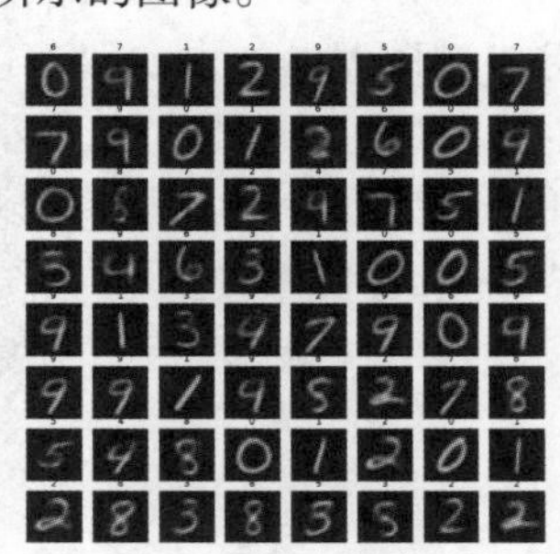

（b）VAE 重构的图像

图 4-18 MNIST 数据集上实验结果示例

4.4.2　生成对抗网络

生成对抗网络（generative adversarial network,GAN）是蒙特利尔大学 Ian Goodfellow 教授于 2014 年提出的一种非监督式机器学习架构，属于生成模型的一种，它根据给定的训练样本，通过学习尽量生成足够接近训练样本的样本，以达到提升学习非监督学习性能的目的。GAN 由一个生成器（generator,G）和一个判别器（discriminator,D）组成，受博弈论中零和博弈的启发，将生成样本的问题视为生成器 G 和判别器 D 这两个部件对抗和博弈的过程，G 负责数据的生成，D 负责判断数据是否是真实的，具体来说，在 D 的指导下，G 通过学习训练集数据的特征，将随机噪声分布尽量拟合为训练数据的真实分布，从而生成具有训练集特征的相似数据，并用这些相似数据去“欺骗”D，而 D 需要对这些数据是否为真实数据给出判断。

这里以图片的生成为例，对于 G 生成的一张图像，如果 D 给出了较高的评分，说明 G 的生成能力是很不错的，成功地骗过了 D，另一方面也说明 D 的判别能力还需要通过进一步学习而提高；如果 D 给出的评分不高，可以有效区分出真假图像，说明 G 的生成效果还不太好，需要继续学习。因此，生成器 G 和判别器 D 两个部件交替训练，它们的能力均能逐步提升，直到 G 生成的图像能够以假乱真，并与 D 的分辨能力达到一定均衡，逐渐逼近真实图像，这样就达到了最初的目的，即由机器生成逼真的图片。如上描述的 GAN 的生成器和判别器的基本原理如图 4-19 所示。

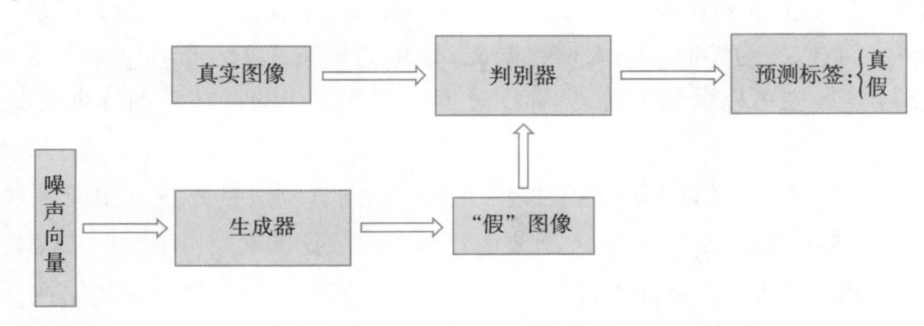

图 4-19　GAN 基本原理

现实世界中普遍存在着生成器和判别器互相博弈的现象，比如蝴蝶与麻雀的生存竞争演化过程：蝴蝶为躲避麻雀的捕捉而不断改变翅膀颜色、形态、纹路，可以看作生成器；麻雀为了能够从自然环境中发现并捕获蝴蝶，需要不断进化，提高自己对蝴蝶的判别力，可以看作判别器，二者动态博弈，能力交替提升。图 4-20 较为直观地展示了蝴蝶和麻雀的生存竞争演化路径。

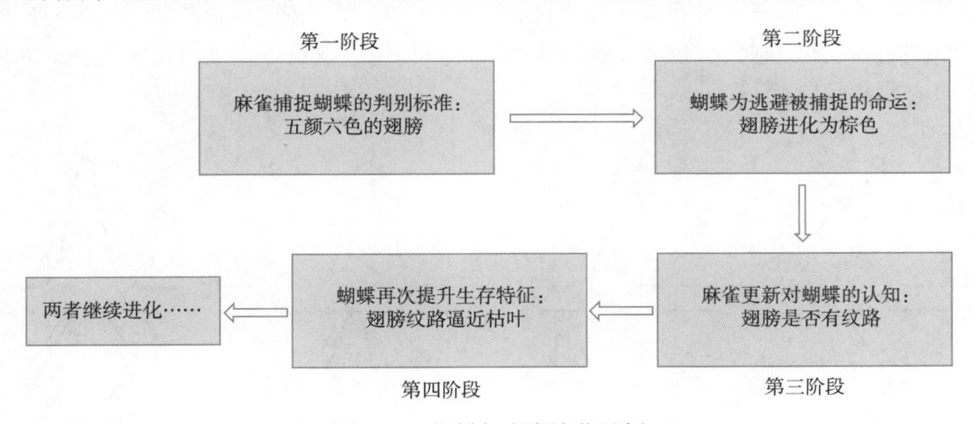

图 4-20　蝴蝶与麻雀演化示例

简而言之，即生成器学习各个类的分布，生成新的示例数据；判别器区别经过学习的类的差异，并做出区分，评估数据真实性。实际应用中，GAN 的训练过程如下：

①第一阶段：固定判别器 D，训练生成器 G。在训练开始前，需要为 D 设置初始参数以满足基础需要，进而开始让 G 生成数据作为 D 的输入，并将判别的结果不断反馈给 G，以此来指导 G 的学习，使其生成性能不断提升，直到 D 再也无法准确识别到底谁是真实数据，此时的 D 基本处于随机猜想的状态，即判别数据真假性的准确率约为 50%。

②第二阶段：固定生成器 G，训练判别器 D。通过第一阶段的训练，在当前 D 的状态下，G 基本达到最优，再训练 G 已经没有意义，这时需要通过改进 D 来提升其判别能力，随着对 D 的不断训练，它又能够再次准确地判别真假数据，其判别数据真假性的准确率随之提升。

通过不断地循环交替执行一、二阶段，最终会得到一个生成效果较佳的生成器，可以满足生成数据的需要。

如前所述，生成器 G 和判别器 D 的学习过程是个二人的博弈问题，因此对 GAN 的训练可以形式化为值函数 $V(G, D)$ 的极小极大优化问题

$$\min_G \max_D V(G,D) = \mathbf{E}_{x\sim p_{\text{data}}(x)}[\log D(\boldsymbol{x};\theta_d)] + \mathbf{E}_{z\sim p_z(z)}[\log(1-D(G(\boldsymbol{z};\theta g);\theta d))] \quad (4\text{-}2\text{-}1)$$

其中，$p_{\text{data}}(\boldsymbol{x})$ 表示数据 x 的真实分布，$p_z(\boldsymbol{z})$ 表示输入的噪声变量 $\boldsymbol{z}$ 的先验分布，$G(\boldsymbol{z};\theta_g)$ 将噪声变量 $\boldsymbol{z}$ 映射到数据空间，其参数是 θ_g，通常用一个多层感知器来实现，另一个常用多层感知器实现的映射是 $D(\boldsymbol{x};\theta_d)$，它以 $\boldsymbol{x}$ 为参数，输入是数据 $\boldsymbol{x}$，输出为 $\boldsymbol{x}$ 在真实分布 $p_{\text{data}}(\boldsymbol{x})$ 下概率密度函数的预测值。从式 (4-2-1) 中可以看到训练 G 和 D 过程中对抗思想的存在：训练生成器 G 的目标是最小化 $\mathbf{E}_{z\sim p_z(z)}[\log(1-D(G(\boldsymbol{z};\theta_g);\theta_d))]$，即在判别器 D 保持不变的情况下，通过优化 G 尽可能地生成可以以假乱真的数据 $G(\boldsymbol{z};\theta_g)$，尽量保证生成样本向真实数据靠拢；而训练判别器 D 的目标是同时最大化真实数据的 $\mathbf{E}_{x\sim p_{\text{data}}(x)}[\log D(\boldsymbol{x};\theta_d)]$ 和生成数据的 $\mathbf{E}_{z\sim p_z(z)}[\log(1-D(G(\boldsymbol{z};\theta_g);\theta_d))]$，即在生成器 G 不变的情况下，通过优化 D 来最大化真实数据和最小化生成数据在 $p_{\text{data}}(\boldsymbol{x})$ 分布下的概率值，提升对数据分配正确标签的能力，尽可能地将真实数据和生成数据予以区分。

图 4-21 比较直观地展示了 GAN 在一维空间应用的例子，以此来描述模型训练过程。图中最下侧的横线表示的是随机噪声变量 $\boldsymbol{z}$ 的先验分布（这里是均匀分布），上侧的横线表示的是生成的数据 $\boldsymbol{x}$ 所在的空间，两条线之间的箭头表示的是生成器 G，绿颜色的实线表示的是生成数据的分布，用 p_g 来表示，黑颜色的粗点虚线表示的数据的真实分布 p_{data}，蓝颜色的细点虚线表示的是判别器 D，其任务是有效区分来自 p_{data} 和 p_g 的样本，蓝色线越高表示此处对应的数据 $\boldsymbol{x}$ 是真实数据的可能性越大，整个训练最终的目标是使生成数据尽量逼近真实数据，即尽量保证 p_g 与 p_{data} 距离足够近。

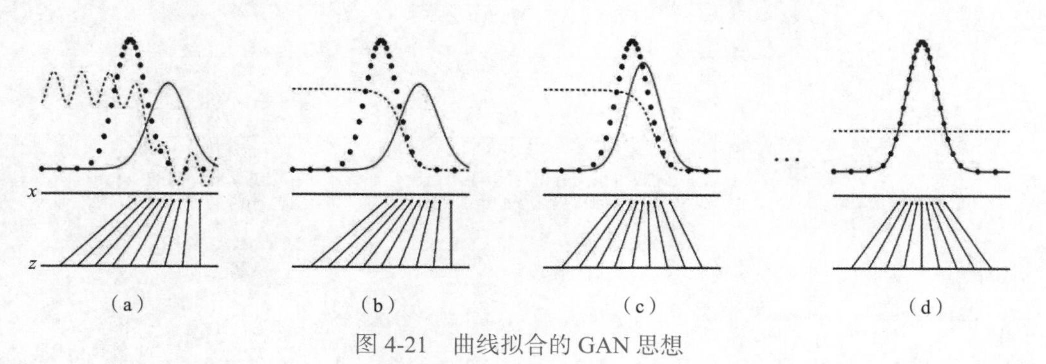

图 4-21　曲线拟合的 GAN 思想

具体来看，图 4-21（a）表示模型刚开始训练，初始化的判别器 D 的判别能力有限，在此情况下，训练生成器 G 使得 D 能尽量区分开真实数据和生成数据，学得的 G 使得 p_g 与 p_{data} 虽然形状相似，但仍有较大距离；图 4-21（b）在（a）的基础上固定 G 对 D 进行训练，用于区分真实数据与生成数据；图 4-21（c）再次对 G 进行了一次更新，D 的梯度引导 G 逐渐向更可能分类为真实数据的区域，即蓝颜色虚线更高的区域靠拢；图 4-21（d）表示经过若干步的训练，G 和 D 已达到兼容状态，G 的性能无法继续提高，D 也基本无法正确区分真实数据和生成数据，即准确率在 50% 左右，此时 $p_g \approx p_{\text{data}}$ 。

理论上，GAN 能训练任何一种生成器，除多层感知器外，对于其他形式的生成器，通过设置特定的函数形式，也均可实现利用 GAN 来进行训练。GAN 的整个训练过程无须利用马尔科夫链反复采样，无须在学习过程中进行推断，没有复杂的变分下界，有效地避开了近似计算中较为棘手的概率难题。

当然，GAN 也存在不足，其网络构成简单，约束较少，导致整个模型难训练，不稳定，可能在许多场景下是发散的，无法实现稳定的良好输出，具体而言，生成器和判别器的训练需要实现同步，但在实际训练中发现判别器容易收敛，而生成器不容易收敛，因此判别器与生成器的组合训练需要精心设计。此外，最常见的问题是存在模式缺失，即生成器开始退化，总是生成同样的样本，无法继续学习。

目前，GAN 已广泛应用于实际场景中，这里介绍几个 GAN 在图像上的应用：生成图像数据集、图像修复、根据文字描述生成对应图像。

1. 生成图像数据集

得益于深度学习的发展，计算机对图像分类的能力逐步提高。深度学习的强大之处在于能够自己学习特征而无须人工干预，但在利用深度学习的监督学习问题中，为了实现较好的分类功能，需要人工标注大量的数据来构建训练集，这个过程成本高且效率低。而 GAN 能自动完成这个过程，并不断优化，实现低成本、高效率地提供大量图像数据。

2. 图像修复

假如图片中有一个区域出现了问题（例如被涂上颜色或者被抹去），GAN 可以修复这个区域，还原成原始的状态。当所采样的数据存在缺陷或者说样本数据不够完美时，可以利用 GAN 优化图片，如图 4-22 所示。

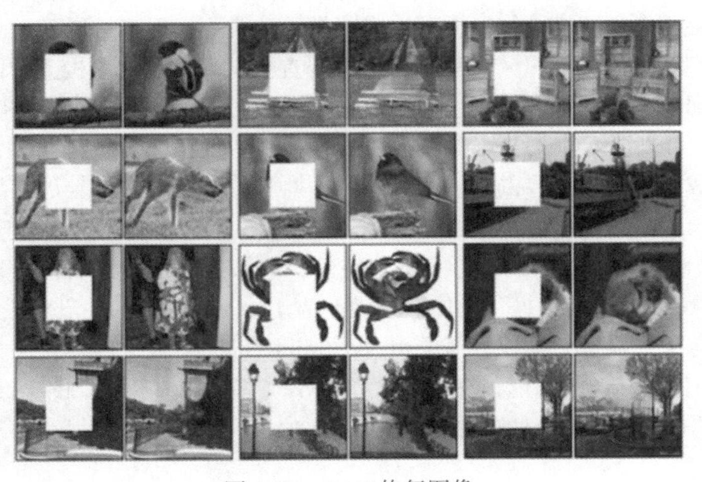

图 4-22　GAN 修复图像

3. 根据文字描述生成对应图像

由 GAN 衍生而出的 Stack GAN，对于鸟类和花卉等简单对象，该网络能够从对象的文本描述中生成逼真的图像，极大地简化了图像的获取方式，如图 4-23 所示。

图 4-23 GAN 根据文字提示生成花的图像

基于原始的生成对抗网络，人们又进一步研究，提出了一系列 GAN 的经典变种及延伸工作，渐进式增长 GAN（progressive growing of GANs,PGGAN）便是其中的代表。

GAN 应用于图像领域可以实现图像的自动生成，然而当生成图像的分辨率较高时，生成数据的分布与真实数据的分布之间的差异容易被放大，使得判别器很容易判断出生成器生成的图像是假的，从而导致生成器难以训练。原始 GAN 和早期的一些变种在保证图像质量前提下，最大只能生成大小为 64×64 的图像，为了解决这一问题，PGGAN 应运而生。

如名字描述的一样，PGGAN 的训练是渐进式逐步进行的，即首先从低分辨率图像开始训练网络，然后再逐渐向网络中添加新层，提高生成图像的分辨率，使得网络模型不断复杂化以学习更好的细节特征，这种方法既可以加速训练也可以使训练更加稳定，以生成质量更好的高分辨率图像。

图 4-24 所示为 PGGAN 的训练过程，图中的 $N\times N$ 是指这部分神经网络是作用在分辨率为 $N\times N$ 的图像上，Reals 是指经过处理所生成的大小同为 $N\times N$ 的图像。从大小为 4×4 的低空间分辨率图像空间开始，首先训练可满足低分辨率图像空间的生成器（G）和判别器（D），通过不断增加中间层，丰富网络结构，提高生成图像的分辨率，逐步扩展到大小为 1 024×1 024 的高分辨率图像空间。这种增量式的训练方式可以首先发现大尺度结构上的图像分布，然后将注意力逐渐转移到越来越精细的尺度细节上，而不必同时学习所有尺度。在整个训练过程中，所有的网络层都是可以训练的，这样可实现高分辨率的稳定合成，同时还可大大加快训练速度。

判别器和生成器是互为镜像的，即它们的结构对称，并且在添加新的网络层时，二者始终保持规模同步增长。另外，由于生成器的最后输出的特征数据通道数不一定为 3，所以需要引入“toRGB”模块将特征数据映射到彩色图像空间，即将生成器输出的特征数据转换为彩色图像中惯常使用的 RGB 三通道数据，具体利用大小为 1×1 的卷积核进行卷积操作予以实现，同时为保证判别器与生成器互为镜像，需要引入“fromRGB”模块，再将彩色图像数据映射到特征空间后，进行图像真实性的判定，该过程与“toRGB”模块恰好相反。图 4-25 展示了“toRGB”和“fromRGB”两模块在 PGGAN 中的位置。

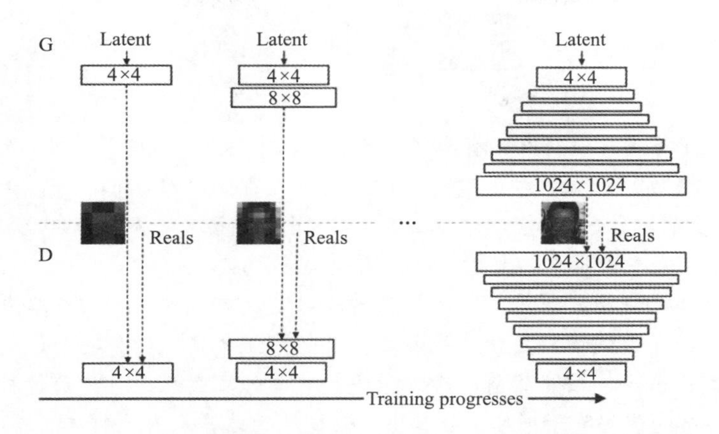

图 4-24　PGGAN 的渐进式训练过程以及生成的高分辨率示例图像

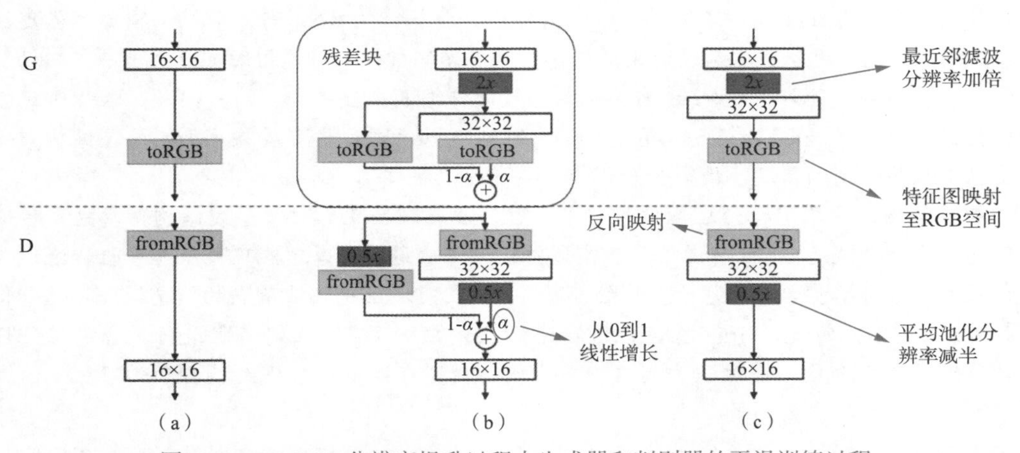

图 4-25　PGGAN 分辨率提升过程中生成器和判别器的平滑训练过程

另外，图 4-25（b）和（c）还展示了把生成器和判别器所处理图像的分辨率加倍时，对新增加的网络层的平滑处理，主要的目的是防止新增加的网络层对原低分辨率网络产生较突然的冲击性影响，造成优化过程的不稳定。这里以将生成大小为 16 × 16 图像的网络，如图 4-25（a）所示，升级为能够生成大小为 32 × 32 图像的网络为例，如图 4-25（c）所示，来描述平滑处理操作的具体过程。为实现由（a）到（c）的平稳过渡，并能够最终稳定于（c）所示的"稳定网络"，特设计了如图 4-25（b）所示的"转换网络"，"稳定网络"和"转换网络"中的"2*x*"表示使用最近邻滤波将图像的分辨率提升至原来的 2 倍，"0.5*x*"表示使用均值滤波将图像的分辨率降低至原来的一半。在转换网络中，采用类似于残差的方式来构建高分辨率图像，生成器生成的高分辨率图像是两部分的线性组合：只提升分辨率、提升分辨率后进行卷积操作，这两部分线性组合的系数分别为 1-α 和 α，当 α=0 时（b）相当于是（a），当 α=1 时（b）相当于是（c）。判别器的结构正是生成器的逆过程，也由相应的两部分线性组合构成。训练时，对"转换网络"和"稳定网络"交替进行：先训练"转换网络"，至一定程度后训练"稳定网络"，再训练"转换网络"……，并在交替过程中从 0 开始逐步提升 α 的值，至最终为 1 时，将"转换网络"收敛到"稳定网络"状态。

综上，整个 PGGAN 的生成优势为：增强训练稳定性，减少训练时间，提高图像质量。

小　　结

本章主要论述了深度学习与人工智能网络的几种基本结构，其中要点如下：

①深度学习是通过端到端的方式对人工神经网络进行优化学习的方法，是机器学习中的一个方向，属于一种表示学习方法。对比传统机器学习，深度学习以任务为导向，无须手工设计特征，学到的特征紧致不冗余，但是需要大量数据提高模型泛化能力。

②人工神经网络的提出比深度学习早，深度学习是目前对人工神经网络利用最好的方式。人工神经网络通常由多个线性函数和非线性激活函数的组合串联构成，全连接网络由于其数据流向是从输入层到输出层，按照从前向后方向逐层计算的，因此也称为前馈神经网络。深度学习中对人工神经网络的优化基于梯度下降算法，而梯度的计算采用反向传播算法。

③循环神经网络主要用于处理语言、语音、视频等时间序列信息，与其他神经网络不同，该网络隐藏层自身存在循环，方便时序信息的传递。最基础的RNN每个时刻的输出只考虑当前和前序时刻的信息，无法获取后续时刻的信息，双向循环神经网络通过时间正、逆序双向计算，能够解决该类问题。此外，RNN还面临长时序反向传播的梯度爆炸、消失问题，长短时记忆网络和门控循环单元（gated recurrent unit,GRU）网络可以通过对隐藏层胞元加入门控结构来决定是否要记忆某些时刻的信息，使得长期比较重要的信息被保留。

④图神经网络主要用于处理图结构信息，也可以处理图像、时间序列结构信息也是特殊图结构信息。基于谱域的GNN将图信号从空域转化为谱域进行计算，在理论上解释性较强，但计算复杂且无法进行增量学习。基于空域的GNN直接在空域上将邻域节点的信息聚合，进行信息传递时可通过RNN实现，GraphSAGE通过随机采样每个节点的固定节点进行聚合的操作使得每次计算无须遍历全图，图注意力网络进一步使得模型可以根据数据结构自动学习权重，大大增加了图神经网络的应用场景。

⑤卷积神经网络的机制和大脑皮层机制相仿，其最成功的应用是在图像领域。不同维度的卷积可以处理相应维度的信号，例如1D卷积神经网络可以处理文本、语音等序列信号，2D卷积神经网络可以处理图像信号，3D卷积神经网络可以处理视频信号等。CNN通过对局部信号的多次卷积计算提取各种特征，减少计算参数，缓解过拟合。

⑥深度生成式模型通过拟合观测数据的分布来生成更多服从该分布的数据，这种模型通常是自监督的，训练数据不需要额外人工标注。隐变量模型是一种生成式模型，这种模型通过设置隐变量来解释推断观测变量，常见的深度隐变量模型是变分自编码器。生成对抗网络由一个生成器G和一个判别器D组成，将生成样本的问题视为G和D这两个部件对抗和博弈的过程，其中G负责数据生成，G负责判断数据的真实性，两个模型通过相互“欺骗”对抗来生成更加真实的数据。

习　　题

1. 给定样本特征值$[x_1, x_2]^{\mathrm{T}}$，写出二分类网络$\hat{y}=\sigma(w_1x_1+w_2x_2+b)$的反向传播过程，目标函数为二值交叉熵函数$L=-y\log\hat{y}-(1-y)\log(1-\hat{y})$。

2. 写出时间长度为 2，激活函数为 Sigmoid 函数的单层 RNN，目标函数为二值交叉熵函数的反向传播过程，思考时间长度变长后梯度是如何渐渐消失的。

3. 计算临界矩阵为 $\boldsymbol{A}=\begin{pmatrix}0&1&0&1\\1&0&1&0\\0&1&0&0\\1&0&0&0\end{pmatrix}$ 的度矩阵和拉普拉斯矩阵，并画出该临界矩阵表示的无向图。

4. 设计一个可以检测边缘的卷积模板，收集一张灰度图进行卷积计算，观察计算前后图片像素灰度值的变化。

5. 学习 EM 算法，比较 VAE 的优化与传统 EM 算法有何异同。

第5章 自然语言加工

自然语言加工（natural language processing,NLP），又称自然语言处理，也称计算语言学（computational linguistics），是利用计算机技术学习、理解、生成人类语言。自然语言加工的研究涉及计算机科学、信息科学、语言学、数学、人工智能与机器人、心理学等多个学科。该研究领域是人工智能重要的研究方向，近年来发展迅速，其应用范围十分广泛，日常生活中随处可见，除了机器翻译（machine translation,MT）、对话系统（dialogue）外，在日常的社交软件、互联网等多个领域都需要自然语言加工技术。

5.1 自然语言加工概述

5.1.1 发展历史

自然语言是人类传递信息的载体，是人类独一无二的、经过上万年进化出的高度概括化的信息传递方式。语言可以通过口头交流（语音）即时地传递，也可以通过文字以书面的形式在理论上任意远的时间空间上传播。本章主要关注语言本身的特性及其加工方式，由于语音加工还涉及声学原理，将单独在下一章介绍。

自然语言加工的研究最早可以追溯到二战时期，即20世纪40年代，当时大量研究者，如香农，开始投入到破译密码的工作中，这也启发了人们通过密码学和信息论的理论实现机器翻译等自然语言加工任务。当时香农就认为自然语言也是一种信号，具有统计学规律，对其进行统计分析是有意义的。

早期的机器翻译研究认为不同语音之间的差异只存在于单词和语序中，因此这些研究方法主要是通过查找词典来翻译单词，然后将单词顺序按照目标语言的语序调换来生成翻译后的目标语言。这类方法忽略了不同语言同一词语中存在的歧义问题，例如中文里的“行”既表示“走”又表示“可以”，英文单词“bachelor”既表示“单身汉”又表示“学士”，因此这样做无疑是失败的。而后，著名的哲学家、语言学家乔姆斯基发表的《句法结构》一书引入了生成式文法的概念，认为自然语言的生成存在一定的规律，每一句话都可以按照这种规律生成出来。然而，这种基于符号主义的做法需要大量的语言学知识去制定规则，这在当时的环境下是很难实现的，导致了这类研究的进展缓慢，甚至在 1966 年美国科学院成立的语言自动处理咨询委员会（ALPAC）的报告中指出机器翻译是无法在短期内实现的，相关研究不予资助，这使得关于自然语言加工的研究在美国进入了冰河期。尽管如此，这段时期的不少相关研究也取得了很大进展，例如，乔姆斯基的转换生成语法、对话机器人 ELIZA，还有很多研究开始关注对话系统、自然语言生成技术等。

到了 20 世纪 80 年代，计算机技术得到了长足的发展，计算资源开始变得充足，人们逐渐意识到各自领域独立解决 NLP 问题是有局限的，于是非符号的方法又开始得以关注。研究者们开始尝试用统计的方法去优化基于符号的方法，弥补其不足。起初是采用各领域的专家经验对自然语言提取各种特征，输入各种统计学模型中进行计算，到现在使用深度神经网络端到端学习。NLP 研究领域的发展给人们的生活带来了很多便利，其贡献对人类的发展不可替代，到目前发展出了机器翻译、对话系统、自动摘要、指代消解、语篇分析、命名实体识别、词性标注等多个任务，值得一提的是，将其中某些任务放到同一个模型下一起学习的多任务学习（multi-task learning）也在提高自然语言加工方法效果中起到了很关键的作用。

5.1.2　自然语言理解

根据心理语言学的研究，人们对于语言的处理是层级的、动态的，即语言的各层级在处理是会交互辅助理解，这意味着可以用高层级的信息去辅助低层级的理解。例如，有的时候单词存在歧义的时候，可以根据单词所在句子甚至文章段落的大意来反推单词的意思。可以说自然语言加工方法系统如果能建模更多层级的语言结构，其可解释性越强。自然语言在分析时大致分为以下层级：音系（phonology）、词态（morphology）、词法（lexical）、句法（syntactic）、语义（semantic）、语篇（discourse）、语用（pragmatic）。

①音系主要关注解释单词内部、单词之间的语音和韵律处理，其将声波编码成数字信号，根据各种规则或特定语言模型进行分析。

②词态主要关注语素级别的处理，语素是单词能够表达意义的最小单位，比如单词“constellation”（星座）可以分为前缀“con-”、词根“stell-”、后缀“-ation”。通过分析语素可以帮助 NLP 系统在一定程度上解读单词的意义，词态学研究的就是单词内部的构词法和屈折变化。

③词法主要关注单词级别的处理。对于单词可以进行多种类型的处理以便理解，例如对每个单词分配词性（part-of-speech，POS）标签，一个单词有多个词性时，可以根据上下文判断其属于哪个词性。也可以对单词进行语义方面的解释，例如在第 2 章中介绍的谓词逻辑。

④句法主要分析句子层级的语法结构。句法分析输出的是句子中单词之间的依存关系表示，单词之间的依存关系很重要，例如句子“猫追狗”和“狗追猫”中的单词完全是一样的，而由于依存关系（现代汉语中依存关系主要靠语序确定）不同，两个句子表达的意思则完全不同。

⑤语义主要是指单词或句子层级的意义，上述层级的分析均对语义的分析有帮助，语义的分析可以消除各个层面上的歧义，如确定某个多义词的意义和词性。

⑥语篇是指多个句子组成的文本，语篇分析关注的是多个句子作为一个整体的属性，分析句子之间的关联性与结构性。

⑦语用关注的是在情境中有目的地使用语言，并利用上下文而不是文本内容来理解。这需要大量的世界知识，包括理解意图、计划和目的。一般需要利用知识库和推理模块。

5.1.3 形式语法与自动机理论

形式语言（formal language）与自然语言不同，是一种人为设计的有精确、严格语法规则的语言，例如数学运算、化学分子式、编程语言等。乔姆斯基认为语言是按照一定规律构成的句子和符号串的有限或无限集合，因此研究形式语言可以帮助分析人工语言和自然语言及其结构。形式语法是形式语言的产生式规则，描述了语言的语法表示方法与规则。形式语法必须是准确且可理解的。将形式语法表示为四元组 $G=(N,\Sigma,P,S)$，其中 N 为非终结符号（non-terminal symbol）集合，可以再分，表示具有某种性质的符号，例如某种语言的谓语、名词等；Σ 为终结符号（terminal symbol）集合，不可再分，且非终结符号和终结符号的交集为空 $N\cap\Sigma=\varnothing$，并集为词典（vocabulary）$V=N\cup\Sigma$；P 为产生式规则集合，表示将一个包含一个非终结符号的字符串改写成另一个字符串，是一部语法的实体，形式为 $P\rightarrow\alpha$，其中 P 为产生式的左部，α 为产生式的右部；$S\in N$ 称为句子符或初始符，也称公理。

给定形式语法 G，要生成句子需要从初始符 S 开始，将当前产生式符号串中的非终结符号替换为对应产生式右部的符号串，以此循环反复，直到符号串全部由终结符号组成。通过该过程生成的语言记作 L(G)。在 $(N\cup\Sigma)^*$ 上定义直接推导关系 ⇒ 为，如果 $\alpha,\beta,\gamma\in(N\cup\Sigma)^*$，当且仅当文法中存在一条规则 $A\rightarrow\gamma$ 时，有 $V=\alpha A\beta\Rightarrow\alpha\gamma\beta=W$，称 V 直接推导出 W，记作 $V\Rightarrow W$。其中 * 表示字符串的自反闭包，即字符串所有方幂集合的并。如果存在

$$V=\alpha_0\Rightarrow\alpha_1,\alpha_1\Rightarrow\alpha_2,\cdots,\alpha_{n-1}\Rightarrow\alpha_n=W$$

即 V 经过 n 步可以推导出 W，则称为直接推导序列，记作 $V\overset{*}{\Rightarrow}W$。在推导过程中，总是对句型中的最左（右）边的非终结符进行替换，则称为最左（右）推导，最右推导又称规范推导。

【例 5.1】 给定文法 G(S) 的一组规则：

S → P VP　VP → V V | VP N

P →我 V →喜欢 | 吃 N →水果

字符串“我喜欢吃水果”的最右推导为：

S ⇒ P VP ⇒ P VP N ⇒ P VP 水果 ⇒ P V V 水果 ⇒ P V 吃 水果 ⇒ P 喜欢吃 水果 ⇒ 我 喜欢 吃 水果

乔姆斯基在 20 世纪 50 年代提出用于描述语言的系统，定义了四种文法：0 型文法、1 型文法、2 型文法和 3 型文法。

① 0 型文法称为短语文法，也称无约束文法，即对文法 G 中的规则不加任何限制：$\alpha\rightarrow\beta$，其中 $\alpha,\beta\in(N\cup\Sigma)^*$ 且 α 不是空字符串。0 型文法确定的语言为 0 型语言，可由图灵机来识别。

② 1 型文法称为上下文有关文法，即对文法 G 中的规则满足 $\alpha A\beta\rightarrow\alpha\gamma\beta$，其中 $A\in N$，$\alpha,\beta,\gamma\in(N\cup\Sigma)^*$ 且 γ 至少包含一个字符。该文法规定了改写需要有上下文语境，1 型文法确定的语言称为 1 型语言，可由线性有界自动机来识别。

③ 2 型文法称为上下文无关文法，即对文法 G 中的规则满足 $A\rightarrow\alpha$，其中 $A\in N$，$\alpha\in(N\cup\Sigma)^*$。该文法是 1 型文法的特例，当上下文均为空字符串的时候 1 型文法就等于 2 型文法，2 型文法确定的语言称为 2 型语言，可由线性非确定性下推自动机来识别。

④ 3 型文法称为正则文法或线性文法，即对文法 G 中的规则满足 $A\rightarrow\alpha$，或 $A\rightarrow B\alpha$，其中 $A,B\in N$，$\alpha\in\Sigma$。该形式下，规则右部的非终结符号出现在最左边，因此称为左线性正则文法，若 $A\rightarrow\alpha B$，即规则左部的非终结符在右边，则称为右线性正则文法。3 型文法确定的语言称为 3 型语言，可由确定性有限自动机来识别。

以上四种文法，从 0 ~ 3 型，其限制逐步增强，描述的语言功能逐渐减弱。

自动机不是真正意义上的某个机器，而是抽象分析问题的数学模型，用于表达根据规则进行演算的过程。自动机可以分为四类：有限自动机（finite automata, FA）、下推自动机（push-down automata, PDA）、线性界限自动机（linear-bounded automata）和图灵机（Turing machine）。这四类自动机也分别对应为上述四种文法的识别装置。

有限自动机又分为确定性有限自动机（definite automata, DFA）和非确定性有限自动机（non-definite automata, NFA），其中 DFA 是四种文法识别装置中最基本的一种。定义一个 DFA M 是一个五元组：$M=(Q,\Sigma,f,q_0,Z)$，其中 Q 为状态的有限集合，集合中每个元素称为一个状态；Σ 为输入符号的有限集合，集合中的每个元素都是一个符号；$q_0\in Q$ 为初始状态；$Z\subseteq Q$ 为终止状态集合；f 为状态转换函数，表示 $Q\times\Sigma\to Q$ 的部分映射，即表示一个状态在输入符号后转化为后继状态的过程。

【例 5.2】设确定性有限状态机 $M=(Q,\Sigma,f,q_0,Z)$，其中 $Q=\{q_0,q_1,q_2,q_3\}$，$Z=\{q_3\}$，$\Sigma=\{a,b\}$，该 DFA 的状态转换图和状态转换矩阵如图 5-1 所示。

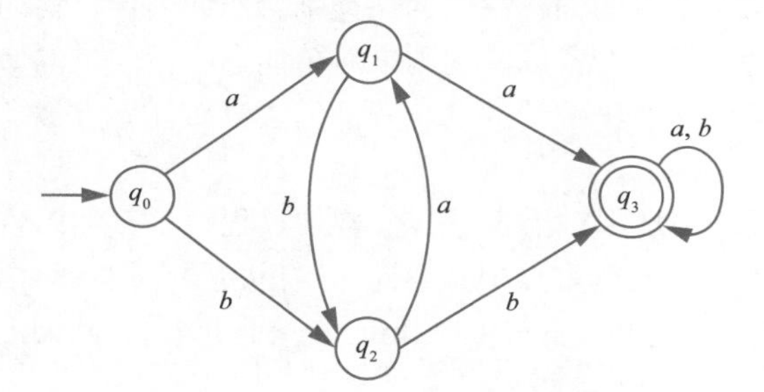

状态 \ 输入	a	b
q_0	q_1	q_2
q_1	q_3	q_2
q_2	q_1	q_3
q_3	q_3	q_3

图 5-1　DFA 的状态转换图和状态转换矩阵

该 DFA 实际表示识别“由字母 a 和 b 构成，且包含两个连续 a 或者两个连续 b 的字符串”。根据自动机的状态转换图或状态转换矩阵可以检验，从初始状态 q_0 开始，任意读取字母 a 或 b，一旦读到两个连续 a 或者两个连续 b，则状态一定会转换到终止状态 q_3，从而完成识别。

令确定性有限自动机转换状态不唯一，则成为非确定性有限自动机，另外 NFA 可以带空字符串转换。给 FA 增加一个栈（stack）后成为下推自动机，该栈称为下推存储器，存储器中的数据会影响状态转换。

图灵机由图灵于 1936 年提出，如图 5-2 所示，想象图灵机包含一条无限长的纸带（输入带）、一个控制器和其控制的一个读写头，每个时刻读写头在纸带上进行读写，控制头控制读写器左右移动。图灵机与 FA 的区别是图灵机可以通过读写头改变输入带上的符号。线性界限自动机是一个确定性单带图灵机，其存储空间受输入字符串长度限制，读写头无法超越原始输入带的初始和终结位置。

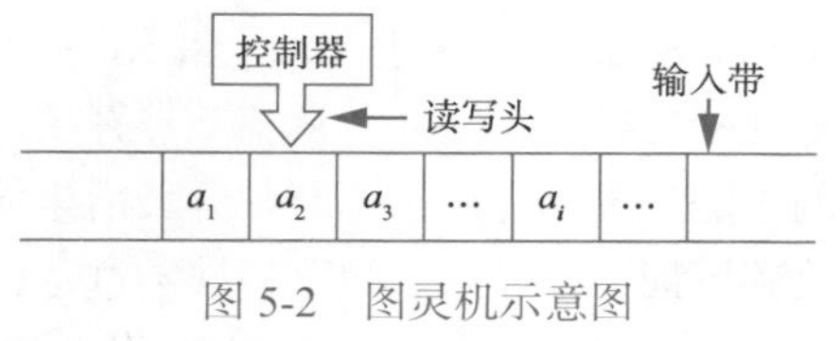

图 5-2　图灵机示意图

自动机在 NLP 中可以用于单词拼写检查、单词形态分析、词性消歧等任务。

5.1.4　词法分析与句法分析

词法分析（lexical analysis）主要是根据词法规则识别有意义的单词、符号。自然语言的词法分析主要包含分词、命名实体识别、词性标注等。

分词（tokenize）的目的主要是将句子中的单词分割开，有的语言，例如英语，依据单词之间空格已经可以完成分词，而汉语等语言的分词却是非常困难的，其难点不在于模型设计，而在于语言本身。首先，汉语单词的概念比较模糊，甚至国家标准局 1992 年颁布的《信息处理用现代汉语分词规范》中的规定，“二字或三字词，以及结合紧密、使用稳定的二字或三字词组，一律为分词单位。”对单词的描述都很模糊。其次，汉语中还有很多歧义，例如“从小学起”，是应该划分为“从 | 小学 | 起”还是“从小 | 学起”。最后，还有一些未知词汇，例如新出现的网络热词，命名实体等。早期的中文分词方法是基于词典的，设计算法将待分词的文本与词典中的单词进行匹配，目前的中文分词方法一般基于统计，利用序列模型参考上下文信息完成分词。

命名实体识别（named entity recognition,NER）任务是指识别文本中的专有名词，例如人名、地名、机构名、时间等，命名实体在文本中的指称（entity mention）分为三类：命名性指称、名词性指称和代词性指称。例如，句子“Hogwarts is no longer a safe place”中“Hogwarts”就是一个命名性指称。NER 问题可以建模为一个分类问题，给定文本，判断文本中词作为实体的概率。不同领域的实体识别可以结合先验知识提高识别的准确性。

词性标注（part-of-speech tagging）是指给文本中的词标注其词性类别，例如名词、动词、形容词等。早期的词性标注方法是基于规则的，通过专家编写规则来对单词进行标注，例如名词前面的词通常是形容词。目前常用的词性标注是基于统计的，与其他词法分析任务类似，通过序列模型和分类器直接对文本进行分类。

句法分析（syntactic parsing）是按照形式语法规则对语言进行分析的过程，是自然语言加工关键技术之一。句法分析在自然语言和人工语言的侧重点稍有不同，这里主要介绍自然语言的句法分析，即分析句子的句法结构——句法结构分析（syntactic structure parsing），和词汇之间的依存关系——依存关系分析（dependency parsing）。

句法结构分析将句子用句法分析树（syntactic parsing tree）表示，其表示的是一个上下文无关文法 $G=(N,\Sigma,P,S)$ 产生句子的过程，其中非终结符号 N 为句法标注，例如 V 表示动词、NP 表示名词短语；终结符号 Σ 为文本中的单词；产生式规则集合 P 为将非终结符号改写成终结符号或非终结符号的规则；初始符 S 为句法分析树的根节点。

【例 5.3】画出例 5.1 中句子的句法分析树，如图 5-3 所示。

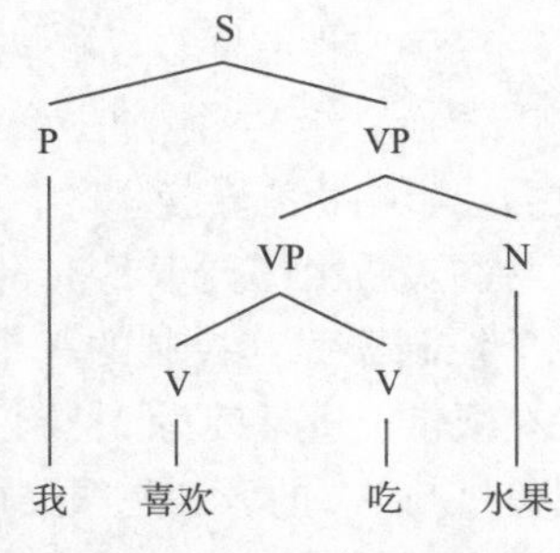

图 5-3　句法分析树示意图

句法分析通常用于关于句子的任务，比如判断句子的语言、消除句子中词法的歧义、对句子进行分类等。句法分析的方法也分为基于规则的和基于统计的，根据句法分析树形成方向的不同，其又分为自顶向下（top-down）的方法、自底向上（bottom-up）的方法和两者相结合的方法。自顶向下的方法与规则推导过程一致，从根节点开始对树进行扩展；自底向上的方法从单词开始，不断归约最后生成根节点；两者结合的方法利用词汇指导自顶向下的推导过程，效果更佳。

句子中单词之间的依存关系也是十分重要的，描述这种关系的框架称为依存语法（dependence grammar），依存关系也可以用树，称为依存树（dependency tree），如图 5-4 所示为句子的依存关系和其依存树。依存关系的头，也就是依存树的根节点，通常是句子中的动词，节点是单词，边是语义角色，被依赖的词是父节点，例如，句子中 I 是 shot 的 SBJ（主语），in 是大象的 NMOD（名词修饰语）。句法分析对于机器理解自然语言有所帮助，也被一些研究用于跨模态任务中辅助异构数据的融合，但是在现今自然语言相关任务中，由于深度学习占据主流，已经较少有专门研究句法分析的工作了。

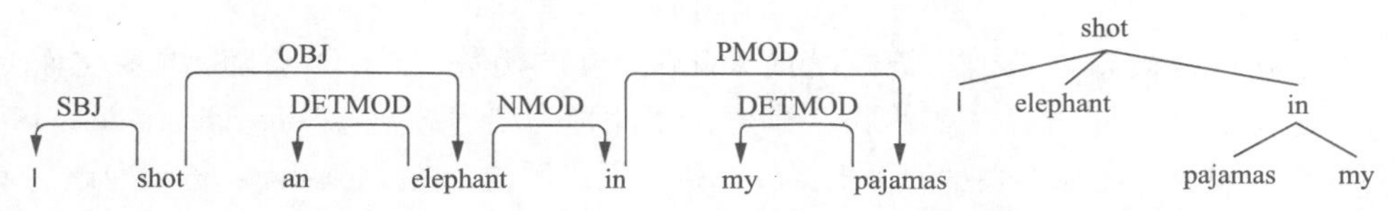

图 5-4　句子“I shot an elephant in my pajamas”的依存关系与依存树

5.2　机器翻译

机器翻译指的是机器自动将一种语言，称为源语言（source language），翻译成另一种语言，称为目标语言（target language），是帮助人类交流的重要方式。机器翻译需要分析和生成人类语言，这就要求机器能够一定程度上理解这些句子，甚至需要借助外界知识和上下文去帮助理解，因此是反映机器人工智能程度的重要指标。常见的机器翻译类型主要分为：基于规则的机器翻译（rule-based machine translation,RBMT）、基于实例的机器翻译（example-based machine translation,EBMT）、统计机器翻译（statistical machine translation,SMT）和神经机器翻译（neural machine translation,NMT）。最早的机器翻译是基于规则，由于其需要大量的专家规则、人工编辑这一明显的缺点，目前已经不再单独使用了，但是该思想已经融合在很多SMT和NMT框架下。EMBT是通过搜索语料库中与要翻译句子相似的译文短句，经过重组得到译文，这种方法也存在灵活性较差等缺陷。这里主要介绍后两种机器翻译方法。

5.2.1　统计机器翻译

统计机器翻译（SMT）是指用机器学习的方法，通过大量平行语料进行统计分析学习用于机器翻译的模型，其中平行语料是指表达相同意思的不同语言文本。SMT 方法将语言文本划分为词元（token）序列进行处理，词元通常是一个单词，某一语言的所有词元都可以通过该语言的词典查到。将文本划分为词元称为分词（tokenization），英文的分词规则比较简单，不容易引起歧义，例如通过空格进行划分，中文的分词比较困难，很多有歧义的句子还需要根据上下文来进行判断，很难制定标准规范，目前使用比较多的分词工具有jieba、PKUseg、THULAC等。

定义长度为 N 的源语言文本（通常为一句话）的词元序列为 $s:s_1,s_2,\cdots,s_N \in V_s$，其中 V_s 表示源语言的词典；长度为 M 的目标语言文本的词元序列为 $t:t_1,t_2,\cdots,t_M \in V_t$，其中 V_t 表示目标语言的词典。机器翻译的目的是输入源语言词元序列，生成与该序列具有平移等价性的目标语言序列，平移等价性意味着目标语言文本和源语言文本中各词元分别表达的意思能够相互对齐。但是，仅仅对齐词元的意思是不够的，还要保证词元的顺序是一致的，要根据语法进行合理排列，否则可能会影响句子的整体意思或流畅度表达，例如中文、英文的语序是“主谓宾”，而日语的语序是“主宾谓”。

早期的统计机器翻译的思想来源于信息论，称为源信道模型（source-channel model），该模型将目标语言文本 t 看作被加密的信号，通过噪声信道将其解密恢复出原始信号，即源语言文本 s。数学语言描述为求解使得给定源语言文本条件下的后验概率最大的目标语言文本，即

$t^* = \arg\max_t P(t\,|\,s)$，根据贝叶斯公式

$$\arg\max_t P(t\,|\,s) = \arg\max_t \frac{P(s\,|\,t)P(t)}{P(s)} = \arg\max_t P(s\,|\,t)P(t)$$

其中 $P(s)$ 可以被忽略是因为该式是最大化关于 t 的函数，$P(s)$ 不会随 t 的变化而变化。由于 $P(t)$ 建模的是目标语言文本的联合概率，因此称为语言模型（language model，LM）。$P(s|t)$ 称为翻译模型，实际上表示的是根据目标语言生成源语言的反向翻译。得到上述两个概率的计算方法后，可以据此搜索使两个概率乘积最大的目标语言文本，这个搜索过程称为解码。因此，基于信道的统计翻译可表示为三个基本模块：语言模型、翻译模型和解码器，在第六章的语音加工的语音识别方法中，仍然可以看到十分相似的方法。

1. 语言模型

语言模型 $P(t)$ 反映的是词元序列 s 作为一个句子在语料库中出现的概率，比如统计科幻小说《三体 2：黑暗森林》中出现概率较高的句子“这是计划的一部分”，而句子“计划这是的一部分”的概率则是 0，句子“不要回答”出现的概率也是 0。语言模型的概率计算公式表示为

$$P(t) = P(t_1, t_2, \cdots, t_M) = P(t_1)\prod_{m=2}^{M} P(t_m\,|\,t_1, \cdots, t_{m-1})$$

即第 m 个词元的概率取决于该词元之前的所有 m-1 个词元，如果词典大小是 L，则会出现 L^{m-1} 种情况可以产生这个词元，那么就需要相同数量的参数去描述这个概率。由于词典的数量一般至少也是成千上万的，而文本的长度也不可能总是只有“你好”“再见”这么短，因此参数空间将会十分庞大。面对这种情况，只能想办法合并一些情况来减少参数量，用数学的语言描述就是将 L^{m-1} 种情况按照某种法则映射到等价类 $E(t_1, \cdots, t_{m-1})$，使得

$$P(t_m\,|\,t_1, \cdots, t_{m-1}) = P(t_m\,|\,E(t_1, \cdots, t_{m-1}))$$

其中等价类数目也就是参数量小于 L^{m-1}。这样不但能够使参数空间减小，还能减轻数据稀疏的情况，毕竟很长的词元序列完全重合的情况并不多见，例如“今天的天气很好”和“今天天气很好”这两句实际上表意几乎没有差异的文本，将它们分别表示是对计算资源的浪费。

最常用的方法是 n 元语法（n-gram），引入马尔可夫假设 $P(t_m\,|\,t_1, \cdots, t_{m-1}) = P(t_m\,|\,t_{m-n+1}, \cdots, t_{m-1})$，即一个词元出现的概率仅取决于其之前的词元，也就是说当且仅当一个词元之前的 $n-1$ 个词元序列完全相等，则该词元之前的所有词元序列属于同一个等价类。在实际应用中，若 n=1 时，则当前词元的概率独立于之前的词元，即 $P(t_m\,|\,t_1, \cdots, t_{m-1}) = P(t_m)$，称为一元语法（uni-gram）；若 n=2 时，则当前词元的概率仅取决于之前的一个词元，即 $P(t_m\,|\,t_1, \cdots, t_{m-1}) = P(t_m\,|\,t_{m-1})$，服从一阶马尔可夫性质，称为二元语法（bi-gram）；若 n=3 时，则当前词元的概率仅取决于之前的两个词元，即 $P(t_m\,|\,t_1, \cdots, t_{m-1}) = P(t_m\,|\,t_{m-2}, t_{m-1})$，服从二阶马尔可夫性质，称为三元语法（tri-gram）。通常情况下使用二元或三元语法已经足够。

为了让机器更明确地学习到其生成的文本序列什么时候开始和结束，分别引入词元符号 <BOS> 表示句子起始和 <EOS> 表示句子结束。

【例 5.4】语料库中由下面三个句子构成：

① The chamber of secrets has been opened.

② The school has been searched for evidence of such a chamber.

③ The chamber of secrets is indeed open again.

建立二元语法模型，计算第一个句子的概率：

$$\begin{aligned}&P(\text{the chamber of secrets has been opened})\\&=P(\text{the}\mid \text{<BOS>})\times P(\text{chamber}\mid \text{the})\times P(\text{of}\mid \text{chamber})\times P(\text{secrets}\mid \text{of})\\&\times P(\text{has}\mid \text{secrets})\times P(\text{been}\mid \text{has})\times P(\text{opened}\mid \text{been})\times P(\text{<EOS>}\mid \text{opened})\end{aligned}$$

其中，

$$P(\text{the}\mid <\text{BOS}>)=\frac{\#(<\text{BOS}>\text{the})}{\sum_{w}\#(<\text{BOS}>w)}=\frac{3}{3}=1$$

#(<BOS>the) 表示“<BOS> the”在语料库中出现的次数，上式分母表示“<BOS>”与其他任意一个词元在语料库中出现的次数，同理可得

$$P(\text{chamber}\mid \text{the})=\frac{2}{3}$$

$$P(\text{of}\mid \text{chamber})=\frac{2}{3}$$

$$P(\text{secrets}\mid \text{of})=\frac{2}{3}$$

$$P(\text{has}\mid \text{secrets})=\frac{1}{2}$$

$$P(\text{been}\mid \text{has})=\frac{2}{2}=1$$

$$P(\text{opened}\mid \text{been})=\frac{1}{2}$$

$$P(<\text{EOS}>\mid \text{opened})=\frac{1}{1}=1$$

因此

$$P(\text{the chamber of secrets has been opened})=\frac{2}{27}$$

2. 翻译模型

翻译模型中首要面临的问题是如何找到源语言和目标语言的对应关系，这就需要建立一个模型来刻画源语言文本和目标语言文本之间词元的对应关系，该模型称为对位模型（alignment model）。如果源语言文本长度为 N，目标语言文本长度为 M，则共有 $2^{M\times N}$ 种不同的对应关系。

【例 5.5】列举源语言文本“good night”和目标语言文本“gute nacht”的对应关系。

共有 16 种对应关系（其中与 null 相连表示无对应关系）。

① good — gute, night — nacht

② good — gute, night — gute

③ good — gute, night — gute nacht

④ good — gute, night — null

⑤ good — null, night — nacht

⑥ good — null, night — gute

⑦ good — null, night — gute nacht

⑧ good — null, night — null

⑨ good — nacht, night — nacht

⑩ good — nacht, night — gute

⑪ good — nacht, night — gute nacht

⑫ good — nacht, night — null

⑬ good — gute nacht, night — nacht

⑭ good — gute nacht, night — gute

⑮ good — gute nacht, night — gute nacht

⑯ good — gute nacht, night — null

将对位模型作为隐变量引入后，翻译模型 P 可计算为

$$P(s|t)=\sum_a P(s,a|t)$$

由于 a 的数量有 $2^{M\times N}$ 个，其计算量太过庞大，因此给对应关系增加更多约束，令每个源语言文本的词元只能对应一个目标语言词元，即 $a:a_1,a_2,\cdots,a_N$， $a_n\in\{0,1,\cdots,M\}$，其中 0 表示无对应关系，则一共有 $(M+1)^N$ 种对应关系。

【例 5.6】根据上述规则，重新列举源语言文本“good night”和目标语言文本“gute nacht”的对应关系，并写出对应关系的表示。

① good — gute, night — nacht，对应关系表示为：a_1=1, a_2=2

② good — gute, night — gute，对应关系表示为：a_1=1, a_2=1

③ good — gute, night — null，对应关系表示为：a_1=1, a_2=0

④ good — null, night — nacht，对应关系表示为：a_1=0, a_2=2

⑤ good — null, night — gute，对应关系表示为：a_1=0, a_2=1

⑥ good — null, night — null，对应关系表示为：a_1=0, a_2=0

⑦ good — nacht, night — nacht，对应关系表示为：a_1=2, a_2=2

⑧ good — nacht, night — gute，对应关系表示为：a_1=2, a_2=1

⑨ good — nacht, night — null，对应关系表示为：a_1=2, a_2=0

对于翻译模型中 $P(s,a|t)$ 的计算，20 世纪 90 年代，IBM 公司提出了五个翻译模型，基于不同的假设进行计算。

IBM 翻译模型 1 引入随机变量 n 表示源语言文本长度，令

$$\begin{aligned}&P(s,a|t)\\&=\sum_n P(n|t)\times P(a|t,n)\times P(s|a,t,n)\\&=P(n|t)\prod_{i=1}^{n}P(a_i|a_1,\cdots,a_{i-1},s_1,\cdots,s_{i-1},t,n)\times P(s_i|a_1,\cdots,a_i,s_1,\cdots,s_{i-1},t,n)\end{aligned}$$

其中，称 $P(n|t)$ 为长度模型，$P(a|t,n)$ 为对位模型，$P(s|a,t,n)$ 为词汇翻译模型，连加可以消去的原因是源语言文本长度是已知的。对这些模型分别进行简化，使得求解更加容易。假设

① $P(n|t)\equiv\epsilon$，其中 ϵ 为较小的常量，即源语言文本长度与目标语言文本无关，且是均匀分布。

② $P(a_i|a_1,...,a_{i-1},s_1,...,s_{i-1},t,n)=\dfrac{1}{M+1}$，即对应关系是均匀分布，由于其取值是 0 到 M，因此取值有 $M+1$ 个。

③ $P(s_i|a_1,\cdots,a_i,s_1,\cdots,s_{i-1},t,n)=P(s_i|t_{a_i})$，即源语言词元概率只与与其相连的目标语言词元有关。

因此

$$P(s,a \mid t)=\frac{\varepsilon}{(M+1)^n}\prod_{i=1}^{n}P(s_i \mid t_{a_i})$$

其中，词汇翻译模型满足约束条件 $\sum_s P(s \mid t)=1$。将对应关系累加，进行最大似然估计，可以利用拉格朗日乘数法对似然函数进行带约束的优化。但需要注意的是，解得的翻译模型并非是解析式，而是一个迭代式，类似于隐马尔可夫模型（hidden Markov model,HMM）中学习问题的求解过程，可以采用期望最大化（expectation maximization,EM）方法通过迭代来逐步优化翻译模型。

IBM 翻译模型 2 在模型 1 的基础上进行了改进，使得假设更加合理，其将对位概率（alignment probabilities）替换对位模型

$$a(a_i \mid i,m,n)\triangleq P(a_i \mid a_i,\cdots,a_{i-1},s_i,\cdots,s_{i-1},m,n)$$

这里对位模型与模型 1 稍有不同的是其也考虑了目标语言长度的影响，对位概率需要额外满足以下约束条件

$$\sum_{a_i=0}^{m}a(a_i \mid i,m,n)=1$$

除此之外，对位模型还可以用 HMM 建模，该方法认为句子里词的位置并不是随意分布的，而是有聚类的特性，当语言被翻译后，之前相邻的单词也会保留这种临近关系。HMM 可以建模单词之间一阶对齐关系，从而使整个翻译模型更加合理。

IBM 翻译模型 3 进一步对源语言和目标语言对应关系进行建模，前两个模型允许一个目标语言词元对应多个源语言词元，并且认为对应不同数量的概率是相同的，然而事实上并不如此，例如一个目标语言单词只对应一个源语言单词的可能性要比对应一整句话所有单词的可能性高得多。因此，引入随机变量 ϕ_t，表示目标语言中第 t 个词元对应源语言文本中词元的数量，称该变量为繁衍率（fertility）或产出率。翻译时先确定每个词元的繁衍率，然后将这些词翻译成源语言词元，最后将这些词元按照源语言语序进行翻译。IBM 翻译模型 4 考虑了与目标语言词元对应的所有源语言词元称为片段（tablet）中心词的概率和其他词元位置的概率，而模型 5 则考虑了源语言文本词元之间的相对位置。与 IBM 模型 1 和模型 2 相比，IBM 后三个模型性能更好，但是实现起来相对复杂，实用性较弱。

上述基于源信道的翻译模型都是基于词的生成式模型，生成式模型虽然在理论上的解释能力更强，为此需要加很多独立性假设，基于词的模型需要对词序进行约束，计算量大，对假设合理性的要求很高，因此生成的结果通常不理想。统计机器翻译中性能最好，最常用的翻译模型是基于短语的判别式模型。该类模型更加简单直白，可通过最大熵（maximum entropy）原理解释，在翻译模型中，有源语言文本 s 和目标语言文本 t 两个随机变量，试图从这些文本中提取 l 种有代表性的数据作为特征 $f_i(s,t)|_{i=1}^{l}$，希望每种特征在真实分布上的期望与其在经验分布上的期望相等

$$\mathbf{E}_{p(s,t)}(f_i(s,t))=\mathbf{E}_{\tilde{p}(s,t)}(f_i(s,t))=\tau_i$$

其中，由于经验分布的期望是固定的，因此令其等于定值 τ_i，除此之外，要求模型不做任何偏好假设，即令条件熵 $H(t|s)$ 最大，利用拉格朗日乘子法进行优化可求得最优目标语言

$$\hat{t}=\arg\max_{t} P(t\mid s)=\arg\max_{t}\frac{\exp\left(\sum_{i=1}^{l}\lambda_i f_i(s,t)\right)}{\sum_{t^*}\exp\left(\sum_{i=1}^{l}\lambda_i f_i(s,t^*)\right)}=\arg\max_{t}\sum_{i=1}^{l}\lambda_i f_i(s,t)$$

其中，λ_i 为拉格朗日乘子，上式可以看作是搜索令各个特征加权相加最大的目标语言文本。如果将 $\log P(s|t)$ 和 $\log P(t)$ 看作是两个特征，则源信道模型可以看作是最大熵模型的一种特例，由于是取对数再加权相加，因此这类模型也称对数线性模型（log-linear model）。

2002 年 Och 和 Ney 提出的基于短语的翻译模型将 $\log P(t|s)$、$\log P(t|s)$ 和 $\log P(t)$ 都看作特征进行建模。另外，他们还将翻译的基本单元从词转向短语，这样在翻译过程中就要考虑繁衍率、上下文和对位信息，使得翻译更加准确，因为如果只对单个词进行翻译，常常会产生歧义，而且有的词，例如助词“的”“了”，没有确切的语义，难以单独翻译。2003 年 Koehn 提出更为使用的基于短语的翻译方法，该方法与基于词的方法类似，首先对短语进行划分，然后对短语进行翻译，最后对短语进行调序。整个翻译模型可以分为四个部分：短语划分模型、短语翻译模型、短语调序模型和目标语言模型。其中目标语言模型的构建与前述方法相同；短语划分模型中，划分方法与句法无关，只是词序列划分为连续的词串，假设所有短语划分方式是等概率的；短语翻译模型对源语言和目标语言的词语进行对齐（可直接使用 IBM 模型对齐方法），利用对齐一致性对短语翻译规则进行抽取，短语翻译概率用极大似然估计来计算；短语调序模型量化源语言文本与目标语言文本语序的差异。下面具体介绍短语翻译模型和短语调序模型。

短语翻译模型中，源语言文本中的短语和满足与其对齐条件的目标语言文本的短语称为短语翻译规则，使用对齐一致性来判断是否满足对齐条件，即源短语中的词和目标短语中的词都要互相对应，不能对应到短语以外的词。

【例 5.7】源语言文本“Hogwarts is no longer a safe place”与目标文本“霍格沃茨 不再 是 一个 安全 的 地方”词语对齐如图 5-5 所示，其矩阵表示如图 5-6 所示，判断不同编号框对应短语对是否符合对齐一致性。

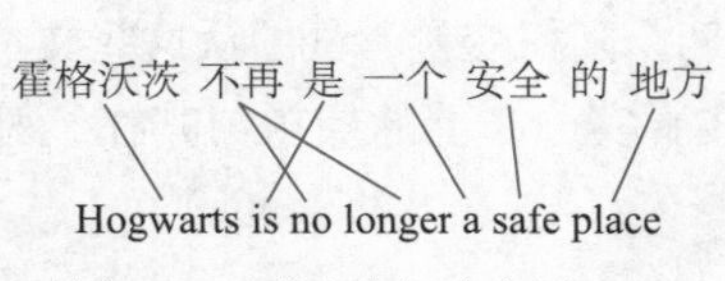

图 5-5　词语对齐示意图

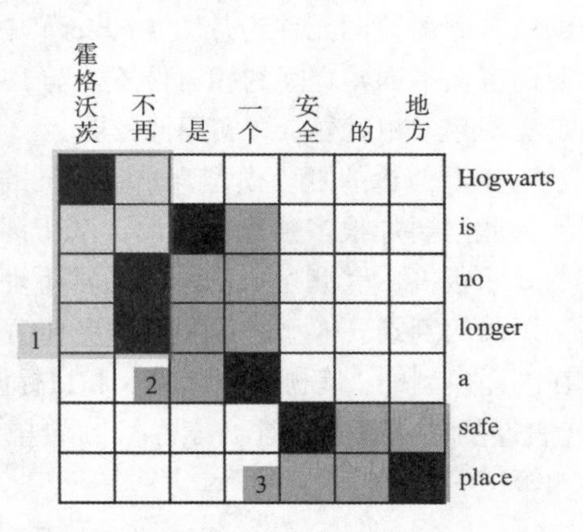

图 5-6　词语对齐矩阵示意图

第 1 个框对应的短语对为“霍格沃茨不再 -Hogwarts is no longer”，由于 is 还对应中文短语之外的“的”所以不符合一致性条件；同理，第 2 个框“是一个 -is no longer a”的“no long”在该短语中没有对应词，因此也不符合一致性条件；第 3 个框“安全的地方 -a safe place”，虽然“的”没有对应词，但是其在“安全的地方”外也没有对应词，因此可以看作是符合一致性条件。

常见的短语调序模型有距离跳转模型和分类模型。距离跳转模型对每个源短语计算其对应目标短语的跳转距离

$$d_i = t_i(\text{begin}) - t_{i-1}(\text{end}) - 1$$

其中，t_i(begin) 表示第 i 个源短语对应目标短语中第一个词在文本中的位置，t_{i-1}(end) 表示第 i−1 个源短语对应目标短语中最后一个词在文本中的位置，第 1 个源短语对应的 t_0(end) 取值为 0。分类模型则是将这些距离分为多个类别，只区分短语之间是否是离散的、是否交换位置等关系特点即可。

【例 5.8】源语言文本和目标语言文本之间短语对应关系如图 5-7 所示，一个字母和一个数字的组合代表一个词，计算每个源短语对应的跳转距离。

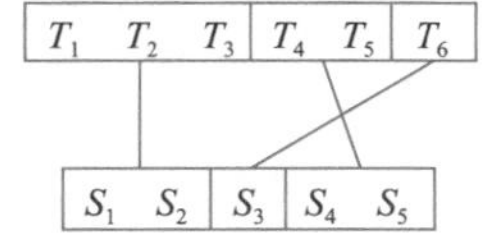

图 5-7　短语对齐示意图

第 1 个源短语的跳转距离为 1−0−1=0；第 2 个源短语的跳转距离为 6−3−1=2；第 3 个源短语的跳转距离为 4−6−1=−3。

3. 解码器

解码器实际上是一个搜索算法，具体而言是在上述的语言模型和翻译模型的基础上，对于各候选词或短语的组合进行搜索，目的是获得使后验概率最大的词或短语组合，作为翻译结果。无论是统计机器翻译，还是后面即将介绍的神经机器翻译，都会用到解码器。对于解码器来说，搜索空间由候选词或短语的所有可能组合构成，初始节点为空节点，即所有词或短语均未选择如何翻译，目标节点为最优组合，绝大多数节点为仅部分词或短语做出了翻译选择。基于词的 SMT 一般采用 A* 搜索算法，它是人工智能领域中较常见的一种启发式搜索方法，对于解空间中的每一个节点 S，定义一个代价函数

$$f(S)=g(S)+h(S)$$

其中 $g(S)$ 表示从解空间的初始节点到节点 S 实际花费的代价，$h(S)$ 表示从节点 S 到最终的目标节点估计会产生的代价花费，也就是所谓的启发函数。在算法的执行过程中，根据代价函数 $f(S)$ 来判断待扩展节点的优先级，取值越小优先级越高，并据此进行剪枝，可大大减小搜索空间，提升搜索效率。有研究表明，在 $h(S)$ 小于实际代价的情况下，A* 算法可保证能找到最优解，且越接近于实际代价，搜索效率越高，找到最优解的速度越快。

基于短语翻译的集束搜索（beam search）也借鉴了 A* 的策略，利用两部分 $g(S)$ 和 $h(S)$ 来评价当前搜索节点的打分，其中 $g(S)$ 为已翻译词的代价耗费，利用已翻译词的模型概率来计算，$h(S)$ 为未翻译部分的代价估算，可利用所有可能翻译中的最大概率来进行计算，在计算代价估算时也可以考虑短语长度等因素。集束搜索的基本思想是：对待翻译句子按照从左向右的次序依次扩展，每次扩展时，从翻译候选中选择得分最高，即代价最小的部分节点进行扩展，直到完成全部单词的翻译扩展，最终选择得分最高的翻译作为结果。需要注意的是，在比较不同扩展节点的得分时，只有当前状态下被翻译的源语言单词个数相同的两个节点才是可比的。另外，在剪枝时，除了根据得分选择最高的固定数量个节点外（按照 beam 容量进行剪枝），还可以要求这些节点的得分值高于某一阈值以实现进一步剪枝（按照翻译阈值进行剪枝）。

5.2.2　神经机器翻译

神经机器翻译（NMT）实际上也是基于统计的方法，这里主要介绍通过端到端训练基于序

列的编码器 - 解码器模型的机器翻译方法，如图 5-8 所示，模型每一时刻的输出是当前时刻输入文本的下一个词元，也就是下一时刻的输出，可以通过第四章中介绍的循环神经网络（RNN）、1D 卷积神经网络、Transformer 等序列模型实现。编码器将源语言信息进行整合，输入到解码器中用于生成目标语言。在翻译时，只要将源语言输入到网络，解码器就可以通过上一时刻的输出，逐步生成目标语言文本。

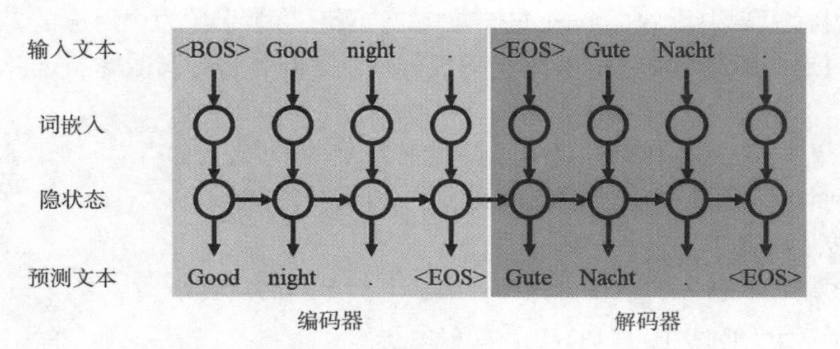

图 5-8　基于序列的编码器 - 解码器翻译模型

文本序列在输入模型前，需要先进行词嵌入（word embedding），目的是用高维向量对词元进行嵌入表示，因为如果直接使用词元在字典中的索引进行表示，由于词典中词元数量是很庞大的，该表示将会十分稀疏，对此进行的计算将会占用大量资源。另外，这种表示方法无法将词元中的语义关系表示出来，比如“猫”、“狗”和“汽车”三个单词，前两者的语义相对较近。因此，希望将词元进行紧致编码，将其嵌入一个能够度量语义距离的高维空间中。在第二章中曾介绍过知识图谱中的知识表示方法，即令在图上相近的实体映射到高维空间后距离相近。词嵌入也类似，如果两个单词所在句子上下文相似，那么也可以认为这两个单词表达的意思相似，例如，“我的宠物是一个毛茸茸的小狗”和“我的宠物是一个毛茸茸的小猫”，而几乎不会出现“我的宠物是一个毛茸茸的汽车”这样的句子。理论上，直接用知识图谱中的知识表示作为词嵌入向量也是可行的，而知识图谱大多是根据语料库和上述规则构建的，因此实际上词嵌入就是使用的知识图谱中的知识表示。另外，也可以直接设计可学习词嵌入矩阵，与整个神经网络同时优化。

对语言文本实现词嵌入后，即可输入到序列模型中进行处理，以基于注意力机制的 RNN 模型为例，介绍 NMT 模型。首先介绍编码器，该模块用于提供输入语句的表示。令源语言文本的第 i 个词元在词典中的索引用独热（one-hot）编码 $\boldsymbol{x}_i$ 表示，词嵌入矩阵为 $\boldsymbol{E}^s$，则第 i 时刻隐状态表示为

$$\boldsymbol{h}_i^s = f^s(\boldsymbol{h}_{i-1}^s, \boldsymbol{E}^s \boldsymbol{x}_i)$$

其中，$f^s(\cdot)$ 表示 RNN 胞元函数，可以替换为 GRU 和 LSTM 等胞元函数。

解码器也是一个 RNN 模型，但是如果只是将编码器的隐状态输出直接接到编码器的隐状态输入，则信息传递效率过低。因此，引入了基于注意力机制，让解码器每一时刻的输入都包含从编码器中提取的相关信息，令该信息表示为 $\boldsymbol{c}_i$，词嵌入矩阵为 $\boldsymbol{E}^t$，则第 i 个目标语言文本词元 $\boldsymbol{y}_i$ 对应的隐状态表示为

$$\boldsymbol{h}_i^t = f^t(\boldsymbol{h}_{i-1}^t, [\boldsymbol{E}^t \boldsymbol{y}_i, \boldsymbol{c}_i])$$

其中，$f^t(\cdot)$ 表示解码器 RNN 胞元函数。希望 $\boldsymbol{c}_i$ 能够表示源语言文本中与当前预测相关的信息，因此利用注意力机制对源语言文本每个时刻隐状态计算相关性权重 $a_{ij}|_{j=1}^n$，其中 n 表示源语言文

本长度，再对这些隐状态加权相加得到 $c_i = \sum_j \alpha_{ij} h_j^s$，其中，$\alpha_{ij} = \mathrm{softmax}(a(s_{i-1}, h_j))$，softmax(·) 表示 softmax 函数，$a(\cdot)$ 表示计算 s_{i-1} 和 h_j 相关程度的函数，可用线性函数实现，也可以采用求 cosine 距离等方法。最后输出预测的下一时刻词元计算为

$$\hat{y}_{i+1} = \mathrm{softmax}(f(h_i^t))$$

其中，$f(\cdot)$ 表示全连接层网络函数，使用交叉熵损失函数作为目标对网络进行优化。训练时，使用源语言文本和目标语言文本的真值作为模型的输入；在测试时，使用解码器使用上一时刻的输出作为当前时刻的输入，预测下一时刻词元，需注意的是，NMT 方法解码时也会使用集束搜索来提高解码效果。

在 NMT 方法中，由于训练时解码器的输入是真值序列，而测试时解码器每一时刻的输入是上一时刻的预测值，这样的机制使得模型很敏感，容易累计误差，因此也有方法在训练过程中加入强化学习，直接采用以评价准则为奖励等手段尽可能模拟测试阶段情况对模型进行优化。

5.2.3　机器翻译评价指标

机器翻译的评价是比较难的，因为每个输入的语言文本都可能对应很多不同的翻译方法，需要一些定量的方法来评估翻译系统的质量，从而快速判断这个翻译系统的性能。通常，会设计一些准则比较机器翻译结果和人工翻译，包括度量两者之间的单词和单词序列是否有重叠，更高级的做法还考虑同义词、形态变化和语法关系的相似程度。常用的评价指标包括困惑度（perplexity,PP）、BLEU（a bilingual evaluation understudy）、METEOR、ROUGE（recall-oriented understudy for gisting evaluation）。

困惑度指的是模型对样本预测的能力。表示为 $\log PP = -\sum_w \log p(t_w \mid s_w)$。希望学到的模型在输出预测时，将高概率分配给正确的文本，低概率分配给错误的不常见的句子，这意味着模型很“清楚”自己的判断，也就是困惑度较低。

BLEU 度量的是预测文本与真值文本之间 1 到 n-gram 的重合程度，通常 n 取 1 到 4，定义

$$\text{BLEU-}n = \min\left(1, \frac{l_q}{l_r}\right) \exp \sum_{i=1}^{n} \lambda_i \log p_i$$

其中，l_q 表示预测文本的长度，l_r 表示真值文本的长度，λ_i 为权重系数，通常取 1，p_i 为预测精确度（precision），即预测正确的 n-gram 短语占预测文本中所有 n-gram 短语的百分比。

【例 5.9】假设有两个翻译模型分别输出一个预测结果，预测文本 1 为“of of of the the the of the”，预测文本 2 为“give way if you can’t see the Snitch”。真值文本为“Keep out of the way until you catch sight of the Snitch”，分别计算它们的 BLEU-1，BLEU-2 和 BLEU-3（λ_i 取 1）。

预测文本 1 的 BLEU 度量为

$$\text{BLEU-1} = \min\left(1, \frac{8}{12}\right) \times \frac{8}{8} = 0.666\,667$$

$$\text{BLEU-2} = \min\left(1, \frac{8}{12}\right) \times \frac{8}{8} \times \frac{2}{7} = 0.190\,476$$

$$\text{BLEU-3} = \min\left(1, \frac{8}{12}\right) \times \frac{8}{8} \times \frac{2}{7} \times 0 = 0$$

预测文本 2 的 BLEU 度量为

$$\text{BLEU-1} = \min\left(1, \frac{8}{12}\right) \times \frac{4}{8} = 0.333\ 333$$

$$\text{BLEU-2} = \min\left(1, \frac{8}{12}\right) \times \frac{4}{8} \times \frac{1}{7} = 0.047\ 619$$

$$\text{BLEU-3} = \min\left(1, \frac{8}{12}\right) \times \frac{4}{8} \times \frac{1}{7} \times 0 = 0$$

通过上述计算可发现，实际上语义更加相近的句子取得的评估打分还没有只包含简单重复常用词汇的句子高。改进方法有很多，例如对于常用词赋予较小的打分权重，或者是考虑召回率等，也可以多收集多个不同表达方法的真值文本。METEOR 考虑了召回率和同义词的情况，其采用大规模知识库 WordNet 进行同义词查询，但是该度量的计算方法要比 BLEU 复杂，而且涉及大量单词对齐工作和参数调优，例如同义词匹配权重、召回率与精确度的权重。ROUGE 度量分为 ROUGE-N、ROUGE-L、ROUGE-W 和 ROUGE-S，常用的是 ROUGE-L，是关于真值文本与预测文本最长公共子序列长度的评价。由于各种评价指标均有各自的特点，因此评价时通常将这些度量的结果都列出来以供参考。

另外，还有两个关于文本生成质量的评价指标来自基于视觉的任务，即图像文本生成（image captioning），分别是 CIDEr（consensus-based image description evaluation）和 SPICE（semantic propositional image caption evaluation）。CIDEr 将所有真值文本（一般情况一个输入对应的真值不止一个）看作是一个文档，计算预测文本与文档的 *n* 元语法的词频 - 逆文档频率（term frequency-inverse document frequency,TF-IDF），然后将这些 TF-IDF 值级联起来作为特征计算余弦相似度。SPICE 基于句法解析，重点关注语义的一致性，更适用于评价模型对图像中语音的理解与表达程度，不太适用于机器翻译。

5.3 自然语言人机交互

5.3.1 问答系统与对话系统

问答（question answering,QA）系统和对话（dialog）系统都是基于 NLP 技术的人机交互应用，表现形式均为用户与机器人交替对话。通常来说，问答系统更侧重于单轮对话且以“问题 - 答案”形式呈现，而对话系统的概念更加宽泛，鉴于二者在概念、形式和实现技术等方面有较大相似，且区分界限并不明显，本书对其并不严格区分。问答系统和对话系统是自然语言人机交互领域中的一个热点研究方向，针对用户利用自然语言提出的问题，能够给出准确、简洁的自然语言回答。QA 具有广泛的应用需求，例如，“小度”“小爱音箱”等智能语音交互系统；银行等 app 内的用于部分业务办理，或新浪微博等网站上用于功能查询的在线客服助手；Google 等搜索引擎准确返回特定问题的答案。

根据不同的划分标准，问答系统可以进行不同的分类。按照发展阶段的不同，可以划分为基于问题答案对数据实现的问答系统、基于结构化数据的问答系统、基于自由文本的问答系统；按照面向领域是否限定，可以划分为面向特定领域的问答系统、面向开放领域的问答系统；按照解决方法不同，可以划分为基于检索式的问答系统、基于生成式的问答系统；按照交互轮次不同，可以划分为单轮会话型问答系统、多轮对话型问答系统；按照应用场景的不同，可以划分为常问答（frequently asked questions,FAQ）系统、知识图谱型问答系统、阅读理解型问答系统，其中 FAQ 多使用问题答案对数据实现，知识图谱问答系统多使用结构化数据，阅读理解型问答系统多使用文本数据；按照应用类型不同，可以划分为问答型问答系统、闲聊型问答系统、任务型问答系统，其中问答型、任务型问答系统多面向特定领域，闲聊型问答系统多面向开放领域。

1. 问答型对话系统

问答型对话系统是指系统接收用户的某个问题，并基于特定的知识库，给出用户所提问题的答案，例如，

用户：风热感冒不能吃什么？

机器人：风热感冒忌食的食物包括有白酒、油皮、啤酒、咸鸭蛋。

该类型的对话系统通过对知识库内容进行检索来实现，因此也可称为检索型问答系统。检索型问答系统构建的主要步骤为：搭建知识库、问题分析、答案检索。其中，会涉及分词（HMM、CRF、LSTM 等），文本向量化表示（one-hot、n-gram、bag of words、Doc2Vec、Glove、Bert 等），文本相似性度量（余弦相似度、欧式距离等），文本检索等一些 NLP 技术。检索型问答系统严格基于知识库来完成回答，不会产生额外的内容，所能回答的问题类型以及可能回答的内容都是提前设计好的，一旦用户的提问超出设计的范畴，系统将无法反馈给用户正确的答案。虽然如此，但也正说明该类型的问答系统的可控性强，不会出现令人反感或违反公序良俗的回答。除了基于知识库的检索型问答系统以外，还有一类是基于文本的检索型问答系统，主要任务是针对用户给定的问题，通过对与问题相关的文档进行分析，自动得到问题对应的答案，由于需要分析文本内容，因此该任务也称为机器阅读理解（machine reading comprehension,MRC）。MRC 的核心任务在于对文本内容的理解，因此，近年来，得益于深度神经网络的强大学习能力，MRC 取得了长足的进步。用于 MRC 的网络结构一般包括三部分：编码器、注意力部件、解码器，其中的编码器用于对问题和文本进行编码并学习特征，注意力部件用于在文档中定位问题相关的部分，解码器用于组织内容并反馈答案，三部分按照先后顺序构成整个网络，网络作为一个整体实现端到端地训练，以学得更加鲁棒和高性能的模型。基于文本的检索类问答系统中常见的网络包括 GA-Reader、Match-LSTM、Bi-DAF、R-Net、QA-Net、S-Net 等，主要应用于搜索引擎中对特定问题的回答。

2. 任务型问答系统

任务型问答系统指的是机器人通过语义分析与理解，对接执行后台，帮助用户完成特定的任务。最典型的应用是智能家居中的智能机器人，根据用户的需求，完成对各种智能家居的操作，例如打开空气净化器、关闭台灯等。这里面的关键技术在于，机器人要能够识别出用户的真正意图，并通过多轮对话的形式来将完成此任务的基本要件都捕获到，进而调用执行后台完成任务。其中，完成任务的基本要件称为槽位（slot），不断获取槽位取值的过程称为填槽（slots filling），因此，任务型问答系统的实现架构如图 5-9 所示。

下面通过一个实际场景中的应用案例来解释任务型问答系统的具体执行过程。

用户：帮我订一张明天去杭州的机票。

机器人：请问是从北京出发么？

用户：是的。

机器人：请问预计明天什么时候出发？

用户：下午 5:00 以后。

机器人：正在为您预订……已为您预订 ×××× 年 × 月 × 日 18:30，北京大兴机场飞往杭州萧山机场的东航 MU5458 次航班。

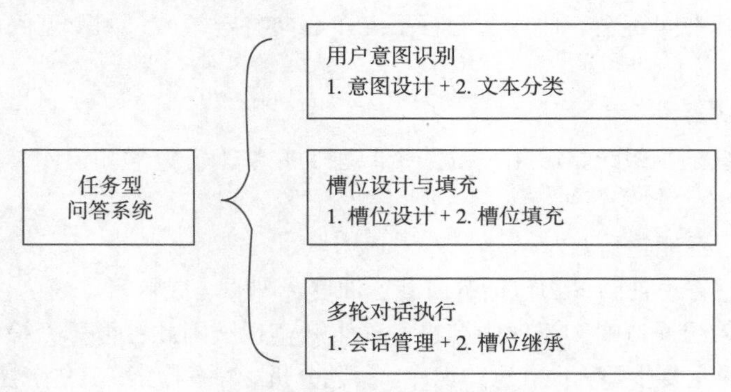

图 5-9　任务型问答系统示意图

在上例中，系统首先分析出用户的任务为“购买机票”，则对应的槽位即为“时间”“出发地”“目的地”，在接下来的多轮对话中，系统逐渐完成对槽位的询问、确认和填写，在明确任务后执行任务。这种对话管理方式称为基于表格的对话管理（frame-based dialogue control），聊天机器人的首要目标就是把这张表格填满。一般的任务型对话系统都是面向特定领域的，因此，在构建系统时，需要根据领域特点，提前设计好问题的类型，也就是用户意图的类型，以便在接收到用户提问时能够利用文本分类模型准确解析用户的意图，另外需要提前设计好每类意图对应有哪些槽位，这样在多轮对话中才能有的放矢，高效地完成任务。

3. 闲聊型问答系统

闲聊型问答系统所面临的用户并没有明确目的，系统的回复也没有标准答案，尽量返回趣味性的回答。例如，

用户：你在干吗？

机器人：我在想我的好朋友你啊。

用户：我今天心情不好。

机器人：日出东海落西山，愁也是一天，喜也是一天。抱抱，有什么难处就说出来吧，我可以当你的树洞。

用户：我心情好了。

机器人：你心情好的样子很好看。

闲聊型问答系统强调系统回复的多样性，针对同一问题，不能每次回答都千篇一律，因此适合采用基于 NLP 的生成式对话策略，即将机器学习技术应用于大量的对话数据，对其进行统计分析，使得所构建的语义模型可以灵活掌握深层次的对话规则，进而产生合适的对话。该策略的优点是保证了系统回答的多样性和趣味性，缺点是模型需要经过严格的评定，以防止生成令人反感或违反公序良俗的回答。

5.3.2 结合机器视觉的跨模态语言系统

视觉信息是一种高维的，噪声更多的信号，与自然语言不同，其没有高度抽象的语法结构信息。对于机器来说，很难将这两种信号联系起来，而相关任务的处理对于人类来说十分自然，

而且时时刻刻都在进行处理，因此，要想让机器能够像人一样，与人无障碍地交流沟通，具备处理视觉 - 语言这种跨模态信息的能力是非常重要的。近年来，随着深度学习和神经网络的发展，机器学习模型算法的设计更加简洁，跨模态学习模型更加方便。视觉问答（visual question answering,VQA）和图像文本描述（image captioning）是两个目前关注度比较广泛的视觉 - 语言任务。

1. 视觉问答

视觉问答任务是给定一张图片和一个用自然语言形式表达的问题，模型根据图片中的内容使用单词或短语对问题进行回答，如图 5-10 所示。考虑到深度学习模型可以端到端学习，最直接的方法就是将图片和问题文本同时输入神经网络中进行映射，输出答案即可，例如使用卷积网络提取图片特征，用词嵌入方法将单词表示为向量，再用循环神经网络进行编码，将两种特征融合后继续输入网络中进行特征映射，最后使用分类器输出答案类别。显然，这种做法太过理想化，需要赋予模型强大的学习能力才能保证效果，为此，研究者们提出了双线性池化、基于张量分解的方法使得视觉和文本模型更好地融合，从而提高模型的计算能力；还有工作借助大规模预训练视觉分类和语言模型，将这些模型拼接并迁移到 VQA 任务上，提高模型的收敛速度和效果；基于模块网络的方法通过设计推理网络模块化的方式，提高模型的可解释性。

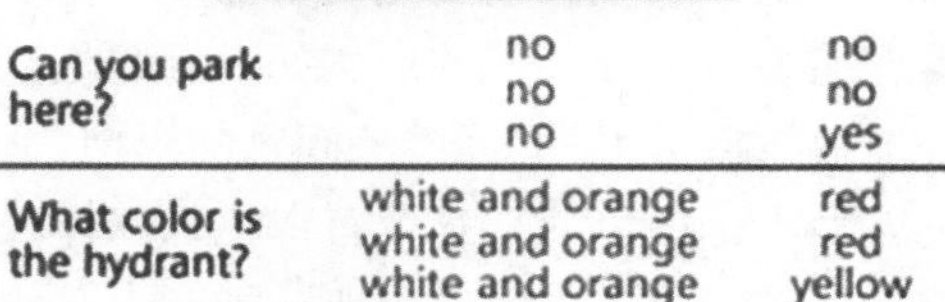

图 5-10　视觉问答示例图

回归 VQA 最本质的问题，可以发现，实际上该任务是需要机器理解图片和语言的内容，例如明确问题在图片中的指代关系，能够通过构建图片、问题中的上下文关系来推理需要建模语义逻辑关系才能得出的答案，据此进行建模可以提高方法的可解释性，事实证明该类方法取得了更好的效果，是目前主流的 VQA 方法。

视觉语义的理解一般通过目标检测和注意力机制来实现，语言的理解可以通过词法、句法分析的方法来实现，也可以直接使用注意力机制提取句子中的语义，对视觉和语言信息进行抽象理解后，两种信息的对应交互会变得更加容易。图 5-11 所示为一个基于注意力机制的 VQA 方法，该方法通过注意力机制将问题文本分解为三个短语表示：问题类型、指代物体和预期答案。其中问题类型指的是检测文本中的疑问词，判断该问题是判断题还是多选题；指代物体指的是将问题中的物体和图片中的物体对应；对于判断题，预期答案隐藏在问题中，对于多选题中，预期答案隐藏在答案中，需要视觉验证模块来找出最终的答案。这些模块都是通过注意力机制，度量语言、文本之间语义对齐实现的。

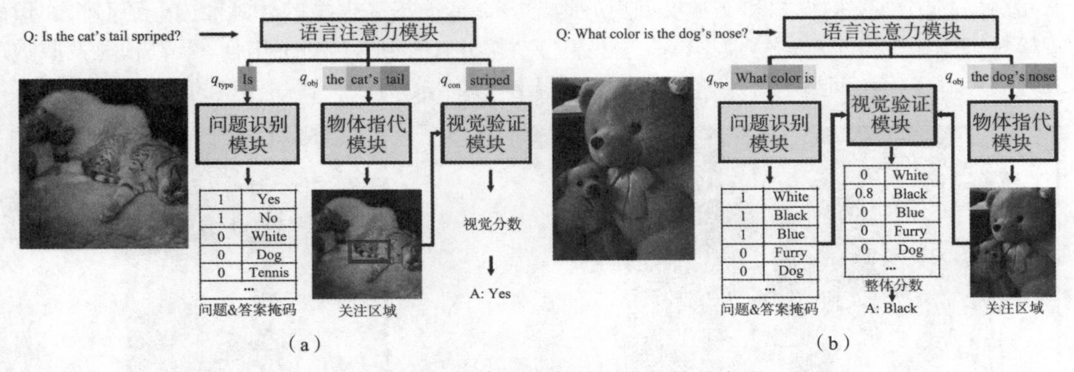

图 5-11 基于注意力机制的视觉问答示意图

实际上，大量的视觉问答任务都涉及多个语义之间复杂关系的推理，因此，赋予 VQA 模型推理能力是十分必要的。例如，问题是“白色的玩具熊抱着一只小狗吗？”，该问题中需要多次推理，能够理解并回答该问题的模型，理想情况下应该也能够判定这个问题的子问题，比如，玩具熊是不是白色的，是否有白色的物体，玩具熊是否抱着物体等一系列问题，而不是单纯回答“是”或“否”。为了实现这种能力，研究者们显式建模这些语义之间的关系，提出基于推理的 VQA 方法，将图像和文本中的语义关系用图来表示，通过对两种异构图的对齐融合将问题转化为图的分类预测任务。为了进一步验证 VQA 方法的推理能力，可以直接验证模型是否能够答对一个问题和其中包含的子问题，由于子问题的答案通常已经包含在原始问题中，所以实际验证的是子问题的答案是否与原问题一致。图 5-12 所示是一种子问题生成方式，该方法通过构建场景图来表示问题和图像中的语义关系，再根据场景图构建语言图，通过语言图可直接生成多个子问题。

有的视觉问答无法仅通过图片内容来回答问题，或者通过大量数据学习也无法推理学到的知识，例如，一张图片中有一只小猫，问题是“图片中的动物喜欢吃什么？”，这就需要借助外部知识帮助推理得出答案，这是 QA 方法通常会采用的策略，在 VQA 方法中，难点在于图像场景图和知识图的异构融合。另外，还有结合光学字符识别（optical character recognition,OCR）的 VQA 方法，该方法主要解决诸如关于图片中“广告牌上有什么字？”“可以去图中这家店吃饭吗？”等需要识别图中的文字才能回答的问题。视频问答、视觉对话等任务也在近几年才受到关注，总体来说，关于 VQA 的研究仍处在比较初步阶段，其还有很多未能解决的问题，目前仍是计算机视觉与自然语言处理领域的热点问题。

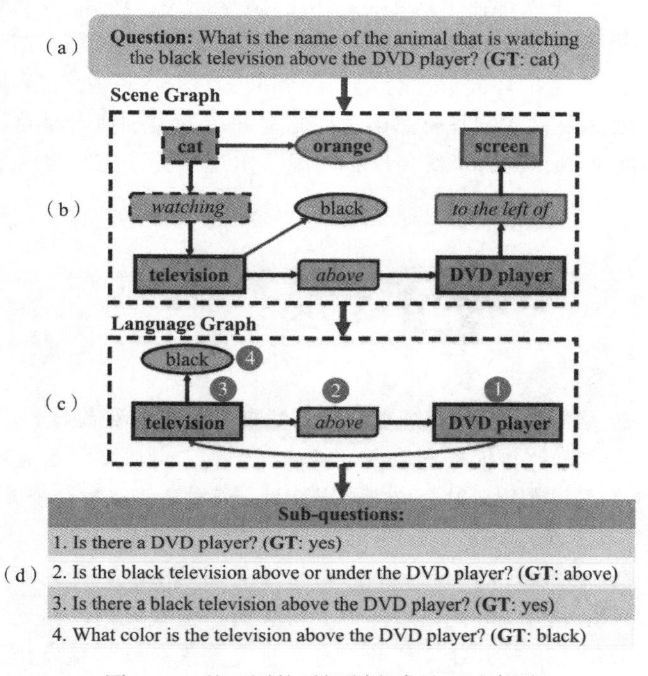

图 5-12　基于图的子问题生成过程示意图

2. 图像文本描述

图像文本描述任务是给定一个图片，生成关于图片内容的文本描述。与 VQA 不同，图像文本描述关注的是对视觉信息的抽象与理解，以及如何将抽象出的信息转化为人类语言，这方面的可以应用于辅助视觉障碍人士、视觉导航等。另外还有基于描述的图像生成任务，与图像文本描述刚好相反，输入是文本，输出是文本中描述的场景。

图像文本描述任务受机器翻译模型的影响很大，在深度学习兴起之前就已经有相关研究工作了。早期的图像文本描述工作是基于模板的，首先固定待生成句子的语法结构，比如“主谓宾”，然后用图像检测分类方法分别预测图像中的主语、谓语、宾语，最后按照顺序将检测结果填入模板中。这种方法生成的句子太过刻板，也有使用序列模型，例如隐马尔可夫模型和条件随机场来构建模板。

受到神经机器翻译模型的启发，近年来的图像文本描述方法都是基于编码器 - 解码器的，其中编码器可以使用卷积网络等在图像任务上性能优越的模型，解码器与 NMT 中的解码器相同即可。与 VQA 任务相同的一点是，图像文本描述也需要机器对图像的充分理解，能够推理图像中语义之间的关系，才能生成高度结构化的文本信息。由于输入只有视觉信息，所以没有文本语义的指导，其中语义关系的建模对于模型而言挑战更大。已有方法借助关系检测或外部知识库来辅助视觉语义关系建模，然而自从 Transformer 在语言和视觉任务上均展现其优越的性能后，其强大的关系表示能力直接替代了其他解决方法成为目前大部分图像文本描述的骨架模型。

目前大部分图像文本描述方法关注生成一句较为简短的对于图像的客观描述。对于实际应用通常是远远不够的，相关任务还有：视频文本描述，该任务还要求模型能够描述时间维度的信息；稠密事件文本描述，该任务要求模型能够尽可能地将视频中发生的各种事件描述出来；风格化图像文本描述，该任务旨在生成不同风格的文本描述，例如生成带有消极情绪风格的文本或是生成带有浪漫色彩的文本等。另外，由于图像文本描述模型在训练时需要图像和文本成对输入，与机器翻译存在有大量平行语料库不同，该任务很少有现成标注，因此需要大量的人工标注，而且因为要标注的是自然语言而不是简单的类别或者是目标位置，对标注人员素质要求更高、标注时间更长，为了避免这种情况，出现了关于无监督、半监督的图像文本描述研究。

小　结

本章主要论述了自然语言加工的基础理论与典型应用，其中要点如下：

①自然语言加工是利用计算机技术学习、理解、生成人类语言。人类对于语言的处理是层级的、动态的，语言的各层级在处理时会交互辅助理解，语言的层级包括音系、词态、词法、句法、语义、语篇、语用。

②形式语言是一种人为设计的有精确、严格语法规则的语言。研究形式语言可以帮助分析人工语言和自然语言及其结构。形式语法是形式语言的产生式规则，描述了语言的语法表示方法与规则，形式语法必须是准确且可理解的。自动机是抽象分析问题的数学模型，用于表达根据规则进行演算的过程，自动机可以作为文法的识别装置。对于语言句子层级和单词层级的处理分别称为句法分析和词法分析，这些研究有助于机器理解自然语言中包含的语义。

③机器翻译指的是机器自动完成将源语言翻译成目标语言的任务。常见的机器翻译主要分为 4 类：基于规则的机器翻译、基于实例的机器翻译、统计机器翻译和神经机器翻译。最早的机器翻译是基于规则，其需要大量的专家规则、人工编辑，实用性不强，但是该思想对很多 SMT 和 NMT 方法都有所启发。EBMT 通过搜索语料库中与要翻译句子相似的译文短句，经过重组得到译文，灵活性较差。SMT 是指用机器学习的方法，通过大量平行语料进行统计分析学习用于机器翻译的模型，机器翻译模型主要分为：基于信道的 SMT 和基于短语的 SMT。基于信道的 SMT 可表示为三个基本模块：语言模型、翻译模型和解码器，典型代表为 IBM 机器翻译模型 1 ~ 5。基于短语的 SMT 除了将翻译的基本单元从词转向短语，还采用了基于最大熵的判别式模型。NMT 是端到端可学习的统计模型，其采用编码器 - 解码器的序列结构直接输入源语言文本，输出目标语言文本。

④问答（question answering,QA）系统和对话系统是自然语言人机交互领域中的一个热点研究方向，针对用户利用自然语言提出的问题，能够给出准确、简洁的自然语言回答。根据不同的划分标准，问答系统可以进行不同的分类。视觉问答和图像文本描述是两个目前关注度比较广泛的跨模态自然语言人机交互方向。VQA 是指给定一张图片和一个用自然语言形式表达的问题，模型根据图片中的内容使用单词或短语对问题进行回答，与 QA 不同，该任务需要额外考虑多模态融合问题和异构图迁移等问题。图像文本描述是指给定一个图片，生成关于图片内容的文本描述，为该任务所设计的模型与机器翻译模型较为相似。

习　题

1. 设 $\Sigma=\{a,b\}$，设计一个能够识别包含偶数个 a 且包含偶数个 b 的字符串的 DFA，其中状态转换函数需要用状态转换图和状态转换矩阵两种方式表示。

2. 假设某一语料库包含如下几个句子:

① A fox and a rabbit are good friends.

② The fox always lies to others, but the rabbit has never told a lie.

③ The rabbit lost her balance and fell into the river.

④ The fox saved the rabbit.

请基于此语料库建立二元语法模型，计算第四个句子的概率。

3. 给定源语言文本"eat a pear"和目标语言文本"吃梨"，试分别计算在考虑和不考虑"每个源语言文本的词元只能对应一个目标语言词元"这一假设情况线下的可能对应关系数量。

4. 计算下图所示的每个源短语对应的跳转距离。

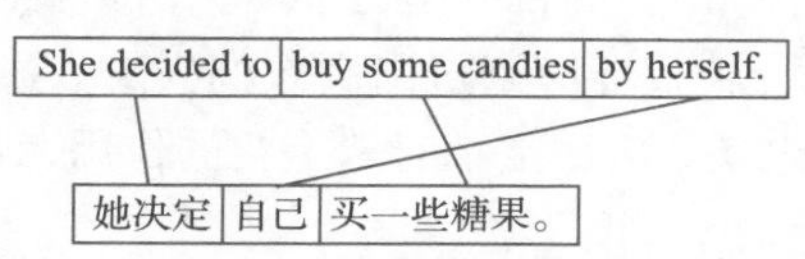

5. 假设翻译模型输出的预测为"A woman is riding on a horse."，计算并比较真值分别为"A woman is riding on a horse inside a track."和"A man is riding on a horse"时的 BLEU-1，BLEU-2 和 BLEU-3（λ_i 取 1）。

6. 调研几款较流行的闲聊型问答系统，利用相同或相近的对话与它们交流，根据反馈结果，比较这几款问答系统的优缺点。

第6章 语音加工技术

语音加工（speech processing）是对语音信号处理方式的研究，通常语音加工主要包括以下方面：获取、识别、转换与合成。该研究的目的是为了交流，即信息传递，早在贝尔发明电话之前，研究者们就开始关注语音交流，希望能够制造出高效的人对人、人对机器交流系统。目前，语音加工的研究无论是在很多理论还是应用上都有着重要的作用，比如电话中的语音激活和控制，人工智能中人机交互等。

6.1 语音的概念

语音是指人类用语言进行声音上的交流，通过头部、颈部、胸部和腹部精确协调的肌肉动作，以口头方式相互表达感受和想法，这些动作将声音产生的基本音调改变并塑造成特定的、可解码的声音。语音是人与人之间交流沟通中最自然的方式，语音交流是即时的，不需要任何工具就可以传递信息的。虽然人类获取外界信息的主要手段是视觉，但是交流沟通最方便的方式却是语音，而交流沟通在人类生活中起着非常重要的作用。

在语音中，人们不仅可以表达语言可以表达的意思，还可以通过发音、语调、音量、速度等来表达更多的含义，例如场合、心情，甚至是身体状态、心理状态、社会地位等。语音的进化起源是未知的，虽然动物也可以使用声音进行交流，但是没有动物的声音在音素和句法上有明确的含义，这种声音交流并不属于语音，也就是说语音是人类特有的。语言的声学和语言结构已被证实与智力有着密切的联系，与文化和社会发展也关系紧密。

6.1.1 语言信息

语音波形传递多种信息，其中信息量最大的应属表达说话人意图的语言信息。人类语音的产生始于讲话者想要传达给听话者一些想法，于是，说话者选择一些恰当的短语和词语，将它们用语法规则进行组合形成语言序列，然后大脑发出运动神经命令，活动发声器官的各种肌肉。该过程可总结为神经和肌肉工作的生理机制作用生成声波传播出去，虽然传播的语言是由离散的单词组成的，但是声波却是连续的。

从语音角度看，句子是由单词（word）组成，每个单词由音节（syllable）组成，每个音节由音素（phoneme）组成，音素又可以分为元音或辅音。虽然音节本身没有明确的定义，但一个音节通常是由一个元音音素和几个辅音音素串联而成的。不同地区的语言不同，元音和辅音的数量不同，例如，普通话共有 10 个元音，22 个辅音，英语大概有 12 个元音和 24 个辅音，一种语言的音素很少超过 50 个，而且音素的组合服从一定的规律，所以实际的音节数量远远小于所有音素的排列组合。而在声学上，所有的语音的基本单位是音标。重音和语调在指出重要单词的位置、制造疑问句和传达说话人的情绪方面也起着关键作用。

6.1.2　语音与听觉

语音产生后需要被接听，语音通过发声器官产生的声波传递到听者耳中，然后由听者的听觉器官通过神经系统将神经脉冲传递到大脑，大脑处理信息并理解该语音。发声者同样也会收到自己发出的声音，并据此构建反馈机制。称语音产生和听觉之间的内在联系为言语链（speech chain），如图 6-1 所示。言语链由语音产生和语音感知两个过程组成，语音的产生分为语言、生理、声学阶段，语音的感知所经历的阶段正好相反，为声学、生理、语言阶段。

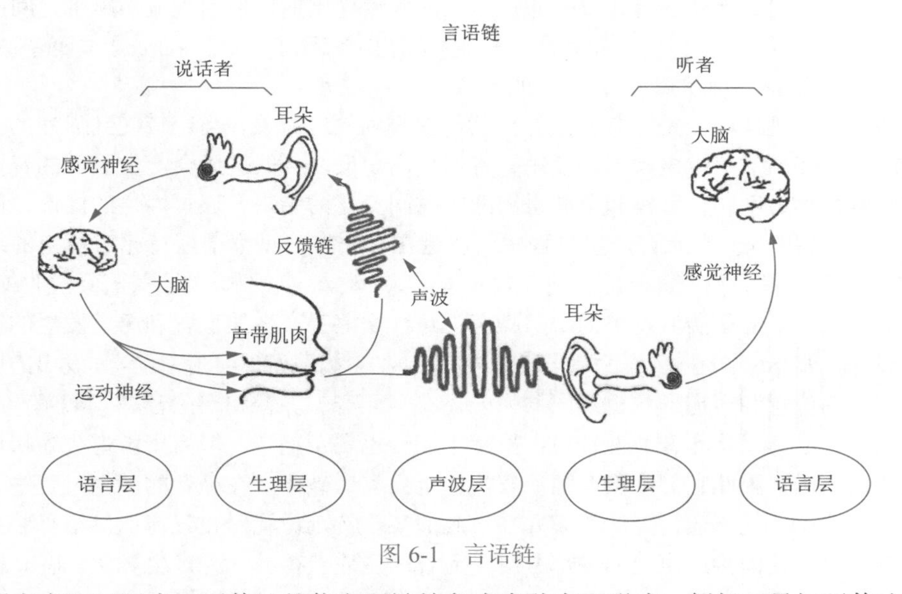

图 6-1　言语链

在语音产生过程中，要传达的信息要被抽象成多种表现形式。例如，最初要传达的信息是个中文句子，为了“说”出该句子，说话的人需要隐式地将句子转化为一种符号化的语音表示，这种表示包含了说话者用中文说话时在语速、重音等方面的方式，该阶段称为语言编码生成。生成语音符号表示后，说话者的大脑中的神经肌肉系统将会发出指令，控制面部肌肉和发声器官来发出预定的声音。最后，通过身体的声道系统，产生声音波形进行传播。

语音感知过程是从听者耳朵捕捉语音到理解语音信号中编码的信息的过程。首先，人耳蜗上的基底膜将声音波形转换为频谱表示，基底膜作为一个非均匀频谱分析仪，其不同的区域可以感知不同频率的声音信号。然后，将这种频谱特征转化为一组区别性特征（distinctive feature），输入大脑中解码处理，即将这些特征转换成与传入信息相关的一系列音素、单词和句子。最后，将信息中的音素、单词和句子转换为对基本信息含义的理解，以便能够做出反应或采取适当的行动。人类的听觉机制是相当复杂的，对其进行人工建模是十分困难的。例如，人类具有选择性倾听的能力，即在很多人说话的时候可以只关注其中的一个声音，哪怕这个人的声音比较微弱或者是带有浓重的口音。然而，人类的听力也会存在一些缺陷，例如人耳无法区分两个频率相似或者时间间隔很短的音调。总之，大脑控制复杂的语言理解机制，可以在执行相关的心理过程中利用各种语境信息，从而形成复杂的听觉系统，在将未来的语音研究与包括语言感知在内的听力机制联系起来是至关重要的。

目前，人们也正在研究使用机器去模拟言语链，包括自动语音识别（automatic speech recognition,ASR）、文本－语音合成（text-to-speech synthesis,TTS）和两者之间相互关联形成完整的言语链，将在 6.2 节和 6.3 节详细介绍。

6.1.3 语音生成机制

人类语音的产生包括三个过程：声源生成、发音和传播。人类的发声器官由肺、气管、喉、咽、鼻和口腔组成。从喉以上的部分被称为声道，通过运动下颚、舌头、嘴唇等内部部位可以变换成各种形状，通过抬高软腭将鼻腔与咽部和口腔分开。当横膈膜舒张向上时，空气被推出肺部，气流通过气管和声门进入喉部。声门是指左右声带之间的间隙，通常在呼吸时是开放的，当说话者想要发出声音时，就会变得狭窄。通过声门的气流会周期性地因气流与声带之间的相互作用而打开或关闭间隙而中断，这种间歇性的气流被称为声门源（glottal source）或语音源（source of speech），可以用不对称的三角波来模拟。

声音振动的原理实际上是非常复杂的，其与伯努利效应有关，当声带受到强烈的拉紧，从肺部上升的气压变高，声带振动周期变短，音调变高。反之，低气压会产生更低的音调。声带振动周期的倒数称为基频。重音和语调是周期中时间变化的结果，通过声道的修饰，产生元音时的音质，如 /a/ 和 /o/。在元音产生过程中，声道在整个发声过程中保持相对稳定的结构。辅音产生的机制来自摩擦音和爆破音，其中，摩擦音（如 /s/、/f/、/z/ 等）是当气流经过收缩的声道，如舌头或嘴唇时，形成了湍流发出的摩擦噪声，每种摩擦音产生的位置和声道发生的形变都不一样；爆破音（如 /p/、/t/、/k/ 等）是当气流被抑制时突然释放产生的高压空气发出的声音，每种爆破音产生的位置和声道形状也不同。另外还有半元音、鼻音和塞擦音等。半元音的产生方式与元音相似，但其又是非音节性音段，虽然半元音也属于辅音，但由于声道收缩松散，发声器官运动相对缓慢，因此它们既没有湍流气流，也没有爆破声。在鼻音的产生过程中，鼻腔成为口腔的延伸分支，气流通过降低鼻膜并在口腔的某个特定位置停止气流而供给鼻腔。当产生元音时鼻腔与口腔共同构成声道的一部分时，元音的音质获得鼻化，产生鼻化元音。擦音是由爆破音和擦音连续发出，同时发音位置保持收缩而产生的。各种音质是通过改变声道形状而产生的，声道的传播特性（即共振特性）也随之改变。

6.1.4 声学特征

从上文可以看出，声音以波的形式传播，如图 6-2（a）所示，声波由振动产生。当呼出的气流经过声带时，声带会以一定的频率振动。正常语音的振动频率大约在 60 ～ 350 Hz 之间。声带振动的方式导致呼吸气流的压力变化，把这些压力变化的振幅随时间画出来，就会得到造成压力变化的波形。声带振动产生的波形是周期性的，因为压力变化的模式会随着时间的推移而重复。这种波形不是正弦的，因此也是很复杂的，经过傅里叶分析，这种波形可分解为许多不同频率、振幅和相位的正弦分量。声源由基波和谐波组成，声带震动的频谱中包含一系列的频率成分（谐波），每一个都最低频率成分（基频）的整数倍，例如次谐波是频率是基频两倍的波形分量，三次谐波是频率是基频三倍的分量，依此类推。由声带振动产生的复杂周期波被上声道的共振腔所修正，其对不同频率的振动有不同的响应，接近自然频率或共振腔的频率振幅会被增强，其他频率会被减弱。除了声带振动发出的声音（浊音），当呼吸流通过声道时，在没有声带振动的情况下也可以发出声音（清音）。例如，/sh/ 的发音是通过舌头和上颚形成的挤压来迫使流出的气流产生的，这种声音是一种复杂非周期波。声道的共振被称为共振峰，在发声过程中，共振腔的大小和形状发生改变，共振峰的频率也随之改变，因此声道的每一种结构都有其特有的共振峰频率。因此，语音频谱中的峰值（最高能量集中点）是上声道共振峰频率的函数，而不是声带振动的频率。一般共振峰处为浊音。

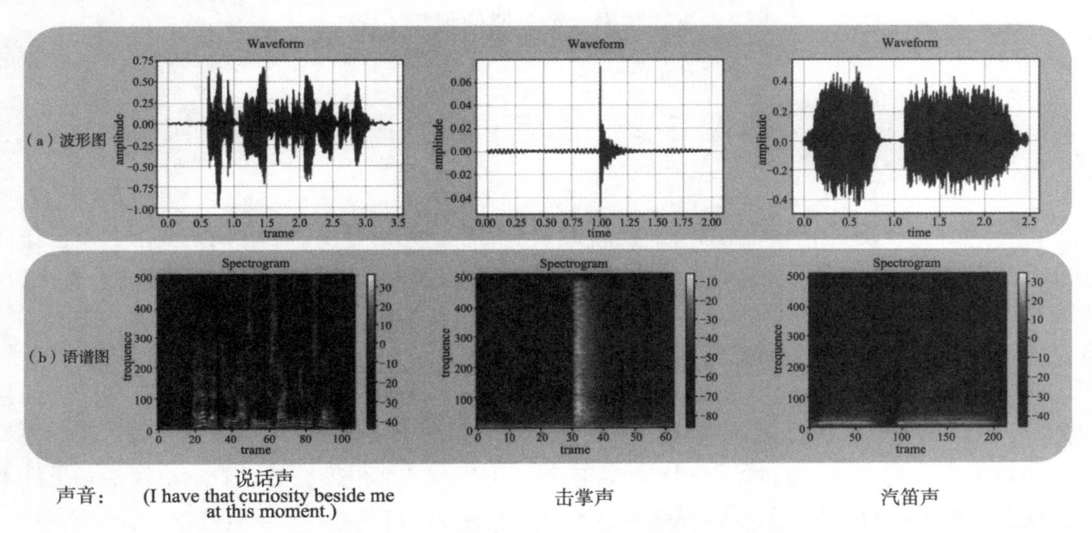

图 6-2　声音的波形图和语谱图，声音数据来源：Voices 数据集

音素之间语音特征的重叠称为协同发音。在说话时，由于每个音素都由不同的发音位置完成，在连贯表达时，这些位置可能相互影响，一旦接近到能够被听者理解的程度，这些发声位置就会改变目标，而非完整地将声音发出来。这样可以说话会更加省劲，听起来也更加流利。协同发音的现象增加了语音合成和识别的困难，没有协同发音的语音听起来十分不自然，为了高质量的语音合成，需要在一定程度上模拟协同发音。在语音识别中，协同发音意味连接的音节中不会包含一个个单独的音素，因此任何基于音素识别的系统都必须结合上下文语境进行识别。在辅音与元音的协同发音中，声学特性会发生很大的变化，因为辅音本身并没有稳定的周期，尤其是在语速快的情况下，后面的音素的发音在当前发出的音素发音完成之前就开始了。协同发音有时会影响相邻音素以外的音素。此外，由于各种发音器官参与了实际的语言产生，并且每个器官都有自己的运动时间常数，这些运动所产生的声学现象是非常复杂的。因此，音素符号与声学特征很难一一对应。

在上述情况下，需要去研究的是结合相对简单的特征来确定每个音素的具体声学特征，而不是确定每个音素的具体声学特征，这些特征主要是基于听觉，而非发音特征。

在声学角度看，语音有四要素，分别为音高、音强、音长、音色。其中，音高指的是声音的高低，即振动频率的快慢，音高一般由基频决定，语音的基频一般在 100 ~ 400 Hz 之间，统计人们在交谈过程中声音基频随时间的变化，女性声音的均值和标准差大约是男性声音的两倍。音强指的是声音的大小、声波的幅值，通过计算垂直于声音传播方向的单位面积的声音功率得到，人说话声音的振幅范围大概可以超过 50 dB。音长指一个音素发音时持续的长度，有的语言的对音长有所区分，例如英语中的 beat 和 bit，而普通话不依靠音长区分意义，音长只可能对修辞有影响。音色或音质可以理解为声音的特色，是区别各种声音的特征，即使两个声音的音高和音强相同，其音色也有可能不尽相同。

语谱图是声音在频域上的表示，其中横轴表示时间，纵轴表示频率，颜色表示对应频率的能量，图 6-2（b）为语谱图的示例图，其横轴是用帧（frame）表示的，一帧表示一小段时间窗口，生成语谱图需要在每一小段时间窗口上的波形进行快速傅里叶变换将其转换到频域，图中三条语音的语谱图的采样频率是 1 024 Hz，窗口为 1 s，帧移为 0.5 s，即每隔 0.5 s 进行一次计算。根据奈奎斯特采样定律，语谱图生成的频率分量只能达到 513 Hz。

6.2 语音的形成与识别

语音的研究涉及多个学科，首先，语音最重要的组成是语言，语言学的研究上一章已作详细介绍；其次，语音是人类重要的生理功能，因此也涉及生理学的研究；最后，语音是一种声音，涉及物理学中的声学研究。这里，希望赋予人工智能语音沟通这一人类特有的能力，除了了解人类语音的机制外，还需要研究模型算法建模这些机制。

语音识别技术，也称自动语音识别（automatic speech recognition,ASR），该任务的目的是给定一段语音信号 s，经过语音识别系统，得到对应该语音的自然语言文本 w，与机器翻译类似，用数学表示为 $w^* = \arg\max_{w} P(w \mid s)$，即学习一个模型，使得模型可以表示给定语音条件下不同候选文本表示的概率，只要选择概率最大的文本表示即可。进一步由贝叶斯公式得到

$$P(w \mid s) = \frac{P(s \mid w)P(w)}{P(s)} \propto P(s \mid w)P(w)$$

由于语音的概率值是给定的，不会变，因此计算时可以忽略这一项。早期的方法会分别建模 $P(s|w)$ 和 $P(w)$，进而找到使得后验概率最大的文本 w，其中 $P(s|w)$ 的建模称为声学模型（acoustic model,AM），$P(w)$ 的建模称为语言模型（language model,LM）。近年来，深度学习的出现展现出了利用大数据进行端到端学习的优势，人们开始关注直接建模后验概率 $P(w|s)$ 来完成语音识别任务，让模型直接根据给定的语音输入，输出对应的文本。

6.2.1 基于传统机器学习的语音识别

语音识别实现起来是很困难的，同样一句话，不同的人说出来的声音都是不同的，甚至同一个人在不同情况下说出来也是不一样的。其实早在计算机发明之前，已经有人开始研究自动语音识别技术。20 世纪 20 年代，就有玩具可以实现语音识别的功能，类似于现在的“Siri”“小度”等语音助手，这款叫“Radio Rex”的玩具狗一听到有人喊自己的名字，就会从它的屋子里弹出来。在计算机出现后，语音识别系统逐步发展起来。通常，语音识别系统的构成如图 6-3 所示。首先，要对输入的语音进行预处理，尽量增强人的语音信号，降低环境噪声和信道失真的影响，并进行语音信号的特征提取；其次，将语音特征输入声学模型中，学习生成式模型得到 $P(s|w)$；再次，使用语言模型建模自然语音文本的联合概率 $P(w)$；最后，利用解码器根据两个模型选取概率最大的文本，得到最终的识别结果。

图 6-3　语音识别系统的基本结构

语音信号预处理和特征提取能够进一步整合语音信息，减轻后续模型算法的压力，在数据或算力不足的情况下是非常必要的。具体地，由于语音信号是连续的，需要将其分解成时间小段进行处理，称为分帧。常用的语音特征有线性预测系数（linear predictive coefficient,LPC）、梅尔频率倒谱系数（Mel-frequency cepstral coefficient,MFCC）、感知线性预测（perceptual linear prediction,PLP）等。

LPC 的基本思想是当前时刻语音可以通过多个历史时刻（比如当前时刻之前的 P 个时刻）语音的线性组合来重构，即

$$\hat{s}(t)=\sum_{p=1}^{P}\alpha_p s(t-p)$$

其中，α_k 表示待预测的系数，对应的预测误差为

$$e(t)=s(t)-\hat{s}(t)=s(t)-\sum_{p=1}^{P}\alpha_p s(t-p)$$

通过最小化所有时刻的均方误差来求得预测系数。实际上，LPC 受启发于声道的发声机制，在 6.3 节中将会详细介绍。MFCC 和 PLP 则是受了听觉系统的启发，MFCC 将声音信号使用傅里叶变换到频域，然后使用梅尔滤波器（由非线性分布的三角带通滤波器组成）进行滤波消除频率差异比较小的谐波得到对应频段的能量值，取对数，倒谱（cepstral）前四个英文字母顺序与频谱（spectral）相反，指的是从频域到时域的逆变换，这里使用离散余弦变换得到倒谱系数。PLP 与 LPC 的模型相同，但在计算参数时用的也是对语音的对数能量谱进行离散余弦变换。

声学模型是利用提取的语音特征对似然概率 $P(s|w)$ 进行的建模，是基于传统机器学习的语音识别方法的核心任务。隐马尔可夫模型（hidden markov model,HMM）是对声学模型建模的有力工具，自李开复于 20 世纪 80 年代末首次将 HMM 应用于语音识别任务并获得极大成功以后，语音识别的隐马尔可夫方法被广泛研究。本书详细介绍一下 HMM 及其应用于语音识别的原理与实现。

如图 6-4 所示，时间长度为 T，观测序列为 $O=\{o_1,o_2,\cdots,o_T\}$，隐状态序列为 $Q=\{q_1,q_2,\cdots,q_T\}$。

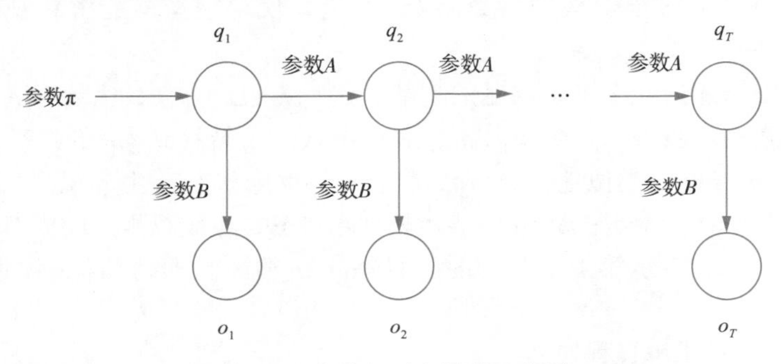

图 6-4　隐马尔可夫模型示意图

模型基本假设：每个隐状态只由前一个时刻的隐状态唯一决定，每个观测节点的取值只由当前时刻的隐状态唯一决定，转移概率只与隐节点的状态有关而与时刻无关。

HMM 通过如下参数来进行建模。

N：隐节点的状态数量，隐节点的所有状态表示为 $\{S_1, S_2,\cdots, S_N\}$。

M：观测节点所有可能取值的总数量，观测节点的取值集合表示为 $\{v_1, v_2,\cdots, v_M\}$。

A：转移概率矩阵，大小为 $N\times N$，其中 a_{ij} 表示由状态 S_i 转移到 S_j 的概率，即

$$a_{ij} = P(q_t = S_j \mid q_t = S_i)$$

注意到这里的状态转移概率 a_{ij} 与所处的时刻 t 无关，这是 HMM 的基本假设。

B：观测概率矩阵，大小为 $N\times M$，其中 b_{ij} 表示由状态 S_i 生成观测 v_j 的概率，即

$$b_{ij} = P(o_t = v_j \mid q_t = S_i)$$

注意到这里的观测概率 b_{ij} 也与所处的时刻 t 无关，即 o_t 由 q_t 唯一决定。

π：初始状态分布，可详细表示为 $\{\pi_1,\pi_2,\cdots,\pi_N\}$，其中 π_i 表示初始状态 q_1=S_i 的概率，即

$$\pi_i=P(q_1=S_i)$$

显然有 $\|\pi\|_1 = \sum_{i=1}^{N} \pi_i = 1$，且 $\pi_i \geqslant 0$。

因此，一个 HMM 的参数通常可以简化表示为两个标量 N 和 M，以及三个概率分布 $\lambda=\{\pi, A, B\}$。

给定由 $\lambda=\{\pi, A, B\}$ 指定的 HMM，则观测序列 $O=\{o_1, o_2,\cdots,o_T\}$ 按照如下的步骤生成：

①根据初始概率分布 π 生成初始隐状态 q_1。

②令 t=1。

③利用观测概率矩阵 B 和当前的隐状态 q_t，生成当前的观测节点 o_t。

④如果 t=T 则生成完毕，否则继续。

⑤利用状态转移概率矩阵 B 和当前隐状态 q_t，生成隐状态 q_{t+1}，实现状态的转移。

⑥令 t=t+1，转步骤③继续。

HMM 有三个基本问题：

①（评估问题）给定由 $\lambda=\{\pi, A, B\}$ 指定的 HMM 和观测序列 $O=\{o_1, o_2,\cdots,o_T\}$，计算该观测序列发生的概率 $P=\{O|\lambda\}$。

②（解码问题）给定由 $\lambda=\{\pi, A, B\}$ 指定的 HMM，并且已知观测序列为 $O=\{o_1, o_2,\cdots,o_T\}$，求该情形下最可能的隐状态序列 $Q=\{q_1,q_2,\cdots,q_T\}$。

③（学习问题）通过学习模型参数 $\lambda=\{\pi, A, B\}$，使得模型最能解释观测序列，即似然 $P=\{O|\lambda\}$ 最大。

下面将要详细描述这三个基本问题的求解算法，为叙述方便，需要对转移概率矩阵和观测概率矩阵的元素进一步表示：令 $a(q_t, q_{t+1})$ 表示由状态 q_t 转移到 q_{t+1} 的概率，即如果 q_t=S_i 且 q_{t+1}=S_j，则有 $a(q_t, q_{t+1})$=a_{ij}；类似地，令 $b(q_t, o_t)$ 表示根据隐状态 q_t 生成观测 o_t 的概率，即如果 q_{t+1}=S_i 且 o_t=v_j，则有 $b(q_t, o_t)$=b_{ij}；令 $b_i(o_t)$ 表示根据隐状态 S_i 生成观测 o_t 的概率，即如果 o_t= v_j，则有 $b_i(o_t)$=b_{ij}；令 $\pi(q_1)$ 表示第 1 个时刻的隐状态 q_1 的概率，即初始概率，如果 q_1=S_i，则有 $\pi(q_1)$=π_i。

这三个基本问题的求解过程如下：

1. 评估问题

该问题旨在给定 λ 的条件下计算 $P=\{O|\lambda\}$。根据全概率公式有

$$P(O|\lambda)=\sum_{Q}P(O|Q,\lambda)P(Q|\lambda)$$

对于特定的隐状态序列 $Q=\{q_1, q_2,\cdots, q_T\}$，上式两项分别计算为

$$P(O|Q,\lambda)=\prod_{i=1}^{T}P(o_i|q_i,\lambda)=\prod_{i=1}^{T}b(q_i,o_i)$$

$$P(Q|\lambda)=\pi_q\prod_{i=1}^{T-1}P(q_{i+1}|q_i)=\pi(q_1)\prod_{i=1}^{T-1}a(q_i,q_{i+1})$$

时间序列长度为 T，隐节点的状态数量为 N，则所有可能的隐状态序列数量为 N^T，所以如果直接按公式计算 $P=\{O|\lambda\}$ 需要进行 $N^T\times(2T-1)$ 次乘法运算，是复杂度为指数级的算法，计算量巨大。因此，对算法进行优化，引进动态规划的思路，以空间换时间，实现计算速度的提升。具体而言，采用前项过程或后项过程进行计算，大大降低计算复杂度。

前项过程需定义变量

$$\alpha_t(i)=P(o_1,o_2,\cdots,o_t,q_t=S_i|\lambda)$$

它表示从开始截至当前时刻的观测序列和当前时刻隐含状态的联合概率。则根据 HMM 的独立性，有前项递归公式

$$\alpha_{t+1}(j)=b_j(o_{t+1})\sum_{i=1}^{N}\alpha_t(i)a_{ij}$$

因此，前项过程的计算方法如下：

①初始化 $\alpha_1(i)=\pi_i b_i(o_1)$。

②根据前项递推公式依次计算 $\alpha_2(i),\alpha_3(i),\cdots,\alpha_T(i)(1\leqslant i\leqslant N)$。

③计算 $P(O|\lambda)=\sum_{i=1}^{N}\alpha_T(i)$。

算法的第①步需要计算 N 次乘法；第二步需要依次计算 $T-1$ 个时刻的 α，且每个时刻需要遍历 N 个隐状态，每个状态需要计算 $N+1$ 次乘法和 $N-1$ 次加法，所以第②步共需计算 $(T-1)N(N+1)$ 次乘法和 $(T-1)N(N-1)$ 次加法；第③步需要计算 $N-1$ 次加法，所以整个算法总共需要计算 $N^2*(T-1)+N*T$ 次乘法和 $(N^2-1)*(T-1)$ 次加法，时间复杂度较之前的暴力搜索的 $O(N^T)$ 降低为现在的 $O(N^2T)$，运算量大大减少。

后项过程与前项过程类似，定义变量

$$\beta_t(i)=P(o_{t+1},O_{t+2},\cdots,o_T|q_t=S_i,\lambda)$$

它表示在给定当前时刻隐含状态的情况下，其后各时刻观测的联合概率。则根据 HMM 的独立性，有后项递归公式

$$\beta_t(j)=\sum_{i=1}^{N}\beta_{t+1}(i)a_{ji}b_i(o_{t+1})$$

因此，后项过程的计算方法如下：

①初始化 $\beta_T(i)=1$。

②根据后项递推公式依次计算 $\beta_{T-1}(i),\beta_{T-2}(i),\cdots,\beta_1(i)$ $(1\leqslant i\leqslant N)$。

③计算 $P(O|\lambda)=\sum_{i=1}^{N}\pi_i\beta_1(i)b_i(o_1)$。

后项算法的时间复杂度也为 $O(N^2T)$，运算效率较高。

2. 解码问题

该问题旨在给定模型参数 λ 和 O 观测序列的条件，寻找最可能的隐状态序列 Q。建模为概率问题为 $\max\limits_{Q} P(Q \mid O,\lambda)$，即寻找使得条件概率 $P=(Q|O, \lambda)$ 最大的隐状态序列 $Q=\{q_1, q_2,\cdots, q_T\}$。直观上看，解码问题与评估问题较为类似，均需要对所有可能的隐状态序列进行遍历，只不过评估问题是概率求和以确保计算的边缘概率分布中不含有 Q，而评估问题是求概率的最大值以找到最可能的 Q。同样地，采用暴力搜索带来的是计算复杂度为 $O(N^T)$ 的算法，与评估问题中的前项算法和后项算法的处理方式类似，仍然采用动态规划的思想，降低算法复杂度。该算法称为 Viterbi 算法，具体地，定义变量

$$\delta_t(i)=\max_{q_1,q_2,\cdots,q_{t-1}} P(q_1,q_2,\cdots,q_{t-1},q_t=S_i,o_1,o_2,\cdots,o_t \mid \lambda)$$

它表示从开始截至当前时刻的以 S_i 为终点的所有隐状态路径中，与当前观测序列的联合概率的最大值。根据贝叶斯准则有

$$P(Q \mid O,\lambda)=\frac{P(Q,O \mid \lambda)}{P(O \mid \lambda)}$$

而对于不同的 Q 来说，分母 $P=(O|\lambda)$ 均相同，因此

$$\max_{Q} P(Q \mid O,\lambda) \Leftrightarrow \max_{Q} P(Q,O \mid \lambda)=\max_{i} \delta_T(i)$$

与前项递推公式类似，根据 HMM 的独立性，有递归公式

$$\delta_{t+1}(j)=b_j(o_{t+1})\max_{i} \delta_t(i)a_{ij}$$

然而，解码问题不仅要计算最大的 $P=(Q|O, \lambda)$，还要求得使该概率取最大值的 Q。因此，在利用上述递推公式的过程中，需要在每个时刻记录前一时刻所选取的状态（是从哪个状态转到 S_i 的），也就是使得 $\delta_{t+1}(j)$ 取当前值的 $\delta_{t+1}(j)$

$$\psi_{t+1}(j)=\arg\max_i \delta_t(i)a_{ij}$$

Viterbi 算法简要描述如下：

①初始化 $\delta_1(i)=\pi_i b_i(o_1)$，$\psi_1(i)=0$。

②根据上述两个递推公式依次计算

$$\delta_2(i),\psi_2(i),\delta_3(i),\psi_3(i),\cdots,\delta_T(i),\psi_T(i)$$

其中，$1 \leqslant i \leqslant N$。

③计算 $P^*=\max\limits_{i} \delta_T(i)$ 以及 $q_T^*=\arg\max_i \delta_T(i)$。

④计算最优路径 $q_t^*=\psi_{t+1}(q_{t+1}^*)$，其中 $1 \leqslant t \leqslant T-1$。

与前项算法和后项算法相同，Viterbi 算法的时间复杂度也为 $O(N^2T)$，较暴力搜索的时间复杂度大大降低。

3. 学习问题

前两个问题是在给定 HMM 的参数 λ 的情况下，对于特定观测序列的分析。与之不同，学习问题需要大量训练样本，即大量的观测序列，来训练模型，其目的是学习得到 λ 的最优值。

模型训练的最优准则是最大似然

$$\max P=(O|\lambda)$$

即寻找最能解释当前所有观测序列的模型参数 λ。由于模型中包含隐含状态序列，是优化过程的障碍，因此需要采用期望最大化（expectation maximization,EM）手段来处理隐状态序列。

求解学习问题的算法称为 Baum-Welch 算法，它本质上是 EM 方法在特定问题上的应用。这里仅给出 Baum-Welch 算法的过程，而略去理论证明部分。定义变量

$$\gamma_t(i) = P(q_t = S_i \mid O, \lambda)$$

它表示在给定模型参数 λ 和 O 观测序列的条件下，t 时刻的隐状态为 S_i 的概率。根据条件概率定义和 HMM 的独立性有

$$\gamma_t(i) = \frac{P(q_t = S_i, O \mid \lambda)}{P(O \mid \lambda)} = \frac{\alpha_t(i)\beta_t(i)}{\sum_{i=1}^{N} \alpha_t(i)\beta_t(i)}$$

定义变量

$$\xi_t(i,j) = P(q_t = S_i, q_{t+1} = S_j \mid O, \lambda)$$

它表示在给定模型参数 λ 和 O 观测序列的条件下，t 时刻的隐状态为 S_i 且 t+1 时刻的隐状态为 S_j 的概率。根据条件概率定义和 HMM 的独立性有

$$\xi_t(i,j) = \frac{P(q_t = S_i, q_{t+1} = S_j, O \mid \lambda)}{P(O \mid \lambda)} = \frac{\alpha_t(i) a_{ij} b_j(o_{t+1}) \beta_{t+1}(j)}{\sum_{i=1}^{N}\sum_{j=1}^{N} \alpha_t(i) a_{ij} b_j(o_{t+1}) \beta_{t+1}(j)}$$

且根据定义有

$$\gamma_t(i) = \sum_{j=1}^{N} \xi_t(i,j)$$

Baum-Welch 算法简要描述如下：

①随机初始化模型参数 $\lambda=\{\pi, A, B\}$。

② E 步：

a. 采用前项算法和后项算法分别计算 $\alpha_t(i)$ 和 $\beta_t(i)$，其中 $1 \leqslant i \leqslant N$，$1 \leqslant t \leqslant T$。

b. 根据上述公式计算 $\gamma_t(i)$ 和 $\xi_t(i,j)$，其中 $1 \leqslant i,j \leqslant N$，$1 \leqslant t \leqslant T$。

③ M 步：

a. 更新 π，$\pi(i)=\gamma_1(i)$，其中 $1 \leqslant i \leqslant N$。

b. 更新 A，$a_{ij} = \dfrac{\sum_{t=1}^{T-1} \xi_t(i,j)}{\sum_{t=1}^{T-1} \gamma_t(i)}$，其中 $1 \leqslant i$，$j \leqslant N$。

c. 更新 B，$b_{ij} = \dfrac{\sum_{t=1}^{T} \gamma_t(i) I(o_t = v_j)}{\sum_{t=1}^{T} \gamma_t(i)}$，其中 $1 \leqslant i \leqslant N$，$1 \leqslant j \leqslant M$，$I$ 为指示函数，其括号内条件满足时取值为 1，否则取值为 0。

④迭代执行 E 步和 M 步至收敛。

以上介绍的 HMM 是较为基本的情况，在语音识别的应用中，会根据实际情况对上述版本的 HMM 进行修改。主要修改分为两点：一是隐节点的状态只能由左向右转移，二是观测节点

由离散随机变量更改为连续随机变量。

在上述 HMM 中隐节点的状态的遍历的，即对于 T 个隐节点 $\{q_1,q_2,\cdots,q_T\}$ 来说，其中的每个隐节点都有可能取到 N 个状态 $\{S_1,S_2,\cdots,S_N\}$ 中的任意一个。然而，在实际的语音识别任务中，模型是单向的，即状态只能从左到右转移。例如，对于单词“world”建立 HMM，假设状态只有三个 $\{S_1,S_2,S_3\}$，分别表示单词的开始、中间和结束部分，则隐节点建模为如图 6-5 所示。

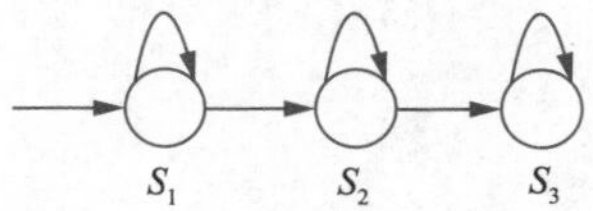

图 6-5　隐节点建模示意图

之所以状态只能从左向右转变是因为定义了三种状态的含义分别为单词的开始、中间和结束，而这种定义的合理性是由语音本身性质决定的，即任何人在读该单词时都会读成“/wɜː ld/”，而不会打乱其发音顺序。值得注意的是，上图中每个隐节点上的自环是必要的，其保证了该隐状态可以出现任意多次，因此可以对任意长的音频建模（同一单词的语音会有不同长度），这也是连续语音识别的基础。

所有状态之间都存在转移概率的模型，称为遍历模型；与之区分，只有前一状态与当前状态的转移概率，其余转移概率均为 0 的模型，称为单向模型。因此，这一修改是将遍历模型 HMM 修改为单向模型 HMM。同时，由于观测序列，即音频数据第一帧特征对应的隐状态必然是 S_1，因此初始概率是确定的，$\pi=[1,0,0]$。

由于观测节点一般为音频信号的特征向量，例如前文介绍的 MFCC 特征，其取值空间是连续空间，如果采用离散随机变量对观测节点建模不适合语音识别应用，因此利用高斯混合模型（Gaussian mixture model,GMM）对观测概率进行建模，此时的观测概率不再构成矩阵 B，而是每一隐状态对应一个概率密度函数，观测概率的参数为 GMM 中各高斯成分的均值、协方差和权重。相应地，该语音识别模型称为 HMM-GMM 模型。

利用 HMM-GMM 模型做语音识别任务时，还需要考量待识别语言中词汇量的多少。如果待识别语言中涉及的词汇量较少，则可以为每个单词训练一个 HMM 作为声学模型；但如果待识别语言中涉及的词汇量较大，若仍然为每个单词都训练一个 HMM，一则模型数量过多，训练复杂，二则许多词语的训练数据不够多，无法完成较好的训练，因此，此种情形下的声学模型更改为对每个音素训练一个 HMM，通过音素的不同组合来构成不同单词。下面，以音素的 HMM 模型为例，介绍一下模型的训练过程。

在训练过程中，首先需要对训练用的音频数据进行分帧处理，一般来说，由于在各帧提取特征时会进行加窗函数处理，削弱各帧两端部分的特征强化，强化帧中间部分的特征强度，所以分帧一般会采取重叠的方式。例如，采用 25 ms 帧长，10 ms 帧移动，则长度为 2 s 15 ms 的音频会分成［(2 015－25)/10］＋1=200 帧。再对各帧逐一提取之前介绍的语音特征，例如 MFCC 特征。然后，对训练数据的音频进行标注，模型训练需要的标注为音素级别的标注，但由于因素级别的标注工作量很大，因此，通常进行的是单词级别标注，并根据发音字典，将单词级别标注转换为因素级别的标注，这种转换会受多音字的影响，但从模型训练效果来看影响不大。在得到音频数据的特征以及标注后，可以开始进行模型训练。然而，由于音频帧与音素标注并不是一一对应的，因此严格来讲，模型的训练无法直接按照监督学习的方式进行，语音识别的模型训练任务更加复杂。针对这种情况，采用嵌入式训练方法（embedding traing），其本质思想仍然是期望最大化 EM 算法。以识别单词 world 的语音数据为例，其含有四个音素，分别是：“/w/”“/ ɜː /”“/l/”“/d/”，假设音频长度 2 s 15 ms，按照之前计算，共分出 200 帧。

①对齐初始化。虽然并未知晓198个隐状态与4个音素的具体对应关系，但语音识别中使用的是单向HMM，因此可采用平均对齐初始化的方式，即从左向右第1～50个隐状态（q_1～q_{50}）对应音素“/w/”，第51～100个隐状态（q_{51}～q_{100}）对应音素“/ ɜ: /”，第101～150个隐状态（q_{101}～q_{150}）对应音素“/l/”，第151～200个隐状态（q_{151}～q_{200}）对应音素“/d/”。另外，假设每个音素假设包含三种状态，也采用平均对齐的方式，即q_1～q_{17}的状态为S_1，q_{18}～q_{34}的状态为S_2，q_{35}～q_{50}的状态为S_3，q_{51}～q_{67}的状态为S_4，……，q_{185}～q_{200}的状态为S_{12}。

②M步：

a. 更新A，$a_{ij}=\dfrac{1}{T-1}\sum_{t=1}^{T-1}I(q_t=S_i,q_{t+1}=S_j)$，在本例中$T$=200，且$1\leqslant i,j\leqslant 12$。

b. 更新B，根据各状态下的特征向量，利用EM算法拟合GMM，得到该GMM中各高斯成分的均值、协方差、权重系数。

③E步：重新对齐。根据M步计算得到的模型参数，计算隐状态q_1～q_{200}的取值，该问题是Markov的解码问题，可采用上面提到的Viterbi算法求解。

④迭代执行M步和E步至收敛。

语言模型用于计算先验概率$P(w)$，即单词序列中单词$\{w_1,w_2,\cdots,w_L\}$的联合概率

$$\begin{aligned}P(w)&=P(w_1,w_2,\cdots,w_L)\\&=P(w_1)\prod_{l=2}^{L}P(w_i\mid w_1,w_2,\cdots,w_{l-1})\end{aligned}$$

该模型是自回归模型，与上一章机器翻译的语言模型建模方法一致。本质上，B二元语法模型也是一个Markov模型，值得注意的是，该模型是遍历模型，即语言中的任意两词之间都可以相互转移。将声学模型和语言模型进行复合，便可以得到语言级别的HMM模型。在复合的HMM模型中，音素级别的状态转移是单向的，而单词之间的转移是遍历的。在完成对模型的训练后，可以利用解码器对未知音频数据进行语音识别。

解码器是搜寻令后验概率最大的最优文本的模块。然而，一个个搜索是的效率很低，不过在之前介绍的HMM模型中，可以使用Viterbi算法在多项式时间内进行搜索。另外，在实际应用中，也可以对Viterbi算法进行适当改造，得到最优的若干个句子，形成n-best句子列表，或者使用集束搜索，减小搜索范围，提高求解效率。

然而对于大词汇量连续语音识别（large vocabulary continuous speech recognition,LVCSR）而言，其计算量过大，且考虑每个人发音的时长也有很大不同，连续语音也需要对语音上下文进行建模（triphone），这使得搜索变得十分困难。为此，可以使用加权有限状态转换器（weighted finite-state transducer,WFST）对语言模型（G）、发音词典（L）、上下文关系（C）、HMM（H）进行融合表示，从而减少冗余，加速后续解码过程。具体地，语言模型的WFST是对词序列到词序列转换的表示，发音词典的WFST是对音素序列到词转换的表示，上下文关系的WFST是对上下文相关音素序列到音素序列转换的表示，HMM的WFST是对HMM隐状态到上下文相关音素转换的表示。H、C、L和G的融合可以表示为

$$\text{HCLG}=\min(\det(H\circ\min(\det(C\circ\min(\det(L\circ G))))))$$

其中，det表示确定化，即给定输入符号，确保输出符号是唯一的；min表示最小化，即将WFST转化为节点和边最少的等价WFST；∘表示WFST的融合。将HCLG融合后直接进行解码即可。

6.2.2 基于深度学习的语音识别

本节介绍利用深度学习实现直接端到端地输入语音信号特征、输出文本的建模。实际上，如果理解了上一章中介绍的机器翻译、图像文本描述模型，就会发现将这些模型直接带入语音识别的场景下即可，例如将 MFCC 特征或者语谱图作为图像直接输入到编码器中，使用解码器生成文字在理论上均是可行的。

实际上，早在深度学习流行之前的 2006 年，就已经出现了端到端优化语音识别模型的方法——连接时序分类（connectionist temporal classification,CTC）。该方法为了直接优化$P(w|s)$，设计一个输入和输出长度相同的网络，输入的时刻对应输出时刻，例如使用一个 LSTM 模型，其输入和输出长度是相等的。然而，在正常情况下，输入的语音很难与输出文本序列等长。为了让输入输出等长，在已知输入长度，而输出长度未知的情况下，只能让输出数据的长度对齐输入数据。幸运的是，语音的长度通常是远远大于文本序列的长度的，于是可以将文本的长度人为扩展，然后再通过一定手段将其缩减。例如，对于输入长度为 10 的模型，单词 language 可扩展为 lllanguage、llaanguage、laaanguage、languuuage、lannguagee 等 36 种输出形式。在训练阶段，这些输出形式均需作为监督信息用于训练模型，即一个输入对应多种可能的输出。在测试时，只需要将输出单词的重复字母删除到只剩一个即可。

这时，会发现这种方法忽略了一种很常见的情况，即有的单词中的字母是连续重复出现的，例如单词 book。对于这种情况，只需要在重复字母中间插入一个特殊字符，例如将一个希腊字母ε插入英语单词 book 中得到boεok，这样新单词中就没有连续重复的字母了，然后以前文描述的方式进行扩展（特殊字符也可以扩展），还原时先将重复字母去掉，再将特殊字符去掉即可。

【例 6.1】假设单词 cat 的输入语音长度为 5，good 的输入语音长度为 6，如何对单词进行扩展？

对于单词 cat，其扩展可为以下 C_4^2 =6 种：cccat，caaat，cattt，ccaat，ccatt，caatt。对于单词 good，先将其扩展为新单词 goεod，再将其长度扩展为 6，ggoεod，gooεod，goεεod，goεood，goεodd，共五种情况。实际上，对于也可以把一些扩展后的补充的重复字母替换成 ε，例如 gεoεod，cεεat 等，也是可以正确恢复出原始单词的，但是 cεcat 是不可以的，这样将会恢复出 ccat。

CTC 方法的补全扩展操作还会引发一个问题，例如，cat 这个单词扩展后，对应时间序列的第一个位置总会是 c，而第二个位置会是 c 或 a，这样相当于告诉模型给定语音 cat 的条件下，第一个位置是 c 的概率要高于第二个位置。但实际情况下，有可能语音序列第一段并不完全，要经过第二段的时候才能比较清楚地判断出字母 c，因此这样的训练是不甚合理的。需要设计模型，使其输出不止可以以当前时刻和前向时刻语音为条件，也可以参考后向时刻输入是解决问题的一种方法。

6.3 语音的合成

语音合成指的是通过人工合成的方法生成人类的声音，即文本到语音的转换（text-to-speech, TTS），是语音识别的逆过程。语音合成技术的发展是从最早的基于共振峰的参数语音合成和基于波形拼接的语义合成技术，到基于统计的语音合成，到现在使用深度学习端到端的直接从文本生成语音，合成的语音越来越精确自然，适用场景更广。

6.3.1 传统语音合成方法

传统的语音合成方法可以分为两种，一种是基于参数的，另一种是基于拼接的。其中基于参数的方法是将人的发声机制模拟成数字滤波器，认为人的发声是气流经过声门产生的激励经过一系列共振得到的，将这些共振称为声道响应，因此滤波器表征的是声音这一信道的共振特性，通过声道响应函数来表示。例如 6.2 节介绍的线性预测系数（LPC）模型，该模型输入是声门激励和噪声，期间经过共振，表示为对历史时刻声音的加权相加得到输出语音

$$s(t)=e(t)+\sum_{p=1}^{P}\alpha_p s(t-p)$$

将该式表示为

$$s(t)=h(t)*e(t)$$

其中，* 表示卷积，$h(t)$ 表示滤波器。使用 Z 变换将上式在频域上表示为

$$S(z)=H(z)E(z)=\frac{1}{A(z)}E(z)$$

其中

$$A(z)=\frac{E(z)}{S(z)}=\frac{Z\left[s(t)-\sum_{p=1}^{P}\alpha_p s(t-p)\right]}{S(z)}=1-\sum_{p=1}^{P}\alpha_p z^{-p}$$

有了该滤波器之后，就可以输入不同的激励来合成语音，例如，输入一个周期性脉冲序列来表示发浊音时的声带震动。通过调节滤波器参数，可以获取不同类型的语音。经典的基于参数的方法例如共振峰参数合成，通过设计一组规则来控制简化源 - 滤波器从而产生语音，这些规则一般是专家设计来模仿语音的共振峰等特性，这种方法可解释性强，量级轻，易于部署在嵌入式系统上，但是声音比较假，很容易与人声区分，性能局限于规则设定的精确度。实际上也可以采用神经网络、HMM 来拟合声道响应函数。

基于波形拼接的语音合成方法是直接将数据库中的波形片段拼起来，然后输出一个连续的波形。其基本原理是分析输入文本的上下文信息，从预先收集的语音库中选择合适的语音单元，然后将这些语音单元串起来，从而得到合成后的语音。这种方法需要注意上下文语境，因为同样的音素在不同的环境下发声会有区别，因此要根据上下文选择波形片段。一种典型的波形拼接语音合成方法是基于 LPC 的拼接方法，这种方法使用语音的 LPC 编码，来减少语音信号占用的存储容量，合成过程是一个简单的解码和拼接过程。这种基于频域的方法的合成语音对于单个单词来说比较自然。然而，由于人们实际说话时不仅是单个孤立的语音单元的简单连接，因此整体效果不算流畅。而且该方法需要庞大的语音库，需要较大的存储空间，且合成的声音只能是语音库中的，无法随意改变。

6.3.2 基于统计的语音合成方法

统计参数语音合成（statistical parametric speech synthesis,SPSS）不同于基于拼接的方法，该方法使用算法优化声学合成模型所需参数。SPSS 方法通常由三个模块组成：文本分析模块、参数预测模块和声码器模块。

1. 文本分析模块

文本分析模块对文本进行预处理并提取特征，例如对文本进行归一化、分词、字素 - 音素转换，

提取音素、音节、单词（例如，词性、单词在句子中的位置等）、短语（例如，韵律特征、句子中你的位置等）、句子（例如，单词、短语的）等不同粒度的特征和它们的上下文特征。

2. 参数预测模块

参数预测模块实际上就是一个声学模型，输入文本分析模块的文本特征来预测语音的声学特征（例如，基频、频谱包络序列、倒谱等），可以使用 HMM 等模型，通过极大似然估计来计算声学特征序列，与语音识别的过程十分相似，不同点在于声学特征是从语音库中的语音中提取出来用于学习参数。基频参数中，清音的频谱是连续的（非周期信号的频谱是连续的），浊音的频谱是离散的（周期信号的频谱是连续的），无法同时建模，可以使用多空间概率分布 HMM，将清音和浊音的参数分别映射到不同的空间。为了让输出更连续，也考虑语音的上下文信息。另外，使用神经网络建模也能进行参数预测，并且结构更加灵活，利用基于 RNN 的模型拟合高阶马尔可夫性，从而模拟协同发音的情况，使得语音更加自然。

3. 声码器模块

声码器模块根据估计的声学特征生成语音波形，是 SPSS 的重要组成部分。传统方法通常使用 HTS_engine 合成器，因为它是免费和快速的合成语音，为了提高音质，后续又出现了相位声码器、PSOLA、正弦模型等。目前语音实时合成还比较困难，一定程度上满足不了现实需求。

6.3.3 基于深度学习的语音合成方法

基于深度学习的语音合成方法，主要指端到端的学习方法，即给定输入文本，直接输出语音。该方法不需要专家标注处理，也不需要素级别的对齐。与基于深度学习的语音识别、机器翻译方法类似，采用生成式模型。常用的模型有 WaveNet、Tactron 等。

除此之外，还有利用深度学习直接联合 ASR 和 TTS 形成闭环的言语链模型，直接研究闭环言语链模型可以将反馈机制考虑进去，通过相互作用分别提高 ASR 和 TTS 模块的性能。例如，2020 年提出的机器言语链，采用了两个基于序列的编码器 - 解码器模型，分别实现 ASR 和 TTS，与 cycleGAN 等模型类似，在训练中，将 ASR 模型输出的文本序列输入 TTS 模型，将输出语音序列与 ASR 的输入对齐，同时，将 TTS 模型输出的语音序列输入 ASR 模型，将输出文本序列与 ASR 的输入对齐。

小　结

本章主要论述了语音的概念与语音加工的主要方法，其中要点如下：

① 语音是人类用语言进行声音上的交流，是人与人之间交流沟通中最自然的方式。语音信息的交流是即时的，在人类生活中起着非常重要的作用。语音的产生和感知可以形成闭环，其内在联系称为言语链。语音的生成过程包括声源生成、发音和传播，肺部产生气流通过声带引起震动，经过口腔引起共振发出声音，浊音的震动是周期性的，清音是非周期的，声道的共振被称为共振峰。语音有四要素，分别为音高、音强、音长、音色，另外协同发音机制使得语音更加流畅。基于语音的上述特性，语音的特征通常是基于频域表示的。语音加工对实现人工智能进一步发展十分重要，在当今时代应用广泛。

② 语音识别是指给定一段语音信号，经过语音识别系统，得到对应该语音的自然语言文本，

该系统一般通过建模给定语音生成文本的后验概率得到，使得该后验概率最大的文本序列即为所求。传统的 ASR 方法无法直接建模后验概率，因而通过声学模型和语言模型分别建模似然和先验概率，最大化后验概率等价于最大化似然概率和先验概率，通过解码器搜索得到文本序列。基于深度学习的 ASR 方法分为两种，一种是连接时序分类方法，该方法需要语音序列与文本序列对齐，另一种是基于序列的编码器 - 解码器模型，无须对齐。以上两种基于深度学习的方法都需要大量训练。

③ 语音合成指的是通过人工合成的方法生成人类的声音，是 ASR 的逆过程。TTS 方法大致分为传统语音合成方法、基于统计的语音合成方法（SPSS）和基于深度学习的语音合成方法。传统的语音合成方法可以分为两种，一种是基于参数的，另一种是基于拼接的，其中基于参数的方法是将人的发声机制模拟成数字滤波器，通过调节滤波器参数来合成不同语音，基于拼接的方法是直接将数据库中的波形片段拼起来，然后输出一个连续的波形。SPSS 方法使用算法优化声学合成模型所需参数，通常由三个模块组成：文本分析模块、参数预测模块和声码器模块。基于深度学习的方法与语音识别类似，通过基于序列的编码器 - 解码器模型实现。

另外，人工智能学科对语音的研究远不止上述内容，与上一章的自然语言一样，关于语音的机器学习任务还有情绪识别、语种识别等。由于每个人的说话声音都不同，也出现了类似指纹识别的声纹识别技术（voiceprint recognition），相较于指纹识别、人脸识别等其他身份识别方法，声纹辨别是非接触式的、交互体验更佳。

习　题

1. 尝试收集不同语音，例如男性、女性、中文、英文、清音、浊音等，使用 MATLAB、Python 编程语音生成不同声音的波形、语谱图，并分析不同声音之间频谱的差异。

2. 对基于 CTC 的语音识别方法进行编程实现。

3. 使用深度学习模型，实现语谱图作为输入、语音作为输出的语音识别方法。

4. 设计一个基于 Transformer 的语音合成模型，画出框架图，并尝试分析其相较于 RNN、CNN 方法可能的优势和不足。

第7章 语言加工

语言加工是人工智能的重要组成部分，在人工智能技术中，自然语言处理可以说是一种语言加工，在加工过程中居于主导地位的是电脑智能技术或预先设定好的参数或规则。同时，从脑科学或脑认知的角度看，语言加工也是人脑机能的一部分，也是探索脑功能的核心方法。信息的加工和存储是脑的基本任务，而语言本身就承载着大量的信息。因此，探索大脑语言加工的奥秘可以更好地揭示语言加工的本质，为人工智能语言加工提供更好的资鉴。关于人脑语言加工的研究，历史由来已久，在哲学上有经验主义和理性主义的语言观，基于不同的语言观衍生出不同的语言加工理论和模式，下面分节论述相关内容。

7.1 经验主义语言观

经验主义语言观在研究中占有重要地位，经验主义主张经验是知识的唯一源泉，人类的一切知识都来自外部的感觉和印象，大脑对这些外部的印象进行抽象和概括等活动。从语言学的发展历史来看，经验主义是传统语言学的基石，占主导地位。例如，“白板论”的倡导者 Locke 认为，人的观念是从后天的经验获得的，语言来源于感知。Locke 把语言的性质与语义问题结合起来，主张词的功能是表达思想，词是给思维感知的符号，意义体现了概念和印象的替换能力。

经验主义语言观认为意义是最关键的，要解决的主要问题是语言表达及其所表征的概念是如何获得意义的。追溯基于经验主义的语言理论，著名语言学家索绪尔的功绩不可磨灭。虽然现代语言学承认索绪尔的语言学理论是以经验主义为基础的，但进行深入的学习和思考，就会发现索绪尔的语言学理论有别于后经验主义理论。首先，索绪尔的语言理论研究的是语言类型。索绪尔把语言看作是一个符号系统，一个能指和所指组合的符号系统，这种系统内的组合没有必然的联系。索绪尔主张，语言是一个类型范畴系统，相应地，语言的基本单位要按范畴类型来算。基于此，索绪尔描述了语言结构和语法系统从经验中形成的过程，特别是经验在嵌入句的形成过程中的作用。

根据索绪尔对语法的研究，嵌入句的形成能够较好地说明语言结构和语法系统在形成该句中的作用。在复句中，同一类型的句子可以通过嵌入相同类型的句子，构造出嵌入式复句。除了嵌入句类型之外，还可以通过组合不同类型的例子构造出其他类型的句子。例如，把名词词组和动词词组组合起来，可以构造出一个句子；在同一类型的例子中，嵌入所给类型的例子，就可以构造出一个复杂句。虽然索绪尔语言学理论没有明确提及自嵌式句子形成这一问题，但是可以根据其理论进行推断。首先，索绪尔把带有关系从句的句子看作语法范畴的类型，不能想当然地假设关系从句是语言递归性规则的产物，因为很多语言都有关系从句的标记，这是一个约定俗成的规定。该规定符合索绪尔的语言学理论，在索绪尔看来，主句或关系从句的构造是语言中事先规定好的各种句子类型的构造。据此推断，自嵌式句子可能是通过如下归纳推理产生的。

归纳是一个逻辑过程，通过归纳，从一种类型中选取一个例子，然后把符合这个例子的事实类推到所有这种类型的事实中。这种类推起初简单，但后期较为复杂。比如，英语介词结构 of a dog、of a tree 和 of a queen 这类短语被视为属格短语范畴的例子时，如何从 death of a dog 构造出诸如 death of a tree、death of a queen 等较为复杂的范畴例子呢？这是一个创造的过程，该过程取决于一种能力，把这种能力称为归纳能力，该能力能够通过归纳诸如 of a dog 类推到属格短语的整个范畴。可以把逻辑归纳的假设进行如下总结：of a dog 可以修饰名词 death，of a dog 是所有格的短语，因此所有格短语可以修饰名词 death。

同理，递归结构句子的形成也可以通过推理得出，假如知道长的从属句子可以嵌入到句子中，也理所当然知道长的从属句子也是句子，那么就可能会进行如下的归纳性推理：长的从属句子可以嵌入到句子中，长的从属句子是一个句子，因此句子可以嵌入到句子中。也就是说，推出主句是句子的某个类型中的一个例子，符合主句的范畴特征，也符合所属类型的所有成员的特征，包括长的从属句子。当然，这种推断存有一定的瑕疵，因为符合某个类型的一个例子的特征，并不一定适合该类型中所有实例的特征。但是，在特定的情况下，该推断又是正确的。例如，通过假设推断，得到“句子可以嵌入到句子之中”的结论，这就是句子的递归性特征。句子的这种递归性特征意味着语言使用者拥有理解无限的使用自嵌式句子的潜能，表明可以从例子中归纳出自嵌式句子产出的规则。

在索绪尔的理论中，通过对聚合关系的清晰认识，人的语法知识会变得更加系统。Wayland 和 Guion 等研究者发现，和缺乏音调知识经验的人相比，有经验的泰语学习者更倾向于凭借直觉辨别泰语音调。两者区别在于，在词汇层面，有经验的泰语学习者具有更系统的音调、高音变化方面的知识，能够把这些知识用来传递语义信息，这使得有经验的学习者在解决音调、高音方面的问题时比缺乏音调知识者更为娴熟，更为专业。

经验对语音知识的作用和影响，同样可以适用其他语言知识。有研究表明，和受教育程度低者相比，受过较好教育者能够展现出较强的语言产出能力，且受过正规教育者对语言聚合关系敏感。这表明，索绪尔颇为模糊的“自由意志”概念与本土语者和非本土语者在认知风格上的差异有关系。本土语者倾向于使用聚合关系方面的经验，非本土语者则倾向于使用组合关系方面的经验。和偏好组合关系者相比，偏好使用聚合模式的语言者拥有较强的语言产出能力。从这个意义上讲，索绪尔的理论不仅能解释语言加工弱产出能力的问题，也能够解释语言加工强产出能力的问题。

但是古典（理性）主义理论和索绪尔经验主义理论不同，对于语言产出能力持相反的观点，两者分歧源自不同的认知架构，因为这两大理论是在不同认知架构的基础上构建的。对心理表征和结构敏感性组合的句法和语义关系是古典主义理论和经验主义理论争论的焦点之一。下面介绍古典主义理论和经验主义理论的架构，以及不同架构会引发两大理论对不同语言产出能力的诠释。

古典主义理论和经验主义理论在语义内容是如何分配的问题上存在分歧。古典主义理论认为，语义内容分配给表达形式；而经验主义理论认为，语义内容分配给语言单位。这种分歧源于两者架构的内在差别。经验主义的网络连接由大量相互高度关联的简单加工单位组成，这些单位称为节点或基本单位。整个网络是一个动态系统，其中，每个单元与其他单元通过权重关系相互连接，单元之间通过权重关系输送信号。当一个单元接收其他单元的输入信息时，该单元会根据携带信号连接的情况，对输入信号进行不同程度的增强或削弱。为补充单元的输入值，累加权重信息得到总数。通常累加值会通过一个非线性函数加权连接，再传递到其他单元。单元间有无数可能的连通模式。在某些架构中，单元是完全相互联结的。因此，每个单元都和其他各个单元相互连接。在其他架构中，单元被组成不同的层级，每个层级中的单元和另一层级中的单元相互连接，而不是和本层级的其他单元连接。可以看出，单元网络连接的架构是至关重要的，它决定了单元网络是否可以用来表现输入和输出之间的某些类型的关系。

古典理论与经验主义不同，其心理表征需要句法和语义合并形成。这样，心理表征在结构上存在原子层和分子层的差异，形成结构性分子句法成分或者分子性结构层或原子性结构层。不同语义内容的句法成分在不同语义内容表征上起的作用不同。

在经验理论的连接主义网络中，复杂行为的出现是相互联系的单元之间简单相互作用的结果。在特定的架构中，网络可以凭借本身的组织功能显示自我组织功能，网络节点的组成模式，这些模式并非设计者有意构建植入网络。行为浮现的另一种形式是自发泛化（spontaneous generalization），据此，联系既定输入和给定输出模式的网络可获得加工新输入成分的能力。相比之下，在经典理论框架下，复杂行为是中央执行（加工）器作用的结果。

连接主义网络通过多种不同的方式把既定的学习输入映射到给定的输出。学习的一个重要形式是误差的反向前馈传播（backpropagation）。这种形式的学习通常是在网络架构三个层面的基础上完成的，这三个层面是输入层、隐蔽层和输出层。输入层是要学习的输入模式植入网络；隐藏层是创建中间表征，中间表征对于将输入模式转换为输出模式是必要的；输出层显示网络的输出，每层节点和下层节点相连接，但与自身同层节点不连接。

学习行为的发生首先是输入模式进入输入层，输入层生成的信号通过隐蔽层传播给输出层。输出层的每个单元的输出值和该单元受训完成时的单元预期产出值比较，实际输出值和所需输出值的差别用来改变该输出单元和与之连接的隐蔽单元之间的连接权重。这样的值差别不断用于改变每个隐蔽单元和与之相连接的输入单元之间的连接权重。该过程重复不断，直到找到一组合适的权重组，该组权重将输入模式调整转换为所需的输出模式。这个过程的结果是，特定网络的特定知识不局限在一个地方，而是分布在整个网络系统中。因此，连接主义框架的基本特点是缺乏中心执行控制加工系统。

就激活状态而言，神经网络系统以实物或概念的表征分布形式呈现。网络的状态是由整体模式构成的，此整体模式是由网络中各单元的总权重值激活形成的。因此，经验主义是分散式的表征法。相比之下，基于规则的模型是以记忆中占据的唯一和特定方位进行表征的，因而是方位式的表征法。例如，每个词条存储在记忆的不同位置，该位置会被编入索引，有特定的位置，可以组成心理词库。所有与词条相关的信息，如词的拼写，语音表征、语义特征和句法环境等，都存储在这一特定的方位。这是基于规则模式的表征法特征。但是，在经验主义网络中，词条的特征分布不受方位的影响，呈现分散式分布的特点。

为进一步说明问题，以语义特征为例，如 +animate（有活性）由一个节点来表征，而复数的句法功能，可由另一个节点来表征，依此类推，当给定的词条特征的所有表征节点被激活时，这个词条就被激活了。同样的节点可能参与其他词条的表征激活。例如，当含有 +animate 所有特征的词条被激活时，整个 +animate 的节点保持活跃状态。就整体激活模式而言，这意味着任何一个词条的表征不是仅仅局限在该词项中，而是分布在该词汇的整个网络中。这涉及认知语法的知识。

认知语法的一个核心概念是语法结构在本质上是象征性的，而语法是一个有组织的约定俗成的语言单位的清单。在构式语法中，“词汇不是由语法的其他部分简单定义而来”。词素、固定词组、从句、关系从句、疑问句等都属于结构的范畴。这些结构从简单抽象的主谓结构到简单的词项方面发生变化，在变化过程中，有可自由填充的位置变化，有固定词序的构词组合搭配和只有部分有构词能力的固定词组变化。例如，英语双宾语，以及部分词法规定的固定词组的变化，如“越……就越……”的结构。这与索绪尔关于“语言可以看作由现成的短语和固定用法及所有类型的语段都建立在有规则模式基础上的构成”的观点一致。

因此，可以看出，语法并不仅仅是一张简单的结构清单，而是对结构的全面描写。结构“不是形成一个无组织的集合，而是一个高度整合的完整系统。一种结构与其他结构紧密相连，从这个意义上讲，它不是任意组合的，而是分层级的。各种不同结构的概括通过承接层级理论获得，不同结构间层级关系有着清楚的承接链关系”。因此，构式语法把语法视为分层级的整体结构。

构式语法使加工与语境敏感方面的语言加工成为可能。一方面，假定多义词项对应每个结构语境进行加工，语境敏感语言的加工能使用语言规则进行加工。另一方面，在构式语法中，结构构成了修饰词义的语境。Goldberg 用“结构辅助方式”的方法进行了阐述。根据 Goldberg 的观点，“名词词组 + 动词 + 所有格 + 方式 + 隐含宾语”这一结构是普通形式的结构产出模式。虽然一些模式中的词汇元素是固定不变的，但是，每个位置的填充词汇都或多或少受所有格的限制，而所有格又必须与主语名词词组一致。隐含宾语受到状语方向性的限制，这些限制和动词后的名词词组基本词项的要求有关。Goldberg 论述了这方面一些细小的限制，这一限制涉及可插入结构中的动词类型的选择问题。结构产出模式产生于影响动词词义的多种限制的相互作用。Goldberg 阐释了这一模式是如何影响嵌入动词位置的动词词义的。例如，

① John found his way to London.

② Janet sewed her way to fame and fortune.

③ He belched his way out of the restaurant.

这个结构的特点是，动词 found、sewed 和 belched 并没有表达出例子结构中应该表达出的情感意义。原因有两个，Goldberg 引用 Levin 和 Rapoport 的研究指出，出现在方式结构中的动词都有多个词义，并且其中一个词义与情感意义相关。Levin 和 Rapoport 指出，found 的特殊情感来自 finding，sewed 的特殊情感来自 sewing，而 belch 的特殊情感则来自 belching。这种通过增加词项多样性的方法来解释语境影响作用是基于规则的加工方式的，这在语言研究中很常见。它的长处是语言结构可以用自由语境规则的方式来解释。

然而，Goldberg（1999）却不苟同，争辩说，类似于这样的解释需要大量的词义数量作为支撑，她从语料库中提取了大量能够证明方式结构具有高产出力的例子。例如，

① He'd bludgeoned his way through ...

② [The players will] maul their way through the middle of the field.

③ Some customers snorted and injected their way to oblivion and sometimes died on the stairs.

④ But she consummately ad-libbed her way through a largely secret press meeting.

⑤ I cannot inhabit his mind or even imagine my way through the dark labyrinth of its distortion.

⑥ Lord James craftily joked and blustered his way out of trouble at the meeting.

Goldberg 指出，把诸多结构的动词情感意义作为方式结构理解较为合理。动词只是从结构中的语境获得情感意义。这就是说，可以把结构看作独立语言实体。反过来，这表明，语言结构是建立在基于经验的模式基础之上。另外，它也符合经验主义理论，并与心理语言学句子加工的理论一致。基于经验的语言加工研究的焦点是排除聚合关系的组合关系。因此，基于经验的加工认为语言使用者具有弱产出能力。

基于经验的模式强调以联想网络形式的语言使用的长期存储。它认为语言知识在神经网络中以联想模式分布，在网络联想模式中，语言知识的多源性（句法、词汇及语境）同时相互影响、相互作用，贯穿整个加工的始终。从这一角度讲，该模式强调句法和词汇信息动态交互的过程，该过程是以并行方式进行的，这可从一些典型的基于经验的句子加工模型中窥见一斑。

7.2 基于经验的句子加工模型

基于经验的句子加工首先涉及首驱动短语结构语法（head-driven phrase structure grammar, HPSG）。在首驱动短语结构语法中，语法的表征以参照和语用意义及表达这些意义的形式之间的关联或匹配为特征。这正是早期基于经验的句子加工的基础。

7.2.1 首驱动短语结构语法

基于经验的方法认为，表征输出的模式即为结构。首驱动短语结构语法以符号为基本语言单位，是一种结构复杂的语音、词汇、句法、语义和语境信息的组合体。首驱动短语结构语法的语言符号整合了有关语言和语言用法的各种信息来源，由一系列的属性或特性组成，这些属性和特征具有特定值。每种语言符号都有一系列的与该语言特征相匹配的属性。除此之外，形式和意义的信息存在于每个语言符号之中，包括词素、词语和短语从句，加工这些语言符号需要分析它们的具体属性值。以名词短语符号 dogs 为例，它有三个属性值：读音为 /dɔgz/，语义上是指 dog 这个词本身的词项意义，从句法上来看，它有子意义。句法属性值由可数名词符号（即有多少条 dog）组成。语义属性值包括关系和量化，即不止一条 dog。因此，dog 这个语言符号是建立在语音形式 /dɔgz/、句法形式 s 和 dog 这个词项意义上的属性值。这种构式语法观点与 Hockett 的有限状态加工模型一致。

7.2.2 有限状态模型

有限状态模型的基本观点是，句子加工是以句子出现的概率性为基础，Hockett 称之为有限状态。根据这个模型，语言加工是从一个状态到另一个状态的转换过程。每个状态紧接着一个或一个以上的其他可能状态，每一个紧接着的可能发生状态与给定的概率程度有关。例如，当加工系统处在与一个形容词相对应的状态时，下一个可能的状态是名词或形容词，也许有平等或不平等的概率法进入任意一个可能的状态中。一旦遇到一个名词，这个系统就进入到一个名词状态，或者准确地说，进入一个形容词先于名词的状态，即形容词修饰名词。正如 Hockett 所提出的那样，语法总部（即基础语法总量）可以以大量不同状态存在。在特定的时刻，它必须成为这些状态中的一种，并与每个其他状态相连，构成了一组省略众多语素的概率数列。当一些语素真正被忽略的时候，语法总部转到一个新的状态。新的状态可能不仅仅是以确定概率形式呈现出来，新状态不仅依赖于前状态，也依赖于已经被确实省略的语素内容。

在进行从一种状态到另一种状态的转换中，加工系统可以获得更大的灵活性。例如，加工系统可以把一个介词状态转换成原本的介词状态。这个转换使系统可以重复操作，通过包含代表连接词的这些状态（如英语 or 或 and），系统加工拥有更大的灵活性，可以加工连接成分。整个状态转换模式以语法为表征进行转换。

Hockett 模型的一个重要方面就是状态转换同时也受到语义因素的影响，但是其所影响的机制在模型中没有清楚地表示出来。这点可以从 Bever 的句子模式理论中得以解决。

7.2.3　Bever（1970）的句子模式理论

图示或模式（schema）一词的概念最初是由 Bartlett 提出来的，指的是大脑中存储的过去经验的组合。作为框架的图式理论，描述大脑中的结构和知识所起的作用。该理论用来解释许多认知过程，比如，推理过程和论证过程，成为大量对学习、理解和记忆的实证研究的一个动力。Bever 指出，模式理论可能在句子加工中采用概率性的加工方法。

概率性的方法使用在句子模式中，就像大多数通常不考虑实际顺序和句子结构而对句子进行的感性加工一样。Bever 认为，普通行为依赖于以统计数据确定策略的方法，对句子进行加工的行为策略包括“建立在感性经验之外的模式”。这种策略是分层级的，最高层级就是语义和语用策略，最低层级是分割策略。分割策略就是把一个句子分成可以把功能关系策略匹配到主题性功能的小单元的策略。

按照 Bever 等的观点，一种分割策略是通过使用功能词来标明短语的边界。Bever 等提出，好的分割主要短语的方法是从每个功能词组成的新词组开始。也就是说，限定词用中心名词来界定名词短语，介词用中心名词来界定介词短语，助动词用中心动词来界定动词短语，以此类推。

另一分割策略是主从句策略，代词的出现标志着需要该策略加工从句。韵律是另一种信息源，可以用来识别从属关系句子。主从句策略关键的证据是找到代词的存在和表达语调，从而方便理解中心嵌入式句子。

另外一种是功能关系策略，它反映了功能性角色的划分，词汇策略就属于功能策略。Levelt 是这样解释这个策略的：“对某些词的使用，似乎有着诸多限制。当出现这类词的时候，听者就会立刻知道存在着句法限制。”比如说，convince（确信）这个词出现在一个英语句子里面，立刻能知道句子里一定有某人或某事。例如，英语句子 somebody is convinced of something（某人承认某事），用具体的例子来讲就是 John convinces Peter of his error。convince 这个词在听者心中可以立即建立起深层结构，而 Peter 和 his error 两词则不然。

对词汇策略起主要支撑作用的佐证是，与深层结构相联系的动词比与浅层结构相联系的动词更难理解。这一发现对后面要介绍的 MacDonald 的歧义消除解释非常重要。学习者不仅能使用词汇策略预测现有材料，同时也能够把主题关系确定到所遇到的材料。在 Bever 的方法中，词汇信息可以指定格关系，如 consider 这个词引导宾格关系。一旦这种模式被激活，就可使用词汇策略寻找相关的与每个格相连接的格。

除了词汇策略之外，还有词序和语义策略。词序策略包括理解有施事动词的句子。宾语模式相当于“名词短语—动词—名词短语”的句子。心理语言学实验证明，句子加工采用词序策略。Kaan的实验表明，这种策略可以从主体优先的在线英语句子加工中看出来。Weyerts等同样发现，语序的选择对德语句子的在线理解起着很重要的作用，同时，语义策略也在该研究中提及。

语义策略和一般的语义特征把功能作用分配到各句子片段中。比如，在英语句子The boy chased the dog with a bone和The boy chased the dog with a car句子中，语义策略根据语义可信性用修饰语修饰适当的名词短语。因此，对于理解者来说，像The horse raced past the barn fell这类英语句子就很难理解；而类似于The horse ridden past the barn fell这样的英语句子容易理解，因为对这种句子的理解采用了语义策略。

以上简要描述了Bever加工方法的主要内容，即句子加工是靠概率信息使用来进行解释的。换言之，句子加工就是包括了解释多个概率约束的过程。但Bever没能提供出一套完整的加工策略，也没能阐释各种策略之间相互矛盾时应如何解决的问题，比如，如果同时使用两种策略来解释一个句子，两种策略如何选取的问题。另外，其关于如何克服策略限制的方法也没有解释清楚。而MacDonald的限制满足理论对Bever理论进行了完善和发展。

7.2.4 限制满足理论

MacDonald的限制满足理论把句子理解看作是一种互动的过程，各种不同的语言知识以单元增级、分布表征的形式出现。这些对应多种类型知识的单元结构以平行方式运作。MacDonald称之为“论元结构”（argument structure）的句法结构，根据特定单元的激活程度的大小不同进行相应的激活。在句子的某一个单元点都存在着受限制引发的句法分析之间的竞争。在给定的情况下，最受关注的限制是那些有最高概率性或受高频影响的限制。因此，通过评算所受频率分值多少和相关语境的影响，能够给句子加工作出完整的、令人满意的解释。

MacDonald实验研究表明，在加工歧义句时，语言学习者对频率和语境的限制非常敏感。其中有一个重要的限制是，关注易引发歧义的动词在不同语句结构中出现的频率。比如，一个英语句子片段The patients heard至少有四个和heard这个动词的论元结构一致的后续搭配结构：①主动及物论元结构，如The patients heard the music；②不及物结构，如The patient heard with the help of a hearing aid；③句子补语结构，如The patient heard that the nurses were leaving；④压缩关系结构，如The patient heard in the cafeteria was complaining。

MacDonald限制满足理论还考虑了后歧义性信息因素的存在和缺失，这些信息会对heard这个动词作出不可能为及物动词的解释。例如，在英语句The patient heard in the cafeteria was complaining中，由于介词短语in the cafeteria的存在，显然对heard作及物动词的解释是不可能的。加工歧义句子的另一限制是前歧义性信息因素，这些信息对句子加工的诠释比其他诠释更为可信。例如，在英语句子The music heard中，由于music的存在，不可能对动词heard作出及物动词的解释，heard有可能是压缩关系从句动词。因此，在英语压缩关系从句结构中，music称为比句子The patient heard in the cafeteria was complaining中的patient更具前歧义性限制的信息因素。

MacDonald发现，阅读时间和理解反应时都受到限制因素频次的影响。比如，在压缩的关系从句结构加工中，如果动词在日常用语中越经常被用作不及物动词，就越难正确地解释它。例如，在英语句子The evidence examined by the lawyer was very reliable中examine这个词，因为examine这个词既可以作为及物谓语动词，后面直接跟宾语；也可以作动词过去分词，用于压缩关系从句结构。MacDonald还发现，歧义性限制有强弱之分，对句子加工的影响也不一样。弱后歧义性限制与强后歧义性限制在一起时，其歧义性影响会较小。同样，强前歧义性限制和弱前歧义性限制相比，其影响也较大。此外，这些限制因素之间存在互动关系，当前歧义性限制和后歧义性限制互动不明显时，最大的歧义性效应就会产生。

MacDonald 的理论强调加工过程中频次影响的作用，该理论的一大发现是，加工频次对阅读时间有影响，句子图式出现越频繁，其反应时就越短；反之亦然。总之，MacDonald 提供的实证研究数据表明，加工句子的过程和概率频次多寡相关。

从以上的描述中可以看出，MacDonald 的理论基本上是 Bever 理论的一个更新版，因为两者都强调了概率和频率可能性分布在句子加工中的重要性。这和 Langacker 基于用法的模式一致，都强调了语言理解中的频次效应。这种模式是基于经验的句子加工模型的一个典范。

7.2.5 基于用法模式

Langacker 基于用法模式认为，语言知识是在语言经验的使用基础上概括出来的语言知识的具体运用。语言结构与使用语言的具体例子紧密相连，当对给定的句子结构进行加工时，该结构所代表的意义在加工系统中会留下“痕迹”。下一次加工遇到同样的结构时，该结构会得到强化或固化，形成固化成分或固化单元。因此单元中的固化在很大程度上依赖于经验和使用频次。在基于用法的模式中，固化的单元结构是“深深扎根于大脑中使用起来毫不费力的结构”。

在句子加工模式中，语言事例的频次影响起着重要的作用。Dabrowska 指出，经常使用某一给定的结构，该结构就会越容易被理解，因此也越易加工。除此之外，该模式认为，低层图式的具体单元和多层次抽象的高层图式同时存在，不同抽象层面的语言知识表征的程度不同，低层图式在全新的表征计算中起初居于主导地位，表征程度较高；随后居于次要地位，被多层次的抽象高层图式取代，表征程度也随之降低。

在 Langacker 看来，概要（schematicity）和固着度（entrenchment）是相互关联的。根据 Goldberg 的描述，简单结构应该比复杂结构更容易固化（entrenched），因为简单结构比复杂结构更容易保留。比如，对动词过去分词的讲解，通常讲授的有规律的过去形式变化。在实际使用中，如果使用不规则动词还套用规则动词的变化规律，那么马上会被识别出来，被指出是不正确的。与之相反，所教词的恰当形式，基于它出现频次的存活程度，“组成了一个高确定性的，易于被接受的语言单元”。Rohde 的实验解释了 Langacker 的固着度成分在语句加工中的过程。例如，对英语句子 The man was bitten by a snake 的加工研究表明，出现和使用较多的固着度成分结构，如句中的动词 bitten，这样句子更容易加工，因而理解句子所需的时间少。

竞争性理论与基于用法一样，强调语句加工中线索频次的重要性，并认为语言学习者在决定句子施受关系时，会运用词语顺序、主谓动词一致等表层线索来加工标记表层形式在句中的意义。

7.2.6 竞争理论

MacWhinney 的竞争理论模型认为：形式和功能意义的映射是核心。表面的形式或线索，与其内在的意义之间的匹配是一个相互影响、相互作用的过程。在这个过程中，各种线索共同合作、互相竞争。在该模型中，语言的表面语言形式与其对应功能之间的匹配是根据某些特定属性的概率表征分布来确定的。由于竞争控制着语言加工的过程，因此整个过程是一个表面语言形式与功能对应、联合、线索强度、线索的有效性等方面的二维结构相互影响、相互作用的过程。其中，线索有效性能够较好地解释语言加工的过程。

根据竞争模型，竞争在语言加工与学习的过程中起着操控作用。自然语言以有限的语言形式和无限的功能为特点。例如，在词汇层面，语言中虽然存在有限数量的辅音与元音，但是大脑可以创新出无数的语义。这就是说，有限数量的元音与辅音对应着无数的语义，因为数量上的不匹配，语言中不同的语义经常共享同一或部分的辅音和元音。例如，听到英语句子 I come to see you 时，对于该句话中 to 这个单词，脑海里会出现几种相应的语义概念：two（两个），介词 to 和 too（也）。这几个语义之间就存在竞争，目的是找到一个合理的理解。在竞争中，介词 to 获胜了，因为它是三个竞争选手中唯一可以和动词 see 进行语义搭配的单词。因此，to 以最强的线索被激活了。同样，在句子层面，形式与功能的匹配也是一个积极的、活跃的竞争过程。相应的词汇意义可以创造出无限与其有关系的功能结构，但可用于与这些意义相匹配的语言表面形式却是有限的，只有词项、词序、形态系统和语调高低等可以被使用。因此，这样一套无限数量的功能范畴和有限数量的表面形式的控制就存在竞争，进而进行匹配和筛选。当某一特定的功能在竞争中胜出，它与表面形式的提示线索之间的联系就增强了，那些其他的功能与表面形式之间的联系就削弱了。所以，在语言加工与学习机制的整个过程中，功能之间的竞争是不断循环、重复进行的竞争。

如上所述，竞争过程有可能会导致功能与形式之间的联系或强或弱。在形式与功能匹配的联系网络中，每一种联系带有不同的权重和强度。就孩子学习而言，在进行功能与形式匹配的最初阶段，匹配分配强度值为零。以后伴随着孩子语言学习的不断深入，他们会花费精力注意这种联系，并能从这个语言系统联系中获得知识。因此，线索强度逐渐反映出语言学习的发展过程，即反映出孩子产生线索强度的心理与主观特征的发展过程。当然，不同语言间类似的提示线索强度有差别。比如，英语中动词前的位置与主动施事者有很大关系，但在汉语中动词前的位置与话题有很大的联系，而和主动施事者关系不大。因此，英语中动词前的位置作为对主动施事者的提示线索的强度比汉语大得多。

对线索强度首要起决定因素的是线索的有效性和任务频率。任务的原频率是线索强度最基本的决定因素。任务指的是对于相关结构的辨认识别程度，如决定动词主动施事者的任务。无论何时，加工相关结构所涉及的线索强度都会被增强。因为大多语言的基本任务是高于起点的任务发生频率，所以任务频率很少被认为是线索强度的重要决定因素。但在二语或外语学习中，因为可影响学习过程的进度，任务频率的影响就显得很重要。其影响表现在，要么起中心作用，要么成为一般缓慢习得的主要因素。

线索有效性是线索强度最有预见性的决定因素。线索有效性是从 Brunswik 开始提出的概念，它是线索的一个客观特性。语言学习是说话者根据线索有效性来分配和调整适应线索强度的过程。Bates 和 MacWhinney 把线索有效性定义为线索的可行性和可靠性。线索的可行性指的是在语言输入过程中，线索如何被频繁地使用。如果线索在加工中总是被使用，那么它的可行性极高。例如，在英语中要确定句子的主动施事者，动词前的位置这条线索总是被使用，那么这条线索的可行性就很大。因此，这条线索在英语学习中就非常可行。线索的可靠性指的是线索被使用时，不论时间长短，它都能始终和具体的语言形式进行匹配。如果总是能够得出正确的结果，它的可靠性就非常高。在大多数语言中，因为名词格总代表着相同的功能（如主格和宾格），所以这条线索显得非常可行。

竞争模型运用数学统计方法来计算线索的可行性与可靠性。线索可行性的计算方法是在任务领域范围内，按照可用的线索和占所有线索的比率来计算。线索的可靠性在数学上可以表示为能够得出正确结论的线索占所有可用线索的比例。例如，汉语中，有表示施事作用关系的任务100个（即施事和及物动词关系的任务），其中有80个根据动词前的位置线索的任务，其他20个也许省略了主语或是缺乏主语的祈使句，那么在这个任务域中，线索的可行性是100之中有80，即80%。如果在这80个线索中，有40个可以充当主动施事人角色，那么，确定主动施事人线索的可靠性为50%，即80中的40个。因为线索的有效性是线索的可行性与可靠性的产物，所以动词前位这条线索的有效性为32%（80/100×40/80）。

理论上讲，线索强度与线索的有效性有直接关系。但是，由于有限的工作记忆容量、感知系统，以及线索本身的因素，特定的线索很难察觉出来，也不容易被处理和加工。线索耗费（cue cost）这个概念就来自这种加工的有限性。对于线索耗费内在的假设是，加工线索越难，耗费越大，听者对其依赖性就会减少。

在该模型的早期并没有出现线索耗费这个概念，其出现是随着实证研究的不断发现而产生的。该模型提出了两种类型的限制，即可觉察性（perceivability）和可配置性（assignability）。可觉察性指的是发现线索的困难程度。有些线索本身就很难察觉和发现。例如，在匈牙利语中，在辅音字母后的t是指示宾格的线索。如果线索很难发现，线索的最初获得在加工中就会被推延，线索耗费就大。

另一个导致线索耗费的因素是线索任务的可配置性。不同类型的线索有不同的加工要求。有些线索需要较少的信息加工，其可配置性相应较高；其他线索加工时相对耗时，其可配置性相应较低。根据加工线索时所需的信息数量，可将线索分为局部线索和整体线索。局部线索指的是用于局部加工的线索，因为可以用单个词来解释，它可以缩短线索在工作记忆中停留的时间；局部加工是仅用单个词而不考虑短语中的其他词来对语言线索进行识别和解释。

整体线索涉及要求高级复杂的加工，对于整体线索的识别与解释需要对词进行诸多方面的编码识解。例如，词序关系、超切分重音模式，以及形态学上的人称、数的一致性标志等都属于整体线索的范畴。例如，在英语第三人称单、复数线索的使用方面，初学者必须存储一个最终能和动词形式一致的名词和动词本身，以及一个或更多能竞争替换此动词的名词短语，因为像人称、数、格这样的整体线索超出初学者有限记忆系统的负载能力，初学者使用这些线索的可能性很小。因此，他们首先使用的是局部线索。从这个角度讲，配置性任务直接影响初学者对线索的学习和掌握。

竞争模型把句子加工看作是一个激发形式与功能联系的过程。这种联系因线索可行性与可靠性而显得很重要。在加工时受限制的线索耗费，同样也使这种联系变得重要。从这个意义上讲，语言是形式与功能作用的概率联系。基于此，竞争模型对句子加工作出以下预测：①不同语言有不同的线索类型，同一条线索在不同语言中的有效性不同，如动词前位这条线索在英语中有效性高，但在印度语中有效性低。②线索强度与在线加工呈负面关系，线索强度与加工速度有关系，较强的线索有较快的反应速度，较弱的线索有较慢的反应速度。③聚合线索有利于句子的解释，因此在加工时要比单一线索或与其他线索相竞争的线索反应时快。④竞争线索抑制句子加工，使反应时慢，竞争的线索句子加工比单一的线索和聚合线索句子加工反应时慢；长线索由于线索的竞争与聚合，其反应时受到弱线索的竞争与聚合的影响小。

以上模型在很大程度上依赖于连接主义框架与加工规则。在这些模型中，句子加工过程是一个激发句中各单元内部联系的过程。与此同时，一些相关信息源也会被激发。句法结构里的位置仅被特定的聚合范畴的词项填充，分析句法构造就是分析复杂的范畴结构。由于受到不断输入的数据影响，信息源间的权重联系发生变化，因此语言加工是输入频率相协调的过程。此外，基于一种或其他种图示来描述，基于经验模型句子加工的研究对句子加工中频率作用作出很好的诠释。除此之外，基于经验的模型能够很好地解释从组合关系联系的角度解释语境效应。

但是，这种视角下加工模型的局限性是缺少理论解释力，也就是缺少关于语法知识在句子加工中的作用的详细解释，没有说明不同知识源中准确的限制机制的问题。另外，句子加工数据驱动本质受频率影响需要大规模语料库的支持，这在实际的操作层面较难。因此，以经验为基础的方法，未能对频率的作用和语境如何影响在线加工作出明确的预测和解释。竞争理论也无法明确解释在多大程度上理解和产出是通过学习获得的，以及句子加工的具体竞争程度。因此，基于经验的模型存在缺陷和瑕疵，而基于规则的方法能够弥补以经验加工方法的缺陷。理性主义与经验主义不同，强调理性在认识中的作用。它认为人的心智是先天就有的遗传能力，是人的大脑结构所固有的；人类的语言知识是从天赋的心智特征中推导出来的。人能够生成和理解无穷多句子的语言能力是大脑心智的组成部分，是人固有的机制，表现为普遍语法。

普遍语法受一定的语法规则制约，这里主要介绍四个典型的基于规则的句子加工模型：Chomsky 的生成模型（generative model），Frazier 和 Fodor 的花园路径模型（garden path model），Fodor 和 Pylyshyn 的理论，以及 Chomsky 的最简方案（minimalist program）。

7.3 基于规则的加工模型

7.3.1 Chomsky 的生成模型

Chomsky 认为语言行为的本质是语言的创造性。语言能力中最显著的一个方面就是语言的创造力，即说话者具备创造新句子的能力，尽管这些新句子和以前熟悉的句子并不相同，但能被其他说话者理解。Chomsky 把语言的创造性定义为与一系列的语言规则相关的语言行为。因此，Chomsky 认为人类语言能力是由规则控制的，语言的正常使用指的是，对那些以前听过的类似句子的创造和重新诠释，因为它们是由同样的语法规则生成的。Chomsky 认为，句子的创造与诠释需要转换生成规则。语言中每个句子都有深层结构与表层结构两个层次。深层结构是一种潜在的较抽象的形式，是以分层树状图形式展现的；而表层结构则是所产生词的实际形式，是通过句子成分的排列组合展现的。通过转换生成规则，深层结构可转换为表层结构。例如，The cat chased the mouse 和 The mouse was chased by the cat，Chomsky 指出这两个句子是从同一个更深层语法结构衍生出来的。转换生成规则支配这种普遍形式的特征，也能使这种普遍形式转换成实际的句子。通过对句子结构的分析，可以较好地加工句子。

有必要指出，转换生成规则有简单和复杂之分，有些转换生成规则是简单的，如初始和最终规则。初始规则是以英语短语 throw a ball 为例，其中动词 throw 在短语的首要位置，初始规则便存在于此短语中。以英语名词短语 the big white house 为例，其中名词 house 位于短语末位，最终规则便存在于此短语中。其他规则相对较复杂，例如，英语中的特殊疑问句构成规则，其中一条规则需插入合适的特殊疑问词，以达到预期的词汇范畴。例如，在英语句子 He gave to whom a book 中，whom 插在介词 to 与冠词 a 之间。

Chomsky 主张结构在语言加工时独立起作用，且结构不能仅仅是词的线性排列顺序。例如，在结构条件句中，若有“如果句子A，那么句子B”和“要么句子A，要么句子B”的情况出现，对于“那么”和“要么”的选择，应取决于“如果”或“要么”在“句子A”前出现的位置。自嵌结构依存句子的加工，同样适用转换生成规则。Chomsky认为，语法规则是递归的，它可以无限地被使用嵌入句子中。Frazier和Fodor提出的花园路径模型与Chomsky生成模型具有一致性。

7.3.2 花园路径模型

Frazier和Fodor提出的花园路径模型，也称为两阶段模型，是语言加工过程中以规则为基础的加工方法的代表。按照该模型，语言加工有两个不同的阶段。第一阶段是低级阶段，该阶段是基本短语包装阶段，基本短语包装有大约六个单词的包装视窗。因此，它可以把单词与包含前五个单词的结构相连接。第二个阶段是高级阶段，是句子结构监视器。它聚集了第一阶段产生的包装物，然后将其变成句子总短语标记。在第一阶段中，句法分析器在语言加工开始阶段起重要作用，把一连串的词串应用到短语结构规则，句法知识只是可以独立地引导言语的语法分析。在这种情况下，听者可以通过使用最小附着规则解释句子。在高级阶段，主题信息用来测评起初分析的合适度。不管是低级还是高级阶段，两者都受最小附着挂靠规则的约束，如果有两种附着节点可以选择，那么节点附着越简单越好。

按照最少节点挂靠规则，如果句子在嵌入段落中心时被适当地加长，那么这些句子就容易理解，因为句子成分通过句子结构监控这种方式得到正确组合。例如，下面英语句子中的竖线表明了基本短语能被分成若干小部分。

The very beautiful young woman |the man the girl loved| met on a cruise ship in Maine |died of cholera in 1962.

与基于规则的标准相一致，在复杂句子加工过程中，Fordor和Pylyshy把重点放在句子组合性方面，认为心理表征法的特性需要某种组合性，这种组合性可以通过所涉及部分的意义来进行加工。

Forder和Pylyshyn主张，组合成分赋予语言三种重要属性。这些属性涉及产出率、结构灵敏度及系统性。产出率属性可以从语法的递推性规则中看出。这些规则使人们能够理解并创造出新句子。在自嵌式句子中，可以重复使用相同的规则嵌入一个句子中，可以使用不同成分嵌入的句子。结构灵敏度通过表达句法结构反映出来，而且不仅仅反应内容，甚至决定了这种表达应该如何被诠释。例如，英语句子Tom loves Alice和Alice loves Tom的解释是不同的，因为这两种句法表达方面存在差异。系统性表现把这样的事实表现出来。例如，某人理解了英语句子Tom loves Alice，也就可以理解英语句子Alice loves Tom。这种理解基于认可Tom和Alice同为人物名词的认识。因此，系统化源于语法规则，语法规则视不同句法类型而定。

因此，Fodor和Pylyshyn提出，复杂句子加工以规则为基础，涉及句子组合性和系统性的加工。此外，他们认为知识与记忆两者存在区别。例如，在加工自嵌式句子的过程中，句子的表征是通过复制语法符号和通过工作记忆串联把这些符号表征出来的。如果可用的记忆力不足，理解可能会出现偏差，但这些偏差并不意味着系统的抽象能力无法执行该任务。换句话说，记忆力充足就可能构建出合适的句子表征。

自嵌式复句和其他复杂句子的加工困难可用计算资源不足来解释，可以从工作记忆容量的限制来解释。一种解释是，自嵌式结构的加工困难是语义结构，而不是句法结构。根据Hudson解释，语法解释不能圆满解释语法相似的句子更容易被加工的问题。困难句子是那些嵌入句修饰有独立主语的名词，这些修饰语成分作为分句嵌入句中，但又被另一个主体是普通名词的子句修饰。这种解释是修饰的名词意义和保留在短期记忆中不同的独立概念区分不明显，造成多种存储的概念之间互相“干涉”。

Chomsky 的最简方案（minimalist program）与 Frazier 和 Fodor 所描述的最少节点挂靠原则一致，为 Fodor 和 Pylyshyn 的理论提供了支持。

7.3.3　Chomsky 的最简方案

上文提到，转换规则在 Chomsky 生成模式中非常重要。Chomsky 依据早前模式完善了最简理论（Minimalist Theory），这些理论包括句法最简理论，它是句法解析的基础。根据 Chomsky 的解释，该理论的一个特征是派生性，它提出一种分析是如何被构造出来的规则，而不过滤限制输出表征的情况。主要派生限制是受所谓的句子简约条件的限制。

根据最简理论，出于成分特征考量的目的，句子测试项被插入派生或移动的成分。该理论的成分特征考量把论元结构强加在状语附着成分的偏爱上，这是因为假设相关成分对成分考量起一定的作用。作为状语的附加成分不会导致某种作用或其他特征。相反，插入论元结构的位置允许某种作用的发生。句子成分的插入或移动会受到简约条件的影响。最少结构连接附着种类的偏好紧接着简约成分。对于功能转移或合并来说，每个点使用最少数量的操作插入一个种类似有必要。在最简方案中，屈折变化和动词的移位相联系，屈折变化是核查机制的结果。

根据 Chomsky 理论，简约性规则掌控着句子的衍生。就此规则而言，最短的语法也是最佳的语法，其他的一样，这样避免了很多臃肿累赘的句子。该规则包含两个概念：衍生的简约和表征的简约。衍生的简约指的是句子位移（转换）的发生旨在为了把可解释性特征与不可解释性特征匹配起来。比如，一个可解释特征的例子是规则英语名词复数的曲折性变化，如 dogs。dogs 这个词可以用来指几个 dog，而不是一个 dog。所以这个曲折性变化有助于理解这个词。英语动词的曲折变化是根据主语的语法单、复数进行变化（如 dogs bite 和 dog bites），但在大多数句子中，这个曲折性变化只是复制主语名词已有的单、复数信息，因此是不可理解的。表征的简约指的是语法结构须存有目的，句子结构应不大于或不复杂于要求满足的语法限制。因此，句子加工是最小的自上而下的序列加工过程，这种加工或理解始于读者或听众，他们从更高层次到低层次加工时，选择性地使用不同的表征形式。

上述基于规则加工模型为语言的创造力提供了详细的解释。它可以解释自嵌式和非连续成分加工难的问题。但是，由于其高度重视句子加工内部分层的规则，受到了研究者的质疑。这种研究论证了多种知识源（如语义和上下文）彼此相互影响和受句子频次的影响。因此，这种方法实际上承认句法加工器、语义和实用加工器之间有微弱的交互过程的作用。

从上面介绍可以看出，基于规则的加工理论有其优点，能够很好地解释语法规则在句法加工中的作用，但同时也受到了短语结构规则加工的心理现实性的挑战。人们实施了无数次的实验以证明句法对于句子加工有效性的影响。在不同噪声和回音条件下，对这些句子进行了听力加工，表明缺乏证据支持短语结构规则作用的加工。例如，Fodor、Bever 和 Garret 的研究没有发现任何关于短语结构支持句子加工的有力证据。Bever 就句子图式方面提出了句子加工的概率性解释。

上述两种加工理论的冲突体现了特定模型的计算能力方面的区别。经验主义加工模式是有限状态模式，而 Chomsky 的观点不同于 Hockett，也不能全部适用于经验主义理论。经验主义理论主张语言知识的表征取决于反映输入频率的各种信息的强度及语言内各部分间的相互关联，它能够解释长距（long-distance）依存句的加工问题。两种方法的冲突体现了记忆和语言之间的关系问题。关于句子记忆理论的多项研究涉及基于经验和基于规则的加工方法，对澄清两种加工方法的利弊有一定的说服力。此外，句子记忆理论的多项研究也涉及了母语和二语句子加工问题。关于记忆与句子加工问题，首先应了解基于经验理论的记忆，这主要有两种记忆竞争模型。典型的记忆模型是多种储备记忆模型。该模型认为，人类的记忆主要由三个部分构成：多种感官记忆、工作记忆和长期记忆。感官记忆对应特定的感官方式，通过感官转化为感官记忆的信息是简短的。一部分是转化为短期记忆并且只能受到短期记忆的加工；还有一部分是通过短期记忆的加工转化为长期记忆模式。

长期记忆与短期记忆容量不同。短期记忆容量小，根据Miller的研究，约能容纳七块信息，当注意力转移时，容纳的信息会很快消失。与之相反，长期记忆容量大，它存储的信息是永恒的。Ericsson和Kintsch提出，这两种记忆中得到的信息存在差异，而认知加工依赖于信息短期记忆，这是由短期记忆的快速、自动和准确的特点决定的。但是，形成长期记忆并从长期记忆中回忆起来的过程是缓慢的，而且记忆准确性也有待考证。运用多种记忆方法记忆与基于规则的加工观点是一致的。这种观点认为，自嵌式句子理解加工产生于容量有限的工作记忆。

与多种记忆模式相反，加工法层级框架认为，正是加工信息的层级决定了信息如何能被记忆保存，而不是由记忆大小或记忆存储大小的可及性来决定。例如，理解一个字的语义属性比该词的感觉属性更有助于以后回忆的持久性。这样看来，语义编码代表了一种比感性加工更深层次的加工方式。因此，短期记忆和长期记忆的区别是基于加工的深度的区别，而不是基于存在不同的记忆储备的区别。

根据Craik和Tulving的研究结果，深度加工并不是长期记忆的唯一决定因素。通过更加详细的方式进行加工得到的信息比通过不太详细的方式加工得到的信息更容易被记起。根据Eysenck研究结果，独特性是一个重要的因素，在某种程度上独一无二的记忆痕迹比那些类似的记忆痕迹更容易被记住。这表明，信息如何被译成代码决定了这些信息被记忆的有效性，Wiseman和Tulving称之为编码特定性理论。加工方法的层级框架与基于经验的加工方法相符，因为它允许以前的语言经验在长期记忆中存储，并可用于后来的句子加工。

这些记忆方法的主要分歧源于不同记忆存储、记忆是否有组织，以及是否区分了短期与长期记忆，而这些记忆是否能够起作用取决于信息编码方式的单独记忆系统。这种分歧与其假设相关，假设短期记忆是界定短期记忆存储的有力佐证，多种记忆模式基于同样的假设，但不是基于类似计算机系统和通信系统的假设。早期研究发现，这种记忆能力的限制可以通过使用更高效的编码来克服。编码特定性理论同样认为，信息对编码运作必然起作用。

关于长期记忆的句子加工理论可以追溯到以规则为基础的加工方法，即句子加工是通过应用规则，而不是通过类比存储于长期记忆中的句子来进行加工的。以规则为基础的方法也承认，句子加工发生在工作记忆中，这一种观点支持了理解力受加工资源制约的论断，而不受语言使用者的语言或跨语言知识的制约。基于规则的句子加工方法缺乏长期记忆因素作用的数据支持。如果有关于句子长期记忆的佐证，那么关于句子加工发生在有限容量工作记忆的想法也会得到相应的数据支持。

基于经验的加工方法可通过和先前遇到的句子事件进行类比，并存于长期记忆之中。这些记忆通过和以前遇到过的句子进行类推，就能够理解新句子。因此，关于句子情景记忆的研究数据支持以经验为基础的加工方法。Kintsch进一步提出了这些数据的拓展含义，即理解了记忆问题后就可以很好地被解释，不是受工作容量有限的存储器约束，而是句子不能在长期记忆中被高效地编码，这大概是由于语言技能不够娴熟的原因造成的。因此，寻求语言的长期记忆包括以规则为基础和以经验为基础的加工方法的不同，这涉及句子表面的长期记忆和句法启动效应的研究。

关于句子表面结构信息的作用，Sachs提供了句子表面信息会从短期记忆中立即消失的佐证。Sachs要求受试读文章，然后判断测试的句子与他们从文章中读到的句子进行比较，看是否相同。测试的句子既不同于文章中出现的句子，也不同于句中词的变异、语态和语意。例如，

原 句：There he met an archaeologist, John Carter, who urged him to join in the search for the tomb of King Tut.

意义变化：There he met an archaeologist, John Carter, and urged him to join in the search for the tomb of King Tut.

形式变化：There he met an archaeologist, John Carter, who urged that he join in the search for the tomb of King Tut.

Sachs改变了表示原意的句子和测试句子之间的表征延误。有了这些延误，受试者可以发现在意义和形式两方面的变化。如果间隔时间长，就只能发现意义上的变化，而不是形式上的变化。这种结果表明，只为推断一个句子的意思，逐字逐句的详细记忆信息被存储很久。此后，这种逐字逐句的详细信息便从短期记忆中消失，但意义却在长期记忆中被存储起来。

Jarvella让受试者听一篇包含完全相同词序的两种句法结构文章的录音，每个结构包含三个要素。在短结构中，前两个要素在结构上相互依赖。在长结构中，后两个要素在结构上相互依赖。下面带括号的几个结构配置表明了不同要素之间的相互依赖关系。

短结构　[上下文（7个英语单词）以前的（6）][直接的（7）]

长结构　[上下文（7个英语单词）][以前的（6）直接的（7）]

Jarvella发现，在长结构配置中，直接从句和以前的两种要素能被准确地回想起来的概率高。但在短结构配置中，只有直接要素有高的回想概率。也就是说，如果忽略结构长度，那么在任何条件下，第二个句子能被回想起来的概率高。Jarvella得出结论，句子表面结构只存储于短期记忆中，这个句子的意思可以被推断出来，之后便从记忆中消失。

Moeser发现，这种包含具体单词的句子相比包含抽象单词的句子，一旦在表面形式上发生变化，就可以更好地被识别出来。该发现引发了对表面记忆仅仅是由句法结构来决定这一观点的争议。Anderson认为，对于长期存储表面句型结构，Sachs用识别判断任务，这不够有效。相反，Anderson在句子验证测试中测出了反应时。测试受试判断之前，读给受试者句子，让其判断正误。结果发现，当验证句子正误时，受试者对表面形式不变的句子的判断要比表面形式变化的句子判断快。基于此，他得出与"在短期记忆与长期记忆区别的模型中，具备更快衰退速率的是感觉而不是命题信息本身"相悖的结论。该研究的意义是，先前加工句子的类型操控并影响着后来的句子加工。

Graesser和Mandler让受试者执行两个不同的句子加工任务。受试者进行句子理解或句子语法判断任务。在被迫选择识别测试中，发现逐字记忆在语义测试的作用弱，在语法判断测试的作用强。这表明，句子加工的水平决定句子表面结构的记忆能力。McDaniel改变了句法的复杂性，找到了对更加复杂句子的表面结构更好的记忆方法。由于McDaniel研究材料是自嵌式复句，该研究引起了短期记忆在自嵌式句子加工中受限制的研究议题。

Kintsch和Bates发现，课堂讲解的表层记忆只能维持两天，三天后表层记忆开始下降；讲解中逐字记忆无关紧要的句子比其他类型的句子效果好。根据Fletcher的研究，出现这种结果

可能是由于讲授内容本身缺乏独特性，而其他内容，如玩笑和公告，有相对的内容独特性和新颖性。Keenan、MacWhinney 和 Mayhew 对内容高、低，以及两者的交互做了区分。例如，低交互性内容的例子是“我认为这项研究中有两个基本任务”，高交互性的内容是“我认为你在这项研究中犯了基本错误”。研究表明，相较于低交互性内容的句子，认知记忆在高交互性的句子中的作用更大。

总体来说，研究表明，表层结构信息能够被长期保留下来，这种保留取决于研究材料的类型和对这些材料进行的各种加工。除此之外，用认知判断任务检测表面形式的长期记忆不是理想的测量方法，而使用反应时作为研究量表会较为合理。因此，表面形式长期记忆的研究支持基于经验的加工方法。有研究表明，先前加工过的句子可以促进后来句子的加工，这就是句法启动效应。

句法启动是一种使用以前接触或遇到的相同结构来解决给出的特定句法结构的现象，这种现象可以通过受试者的听、读、写句子观察出来。比如，听到英语句子 The judge is being dragged by the cowboy，听者就会很轻易地勾勒出一幅如 The nurse is being bitten by the boxer 的画面。有研究者提出，句法启动为纯句法层面表征提供了佐证。在句法启动这方面的研究中，焦点是能否把纯句法启动影响跟非句法启动的影响清楚地区别开来。如果能够区别，就说明基于规则加工句子的加工理论的合理性。然而，纯句法层面表征的研究证据不能把基于规则生成的句法结构和基于经验的图式结构区分开。从理论上讲是可行的，当一个模式被激活，就会促进与该模式相一致的句子加工。

Mehler 和 Carey 最早进行句法启动的研究。对受试者进行以下两种类型的英语句子测试：

1（a）　They are forecasting cyclones.

1（b）　They are conflicting desires.

2（a）　They are delightful to embrace.

2（b）　They are hesitant to travel.

1（a）和 1（b）在词组结构上不同，由于 1（a）中动词词组是由 aux.（助词）+v.（动词）+NP（名词短语）组成，而在 1（b）中的组成方式是 aux.（助词）+NP（名词短语）。根据 Mehler 和 Carey 的观点，这些句子都有相同的深层结构。2（a）和 2（b）有相同短语结构类型，但他们区别在于不同主语对应的不定式结构句子。2（a）不定式句子主语是任意的，2（b）主句主语也是不定式句子的主语。Mehler 和 Carey 找到了一组 1（a）类型的十个句子的主语，然后和一个 1（b）类型的句子放在一起。另一组是 1（b）类型的十个句子的主语和一个 1（a）类型的句子。他们也找到同样数量 2（a）和 2（b）类型的句子，将这些句子作为研究材料。受试者在充满噪声的环境中听这 11 个英语句子，要求把听到的每个句子都写出来。研究表明，听 1（a）类型十个句子的受试者不能理解听到的 1（b）类型的句子。同样，另一组听十个 1（b）类型句子的受试者也错误理解听到的 1（a）类型的句子。但是，理解句子 2（a）和 2（b）时，两句没有彼此的负面影响。

研究发现，启动一个结构会对另一个结构的理解有负面影响，表层结构启动比深层结构启动更有活力。但是不清楚 1（a）和 1（b）句子是否仅仅是表层结构不同，因为这些句子在题元作用分配给论元结构方面也不同。1（a）和 1（b）的句子可能在表层结构和题元结构上不同，但 2（a）和 2（b）句子只是在模糊主语的选择上不同。因此，该研究在提供启动效应证据的同时，没有提供出区别句法启动和非句法启动可能性的方法。

Meijer 和 Tree 展示了句法启动的另一面。在他们的研究中，采用句子回忆任务来研究句法启动。在三个实验中，要求受试者阅读记住一个目标句子，以备后来回忆。在前两组实验中他们用英语目标句子和西班牙语启动句重复了介词短语的启动效应。在第三组实验中，他们研究了另外两个句法形式，即用英语启动句和西班牙语作为目标句。结果发现，启动句对目标句句法形式的回忆作用没有影响。这与之前的研究不同，以前研究认为，启动句的句法形式有时会影响目标句句法形式的回忆。

Frazier 等发现，如果两个连词共有某一结构特征，那么连体结构的第二个连词比第一个读得快。他们提出，以下三种情况发生启动效应：①两个连词有相同的语法结构；②两个连词有相同的主题结构；③两个连词中名词的活性一致。因此，该研究是在语法层面和非语法层面发现了启动效应，很难证明句法启动是纯句法启动，句法启动不是由于题元作用或者其他启动源的作用，因其他启动源，如词汇的相似度和节奏等，也会引发启动效应。因此，使用整句作启动句和目标句不可能区分生成语法规则和图式句法结构。

上述研究的一个特别发现是，如移动的重 NP 结构和名词附属结构等，有明显标志的句法结构启动效应大。这表明了相对不熟悉结构比相对熟悉结构有较强的启动效应。研究者承认，启动效应可能是由于解析器使用了已经构建的启动表征。在实验中，因为目标分句和启动句是相关连续句，目标分句直接跟在启动句后面，在这种情况下，为启动句构建的表征仍然在短期记忆中有用，可以重新用来加工目标句。然而，在不相关的句子把目标句和启动句分离的情况下，启动句的表征应从工作记忆中消失。在那种情况下，如果启动效应还出现的话，应该是目标句在长期记忆中被存储的结果。这种发现与基于经验的方法一致，而与基于规则的方法相悖。

最基本的纯句法启动效应产生于人们倾向于重复之前用过的句子结构。通过对下面几种英语句子的启动研究，Bock 和 Loebell 提供了纯句法启动效应的证据。

介词宾格：The wealthy widow drove an old Mercedes to the church.

介词方位格：The wealthy widow drove an old Mercedes to the church.

双宾格：The wealthy widow sold the church an old Mercedes.

介词宾格和介词方位格有相同的句法结构，但有不同的题元结构。和其他两个结构相比，双宾格有不同的句法结构，但跟介词方位格一样有相同的题元结构。受试者需要重复这三种不同句子类型的一个，认真地为记忆任务做准备。在重复这三种不同句子类型中的一个之后，受试者要用话描述解释图画中的格关系。干扰句插入启动句和图画之间。结果发现，不论启动是介词方位格还是没产生介词宾格紧跟双宾启动的介词方位格，受试者都反映出有相同的介词方位格数，这个结果可以解释为纯句法启动效应所致，因为“概念相同和概念不同导致的句法结构重复就没有什么差别了”。

但是，因为与方位格相联系的题元结构和宾格动词在涉及方位变化的两种关系类型类似，所以该研究不能确切说明纯句法启动的效应。基于此，Bock 和 Loebell 做了另一个实验，在实验中，他们取消了使用过的不同英语句子结构间的概念相似性，用了被动和方位结构进行研究。

被动结构：The 747 was alerted by the control tower.

方位结构：The 747 was landing by the control tower.

使用这些材料研究，发现与第一个实验相似的结果，即表示被动和位置的启动同样可能导致受试者产生被动反应。但是，也不确定 Bock 和 Loebell 是不是非常有效地取消了被动和位置启动的相似性。首先，他们采用的材料在被动和方位启动两者之间的理解存有歧义。例如，

被动结构：The construction worker was hit by the bulldozer.

方位结构：The construction worker was digging by the bulldozer.

同时，被动句有表示被动和位置两种理解，也就是说，该句既可以理解为 bulldozer may have hit the worker，也可以理解为 the worker may have been hit by someone near a bulldozer。其次，在表被动和方位间的理解方面是暂时性的歧义。读者在理解上面两句时，取决于理解助动词的时间，取决于确定这些句子是表被动还是表方位。在被动句中，因有介词 by 的存在，句子歧义一直存在。如果启动句子中两种理解都同时被激活，那么两种理解可能会对目标句的产出造成影响。

因此不能确定 Bock 和 Loebell 的研究是否真的提供了纯句法启动的证据，Heydel 和 Murray 做了后续研究，得出这样的结论：概念形式和句法结构是相互影响的，概念形式总是起重要的作用，但句法的作用随任务的不同而不同。如果 Bock 和 Loebell 的研究证明了纯句法启动的影响作用，那么问题是这种启动是由规则生成的还是由图式句法结构的原因形成的。Bock 和 Loebell 承认，他们的研究没有指明启动的出现是在句子层面还是在受句法规则生成的子结构层面。因此，短语结构组合启动效应出现在什么层次的问题需要进一步考查。

Bencini 等发现，结构启动比纯成分结构启动抽象。他们进行了结构启动实验。在实验中，要求受试者听、重复启动英语句子。例如，The new graduate was hired by the software company。接着要求受试者看、描述出来一个画面。例如，The mailman is being chased by an angry poodle 句子描述的一张图画，受试者说出了一些类似 The mailman is being chased by an angry poodle（邮递员被狗追赶）的画面。同一个实验的另一组受试者听、重复英语句子 The new graduate left the software company。结果发现，结构启动出现在，受试者在随后的画面描述中进行句法启动的结构匹配时。据此，Bencini 等得出结论，结构启动比纯句法成分结构抽象。

Branigan、Pickering 和 Liversedge 等提供了句子理解中的句法启动效应的证据。他们把整个花园路径句子以成对的启动和目标句呈现出来。结果发现，受试者对启动句后的关系从句目标句比补语从句启动句后的关系从句阅读速度快。但是，受试者对补语从句启动句之后的补语从句目标句的阅读速度并没有比关系从句启动句之后的补语从句目标句阅读速度有显著性差异。因此可以说，启动效应对某一特定结构起作用，而对另一特定结构不起或起很小作用。在另一项实验中，他们用了及物和不及物动词句子作为阅读材料。实验表明，受试者对及物启动句之后的及物目标句比不及物启动句后的及物目标句的阅读速度快，没有显著性差异。同样，不及物启动句之后的不及物目标句比及物启动句后的不及物目标句的阅读速度快，仅有非常微小的差异。在另一项实验中，他们用到了主关系句和压缩关系句作为阅读材料。受试者对压缩关系启动句后的压缩关系目标句比主关系启动句后的压缩关系目标句阅读速度快，呈显著性差异。但是，受试对主关系句启动句后的主关系目标句的阅读速度比压缩关系启动句后的主关系目标句阅读速度快，呈显著性差异。因此，总的来说，三项实验表明存在结构弱启动效应。

根据实验结果，Branigan 等解释句法启动的运行机制如下：“我们认为句子理解的过程涉及与句法规则有关的激活程序，这些程序在被应用之后保留了高度激活状态。当要求受试者运用这些相关的程序时，就会相对更加容易。当然，相关的程序必须使用句法范畴作为词汇表征。因此，我们反对任何回避基于语法规则的加工模型；相反，应将句法信息存储在每个词条中。”

该解释说明句法启动是纯句法效应，但这不是唯一的正确解释，因为语义启动没有被有效控制。他们也承认，“产生基于某种语义结构之上的相关启动是有可能的，但是这种启动需要从句法学的角度加以解释和区分，从而得到精准的解释。因此，解释非句法层面表征的句法和语义平行启动效应很难”。

研究材料中没有排除语义影响是该研究的一大缺憾，因此研究结果也并不能仅仅归因于句法因素。Branigan 等同时也承认，他们的实验结果并不能真正说明启动是否按照单一规则、一系列规则或是一系列应用在特定程序的规则产生的。因此，假如这项研究真的发现了纯句法启动效应，仍然不能断定是基于规则还是基于图式句法结构生成。

在另一项研究中，Pickering 和 Branigan 发现启动句和目标句使用同一个动词时，受试者对同一类型的目标启动句完成度比非启动句的其他类型目标句的完成准确度高 17.2%，当句子含有不同动词时，百分比准确度下降到 4.4%。只有两个启动句在每个目标句之前使用时，不同动词的启动效应才更明显。然而这项研究并没有控制主位结构，因此并不能确定是纯句法的启动效应。因为主位结构可能会在一个动词的词项中被编码，当重复动词时会出现强启动效应，这种效应是主位效应。研究者们也承认，他们的研究结果并没有严格区分句法规则和次范畴框架。如果次范畴框架是固定图式，那么区分基于规则和基于图式句法结构也有一定的难度。

Cuetos、Mitchell 和 Corley 进行了长时句法启动效应的实证研究。受试者是两组七岁的西班牙孩子，在两个多星期的时间内阅读故事，这些故事包含高附着和低附着关系英语句子。在句子 The daughter of the colonel with the limp 中，关系从句 with the limp 可以附着在由 the daughter（高附着关系）或者是 the colonel（低附着关系）引导的名词短语中。两周后，孩子们没有接触和研究这些相关的材料，随后第三周他们参加了一项附着关系倾向测试。结果发现，接触高附着偏向材料的孩子与之前的表现相比，更倾向于高附着关系，而不倾向低附着关系。但是，接触低附着偏向材料的孩子却没有发现受阅读材料句子附着关系的影响。这项研究结果被解释为，因为孩子们接触了高附着偏向的句子阅读材料，所以加工时有高附着偏向。如果有长期启动效应，就不能解释阅读中临时激活的提升问题。看来更加合理的解释应该是，接触某种结构会在语言加工系统中引发一种长时变化，而这种改变在某种意义上类似于学习，是一种渐进的积累过程。

由于句法效应为短语结构规则提供的佐证并不具有唯一可靠性，因此，研究语言表层形式的长期记忆更符合基于经验的加工方法。综合起来考虑，关于句子长期记忆的研究表明，先前遇到的句子加工内容会对随后的句子加工产生影响。由此看来，长期句子记忆会在句子加工中起作用，这使个体语法知识上的差异呈现出随语言经验不同的差异性的特点。

正因为如此，Chomsky 认为基于规则的分析方法优于基于经验的分析方法，鉴于基于经验的分析方法不能解释内嵌句的创造性问题，而基于规则分析的方法却可以解决这一问题。之前研究表明，短语结构的佐证不能很好地支持基于规则的分析方法，因为按照基于经验的分析方法也能解释这样的佐证。Miller 指出句法结构在句子加工中的影响“并没有显示出句法结构必须偏爱的倾向形式”。同样的，Miller 和 Isard 发现句法在句子加工中的作用之后，开始怀疑 Markovian 模型的有效性的问题。他们的研究结果表明，唯一能区别句子加工中概率性和基于规则分析方法的是研究内嵌句的加工过程，因为基于经验加工模型认为，受试者不能理解这样的句子，而 Chomsky 的基于规则理论则认为受试者能够理解这些句子。

为了解决这一问题，Miller 和 Isard 做了两个实验。在第一个实验中，Miller 发现受试者不能把内嵌句作为普通句子加工。要求受试者重复句子时，按照列出的语调重复；而后进行回述时，受试者只能回述 7 个句中词。结果表明，受试者像读单词列表那样读句子。第二个实验的结果是，受试者需要每个内嵌句显示两到三次后，才能准确地理解这些句子。因此这项研究表明，理解嵌入式结构要比理解标准结构句子难。但 Miller 并没有解释这些实验结果，尽管最初的目标是为了区分基于规则的句法加工和概率有限状态的句子加工。

有限状态模型的主要佐证是内嵌句比非内嵌句理解困难，因为按照有限状态模型，学习者具有弱的句子产出能力。在关于内嵌句理解的论述中，主要的解释是对此类结构的加工经验不多。

但是，其中的一个问题是，受试者在经过多次接触这些句子之后可以理解这些句子，这样可以推测存在归纳的因素，是归纳的因素在理解这些句子的时候起作用。Hockett认为，内嵌句可以通过归纳进行理解，可以采用归纳法进行该类句子的理解和加工，但没有提供可掌握的规则来进行句子加工，可能的原因是找不到把规则融入该模型的方法。

基于规则的句子分析模型认为，语言学习者具有较强的加工能力，但难以解释为什么Miller的研究中的受试者理解内嵌句比理解普通句难。如果内嵌句的基于记忆的特殊需求比其他类型句子需求高，那么这种加工困难可以与基于规则加工模型兼容。Miller和Isard提升了由Yngve提出的计算模型。该模型从保持记忆中的主语名词短语在和谓语动词联系之前的角度，解释了内嵌句比右向分支句子难加工的问题。当右向分支存在时，记忆的特殊需求缺失，因为名词短语可以马上和动词联系起来形成分句，从记忆中消失，给下一个分句加工让位。

然而，经验并不是唯一的变量因素，语言个体差异在认知方式方面的差异也是变量因素。如果本土或非本土的个体有强大的语言产出力，未经训练就能理解自嵌句，那么这就是值得研究的问题。基于经验句子加工不支持句子加工的无限递归性，而从母语向非母语或非母语向母语的语言迁移的句子加工，却支持基于规则的加工方法。

Nakamura进行了理解和加工关系从句困难的研究。研究的材料是加工日语中四种关系从句类型SS（主语/主语）、SO（主语/宾语）、OS（宾语/主语）和OO（宾语/宾语），采用逐字、自步定速的阅读技术研究法。结果显示，阅读开首部分比阅读嵌入部分的动词性短语或从句，所需的时间更长。在加工OS结构的关系从句时，存在很强的“花园路径”效应，成年本土日语者能避免错误分析。Nakamura分析认为，成人句子加工中，句法结构因素起一定的作用。从空缺效应的角度看，起到非决定性的作用。因此，Nakamura建议，为彻底解决在线加工关系从句的困难，需要做进一步的实证研究。

值得说明的是，句法加工赋予词汇重要作用的语言学理论隐含了句法能力方面的差异。在语言学理论中，动词词汇条目包括关于动词句法环境的信息和补语的作用，有时还包括句法内容。既然个体不仅在词汇量大小上有区别，而且还在词汇经验上有不同，由于与语言知识有关系，而不是仅仅与加工的现实表现有关，个体也会在句法表现上有所不同。

通过比较基于经验和基于规则的句子加工方法的争论。依照索绪尔语言理论，基于经验的加工方式完全能够从语言经验的角度解释语言结构和句法的形成，其形成依赖于词形变化和组合关系联合的相互作用。此外，基于两种类型联合的归纳法完全能够解释强语言产出力的问题。但基于经验的加工易忽视范例结合，过于集中于组合关系联系，从而导致解释语言创造力的能力大大降低。因此，以经验为基础的方式的瑕疵是不能解释语言创造力的问题。

同样，基于规则的加工方式也有瑕疵，主要表现为：①短语结构的心理现实的证据不足；②长期记忆对句子表面形式的记忆缺乏；③句法启动形式的运用。根据索绪尔的相关理论，强大的语言产出力能从经验中归纳形成。有研究表明，通过正规的学习或教育能够获得强大的语言产出力。因此，基于经验的加工模式对较强的语言产出力的否认和基于经验的加工研究数据存有一定的矛盾。

如前所述，理性主义认为人的语言知识生来具有，是由遗传决定的。经验主义认为人的知识是通过感官输入，经过一些简单的联想和归纳得来的。两者的区别主要是研究侧重点不同，理性主义侧重于人的语言知识结构，而经验主义侧重于实际使用的语言。另外，二者具体的依据不同。理性主义依据Chomsky的语言原则，根据语言必须遵守的一系列原则来描述语言。经验主义依据Shannon的信息论，对字、词、短语或句子等语言单位在实际语料使用的频率来计算其概率。基于经验和规则的加工方法之间的争议是经验主义和理性主义的语言加工的不同体现，两种差别有时往往是在特定计算能力方面产生的。这种方法的问题是，即使基本假设保持不变，模型依然可以随时更改。例如，经验主义模型是一种有限状态，但并非 Chomsky 所有异于 Hockett 的模型视图都可应用于现代经验主义，经验主义可以处理长距离句子的依赖关系。

根据前面的陈述和分析，经验主义和理性主义的研究数据支撑都和记忆有关，涉及句子加工与记忆的关系问题。多数研究承认，有限工作记忆系统在复杂认知活动中起重要作用，这支持了临时信息存储参与加工的论断。Daneman 和 Carpenter 的研究显示了工作记忆在语言加工中的重要作用。其主要贡献是采用存储和加工并用的方法来测量工作记忆容量，不仅用单词跨度存储的测量方法来测试工作记忆容量，而且还用阅读跨度测量法，这样能够准确地理解文本。当词跨度和理解成绩显著相关时，阅读跨度和理解成绩的相关性小。阅读跨度测试决定句子最后单词的数目多少，当大声阅读句子后，让受试者立即回顾单词的多少，回顾单词数目的多少就是工作记忆容量大小的衡量标准。这样的测试法强调了存储和加工两方面的作用。而且，阅读跨度是句子加工中单词阅读时间的很好测量工具。相较之下，单词跨度仅仅是存储能力的测量量表，在呈现一系列按序排列的单词之后，受试者能够立即精确回忆单词数就是单词跨度的衡量标准。Daneman 和 Carpenter 研究发现，当干扰项指代物和代词之间句子数增加时，低跨度读者回答代词指代物的能力明显下降；高跨度阅读者却没有受此影响，这和阅读跨度测试的工作记忆的解释一致。

虽然理解准确性和阅读跨度的相关性已经得到广泛承认，但是工作记忆在句子加工中作用的解释一直存有争议。Jackson 和 McClelland 发现，听力理解是理解的重要预测因素之一。它和字母匹配测量一起，能预测 77% 的变异。Baddeley 等对此提出究竟应该如何解释理解准确度和工作记忆跨度之间的相关性的问题。由于记忆和理解两种任务的重合性及常用于句子加工的原因，似乎理解和阅读跨度相关性较小。Daneman 和 Merikle 作出解释，认为阅读跨度的句子理解和标准理解测试段落理解相关。Daneman 和 Carpenter 提议，句子加工包括阅读跨度和理解对阅读跨度能力预测是重要的，特别是口头信息中，两种任务的暂时存储对有限工作记忆者补偿无效阅读加工不起作用。

7.4 句子加工和语言加工器

加工包括句子理解和产出。在句子加工过程中，离不开负责句子理解和产出的大脑机制，为此，分析人脑语言加工器的结构和功能是全面了解和掌握句子加工的关键，有助于了解和把握句子加工的本质。另外，句子加工和信息加工理论有密切关系，在信息加工理论基础上可以清楚地了解语言加工器的大概轮廓，特别是借助于心理语言学的实验条件进行句子加工的研究。研究者们大都认可语言加工是循序运行的，在此过程中，语言刺激的形式会转化为大脑不同形式的表征，和大脑表征对应的层级或顺序即是加工层次。例如，某一运作属于 X 层级，其对应的计算大脑表征就是 X 类型。在多数区分速度与加速的任务中，不同的加工系统会有足够的计算能力为加工决定提供信息。根据情况的不同，这些系统的任何一个输出会影响、产生相应的加工决定。

因此，对于决定首先完成加工系统的输出，国外学者 Meyor 和 Ellis 称之为竞走模式

（race model），按照加工速度的快慢决定加工的控制作用。但是，最快的加工器并不总是起控制决定作用，而加工速度的快慢主要取决于两个因素：第一，作出决定的系统并选择适当的反应，与语言加工器是分离的，这样就出现了输出的可及性和决策者的相对关系问题。即每个层级语言加工器的信息必须传输给决策者，信息转换比率没有事先假定传递的速度。重要的因素不是某一加工器完成分析的时间，而是这种分析的结果到达决策者的时间快慢程度。第二，决策者对某一项正确反应作出推断的时间。某些类型的输入表征会给某种既定的任务作出非常迅速的决定。这样，即使某一层级的输出在另一层级输入提前到达决策者，第二个输出也可能占领第一个位置，因为它使作出的决定更快。加工时间和决定时间相比，句子任务加工时间比句子词汇任务加工时间长，而句子任务决定时间短。这样，可用公式 $P(S)+D(S)=P(L)+D(L)$ 来说明，在公式中，P 代表加工时间，D 代表决定时间，S 指代句子，L 指词汇任务。也可能出现 $P(S) > P(L)$ 或 $D(S) < D(L)$ 的情况。整个加工的控制、决定和完成时间与语言加工器的结构及功能有关，如图 7-1 所示。

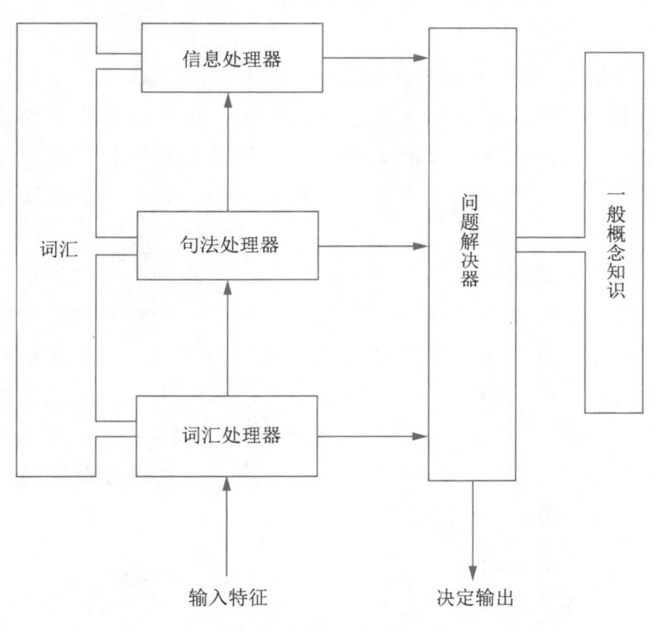

图 7-1　语言加工器结构

从图 7-1 中可以看出，该模式由四个独立的加工系统构成，其中三个系统构成语言加工器，另外一个系统是一般问题解决器（general problem solver,GPS），它虽然在语言分析加工中没有特殊作用，却是构成从各种次级语言加工系统中收集信息、执行信息的系统。GPS 对信息分类作出判断和决定，对其他系统不能进行直接干预。计算机的 GPS 是高度概括、灵活复杂的中央计算系统，而其他三种语言加工器成分则十分有限，基本上相当于微小加工器。当执行高度具体的任务，方式不灵活时，它们独立于其他系统之外，只能单独运行。它们运行有自己的计算软件和程序，仅侧重语言数据存储的词汇，不注重包含对整个世界的一般知识和识解的一般记忆的概念知识。GPS 不接触词汇，但接触概念知识。此外，GPS 没有关于微小加工器运行的信息，只是观察到其运行的最终结果。

小　结

词汇加工器从特征列表形式观察系统中的输入接收，然后进行输入分割，接近与在输入串中的词汇成分对应的词汇。该加工器由一系列接触文件组成，其组成可以搜寻过程锁定的各种不同的词汇条描述：一种是按照阅读拼词法特征描述；另一种是按照听力语音特征描述；还有一种是按照说话和写作的句法和语义特征描述。这些特征和对应的词汇相关，分别对应拼写、语音和语义。当词条被锁定时，就会被传送到句法加工器，接着能够从词汇条中选取要求分配到句子中的句法结构信息。当锁定的词条足量时，句法加工就开始了。最后的输出结果是Chomsky所说的句子表层结构，但当可行的句法成分被识别出来时，该输出可以被传输到下一个加工器。最后的加工器包括相当复杂的程序，它把纯语言表征转化为概念结构来表示原信息，其功能不但能参照表达的参照物解决歧义，还能从表层结构做出推理，并从可能和句子解释相关的词汇中提供额外信息。

每个微加工器需要输出到下一个较高的微加工器和GPS。这样，就经历一个可变性的延误过程，在此过程中，GPS能够洞察各个层面分析的输出。每个微加工器仅接收来自下一低层的输入，没有其他渠道源输入。这样，微加工器没有任何更高层级加工器运行的信息，隐含了完全自动加工的过程。词汇加工器独立于句法和信息层面加工器运行，句法成分独立于信息加工器运行。

在语言加工器和句法加工器结构的基础上，Forster提出加工器线性链模型，该模型认为，除GPS外，每个加工器都和其他加工器一样，从开始接收一个输入起，输入一个接着一个，依次类推。在该系统中，每个系统仅接收来自其他系统的一个输入，这表明，每个加工阶段是高度自主、完全自动化的，没有从高级层面到低级层面的控制反馈。该模式的显著特征是有两个功能不同的加工器，一个是语言加工器，另一个是一般问题处理系统，这两个加工器相互依赖、共同作用，但功能各异，应加以区分，语言加工器本身不能生成可观察的行为，需要通过GPS连接语言加工器来实现这一功能，如图7-2所示。

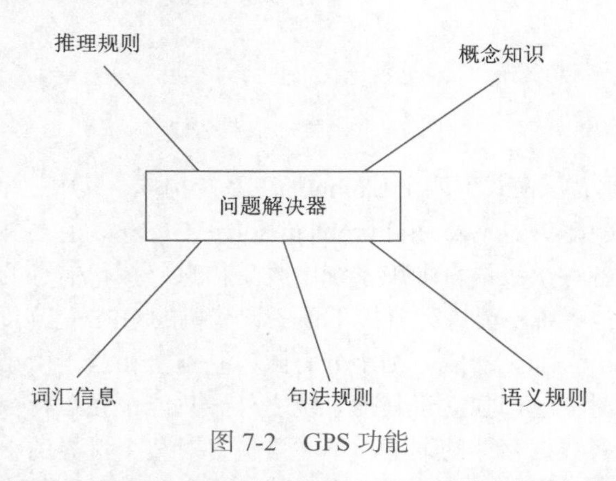

图7-2　GPS功能

从图7-2可以看出，GPS的功能是综合、分析各种信息的功能，它需要接收多种信息知识后，才能作出加工决定。这些信息包括概念性知识、推理规则、词汇信息、句法和语义规则等，为GPS做最后的加工决定提供信息源。

习　　题

1. 经验主义句子加工的模式有哪些？
2. 理性主义句子加工的模式有哪些？
3. 基于规则的句子分析模型是什么？
4. 句法启动在句子加工中起什么作用？
5. 什么是句子加工？

第8章 语言加工与脑电技术

语言加工是大脑复杂的活动，大脑的复杂性不仅表现在组成单元数目巨大（有约 10^{10} ~ 10^{11} 个神经元，10^{14} 个突触），而且主要表现在其各单元之间有着极其复杂的相互联系和相互作用。大脑所表现出来语言加工的复杂活动，不是单个神经元或者某一局部脑组织所固有，而是由脑的许多部分相互协调和相互配合的结果。由于脑的复杂性，揭示语言加工的本质有赖于多个学科的共同努力和分工协作。研究大脑语言加工的技术也在逐步发展，常用的脑功能成像的研究方法分为有损伤观测和无损伤观测。大脑活动的有损伤观测是直接插入电极到脑内神经元或其附近是观测脑活动的有效方法。许多关于神经元的基本特性的认识都是通过这种方法获得的。目前大致有三种类型的神经元活动的电极记录方法，即胞外单元记录，胞内记录和胞外电位记录。胞外单元记录一般用仅尖端暴露的绝缘金属丝电极，尖端直径约 1 ～ 5 μm，电极放置在脑中单个细胞体或其轴突附近，将细胞活动在电极上引起的电位放大然后显示和记录。细胞内记录通常用尖端为 0.1 ～ 0.5 μm 的充满导电液的玻璃微电极，电极穿过细胞膜插入细胞内，它既可记录到动作电位，又能记录小的分级电位。胞外电位记录，一般用较粗的金属电极（尖端直径几十 μm），可记录到附近许多神经元活动的总和。

大脑活动的无损伤观测常见的包括脑电图和脑图像。脑电图（electrophysiologica,EEG）一般是由多个同时放置在头皮表面的电极上引出的。脑电记录无损伤方法易于实施，而且有很高的时间分辨率，实时观察到脑内的电活动，因此，人们在想方设法从此混合信息中，找寻提取有用信息的方法。缺点是空间定位困难。此外，脑电是广泛的组织活动的综合结果。因而，不易准确获取有用的信息。脑图像是以神经活动产生的血流或代谢方面的变化为信号，经过图像处理和成像技术，将这些脑的活动以直观的图像形式显示出来。目前，主要有正电子发射断层扫描技术（PET）和功能性核磁共振成像技术（fMRI）两类方法提供脑图像，脑图像是了解人脑工作的工具。

脑功能成像方法是了解大脑奥秘的核心环节。脑功能的成像方法可以分为互补性的两大类：一类是基于脑电图（EEG）或脑磁（magnetic-physiological,MEG）信号的方法，脑电成像技术（EEG）和脑磁成像技术（MEG）测量脑活动时的电磁信号，可以研究脑功能的动态过程，给出脑功能活动时快速的时间信息，但由于空间分辨率差还不足以用于脑区的空间定位；另一类是借助医学影像设备的成像如正电子断层成像（PET）和功能磁共振成像（f MRI），它们具有很高的空间分辨率（毫米级），但时间分辨率低。脑功能磁共振成像是目前人们掌握的无侵入、无创伤、可精确定位的研究手段，它不仅有较 PET 好的时间分辨率，且存在进一步提高时间分辨率的潜力，已受到神经、智能认知等领域的极大关注。此外，在语言加工研究中，眼动技术也是较为常用的研究手段，下面将介绍这一技术。

8.1　语言加工与眼动技术

人们在观察世界时，会有意识或无意识地将目光集中在任何能够进行潜在处理的全部信息的一部分上。换言之人们会进行一种知觉性的选择，这个过程被称为注意。眼动追踪（eye tracking）是指通过测量眼睛的注视点的位置或者眼球相对头部的运动而实现对眼球运动的追踪。视觉上这个过程通常是通过将人们的眼睛从视野范围内的一个位置转移到另一个位置实现的。这个过程通常与显性注意相关：即人们的视线随着人们的注意而转移。虽然人们更倾向于通过转移视线来转移注意，但人们也可以将思维注意转移到视野范围内的周边区域而无须移动眼球，这种机制被称为隐性注意。虽然人类可以分别使用这两种机制，但通常它们是同时发生的。举个例子来说，当人在观察城市的景象时，他们首先会使用他们的隐性注意来检测视野范围内感兴趣部分的形状或位移，并使用他们的周边视觉粗略地判断它是什么。然后人们会将视线引导到这部分区域，使人的大脑获得更详细的信息。因此人们整体的注意转移通常是先通过隐性注意而后是显性注意的转移与相应的眼球移动完成的。

人类视觉感知始于物体或场景反射的光线通过角膜、瞳孔和晶状体进入到人的眼睛。角膜和晶状体帮助将这些光线集中并投射到位于眼球后部视网膜的感光层上。晶状体的另一个功能是通过必要的调节让视线的焦点放在不同距离的物体上。进入角膜的光线量由位于角膜和晶状体之间由虹膜分隔的瞳孔收放来控制。视网膜负责将不同波长（颜色）、对比度和亮度的光线进行解析为生理信号。该信号通过视神经和神经通路被传递到大脑的视觉信息处理区域。

人类双眼的视野范围约水平 220°，垂直 135°。但是这些区域能够获取视觉信息的清晰度等级分部却并不均匀，这是由于视网膜上分部的两种不同的感光细胞造成的。造成视野范围中这种差异的原因是眼睛中存在着两种不同类型的感光细胞——视杆细胞和视锥细胞。眼球中约有 94% 的感光细胞是视杆细胞。如之前提到的，视网膜的周边区域不能很好地记录颜色和提供目标的形状。这是因为该区域主要被视杆细胞所覆盖。视杆细胞不需要充足的光线就可以工作，因此它只能提供周边环境的模糊且色彩较少的图像。为了获得更多细节内容和清晰的视野，要靠眼球中的另一类感光细胞——视锥细胞。视锥细胞在眼球中的所有感光细胞中所占比例约为 6%。人类眼球中的视锥细胞通常有三种，一种负责记录蓝色，一种负责记录绿色，一种负责记录红色。为了能够提供足够清晰的画面，视锥细胞需要更充足的光线才能确保正常工作。因此，当在昏暗的环境中观察物体时，就失去了识别物体颜色的能力并主要使用视杆细胞记录的信息，类似于灰度图像。视锥细胞通常位于视网膜的中央窝，他们排列紧密以提供尽可能清晰的图像。

人类的视野范围被分为三个主要区域：中央窝、旁中央窝和外围区域。眼动研究主要通过仅占整个视野范围 1% 的旁中央窝区域来获取视觉数据。虽然该区域仅占视野范围的极小部分，但通过此区域记录的信息却包含了通过视觉神经传递到大脑的有效视觉信息的 50%（Essen & Andersson 1995）。

人的眼睛除了具有非常受限的清晰视野范围的特征之外，与现代的计算机屏幕的刷新率相比较，人的眼睛对图像变化的记录也非常迟钝。研究已证实，在常规的光线条件下，视网膜需要 80 毫秒来记录一幅新图像。这并不代表人们会有意识地注意到目标的任何变化——它仅仅是眼睛记录下来的一次变化。记录图像的能力还取决于这幅图像上的光线密度。这可以与照相机的快门速度加以对比，光线较差的环境会导致图像发黑并且非常模糊，很难看清任何东西。但是，如果记录的物体或场景的光线环境很好，例如窗户，那么就可以用较快的快门速度且不会出现此问题。除了记录图像需要一定的时间，人们的眼睛还需要一定的时间让图像从视网膜消失。这同样取决于光线的密度。举例来说，当物体暴露在非常强的光线下时（如闪光灯的闪光），图像在闪光结束后还会在视网膜上停留很久。除了眼睛对光线的敏感度，对所观察事物的感知速度还取决于观察的内容。研究发现当在正常的光线下阅读时，多数人为了感知一个文字而进行的观察时间仅需 50 ~ 60 ms。但在观察例如一幅图片时，人们需要对其观察至少 150 ms 才能诠释他们看到的内容。

虽然人眼的外围视野精度很差，但它擅于获得目标的运动和对比信息。因此当人们把目光聚焦在图片或物体的某个区域时，其实是将眼球的中央窝区域放在人的眼球的晶状体当前聚焦的区域。这说明由于人类眼球的视觉特征，人们会将最多的视觉处理资源放在视野范围能获取最佳图像的特定区域。通过让中央窝区域获得图像，大脑能够得到感兴趣的区域的尽可能高分辨率的图像和最多的视觉数据。

眼动有三个主要功能，在处理视觉信息时起着关键的作用。首次，是把人们感兴趣的信息转移到中央窝区域。这需要通过使用注视点和眼跳来实现。注视点是眼球移动到视野范围内的某个区域的停留；而眼跳是注视点之间的快速移动。其次，在目标或人的头部发生移动时，保持图像稳定地静止在视网膜上。这种眼球移动行为通常被称作平稳跟踪。最后，为了防止静止的目标的感知性的消退而产生的眼动行为被称为微眼跳，眼颤和漂移。

人类眼球的时间和空间采样能力限制了人们从周围环境中提取视觉信息的方式。由于人们在将视线从视野范围的中央区域移出时，视觉精度会迅速下降，所以使用了一系列眼动行为使人们能够将视线放在目标物或场景的感兴趣的位置。眼跳是一种将中央窝视野从一点移到另一点的快速眼动行为，而注视则是将中央窝视野在目标上保持一定的时长以获得足够的视觉图像细节。人们对物体和场景的视觉感知是通过一系列的注视和眼跳来完成的。由于眼跳发生时眼球的移动速度极快，这期间几乎不会获得任何有效的视觉信息，而多数的视觉信息是通过注视获取的。

眼跳是一种从一个注视点到另一个注视点之间的快速跳跃，眼跳的平均时间约为 20 ~ 40 ms，速度可达 600 °/s。在阅读英文时，平均的眼跳幅度为 7 ~ 9 个字母的长度。做出眼跳的准备时间在 150 ~ 175 ms（延迟）；若眼跳距离较大或需要获取精确的位置信息，时间则会更长。眼跳过程中注视行为受到限制，眼跳的结束点在移动中无法改变。注视的时间在 80 ~ 600 ms 之间变化。场景信息（主要）在注视行为中获取。常规的注视频率小于 3 Hz。此过程中的眼球并不是完全静止的（微眼跳、眼颤、漂移）。当人们头部保持静止观察静态物体时，人们主要的眼动行为是眼跳和注视。但当人在移动或物体在移动的动态情境中，为了确保中央窝视野能够保持在感兴趣的位置就会触发其他的眼动行为。集散运动能够帮人们将视线放在不同位置目标上，平稳跟踪可帮助人们将视线放在运动的目标上，前庭眼反射行为则是一种能够在头部或身体运动时将中央窝视野保持在兴趣点的一种眼动行为。

左、右眼移动方向相反，表现为集散行为。集散行为可被归类为两种运动：由远及近聚集运动和由近及远发散运动，且通常比眼跳行为慢，可以采用平稳跟踪的方式进行跟踪。平稳跟踪是一种缓慢的眼动行为，可以使对缓慢移动物体的图像或视觉中央窝附近的图像变得平稳。平稳追踪的速度一般小于 30 °/s，准备时间为 90 ~ 150 ms，超过 30 °/s 的平稳追踪将变换为眼跳。人们对追踪水平方向的缓慢移动物体比追踪垂直方向的眼动运转机制更好。平稳跟踪与空间注意相关，如人们一般不会对目标物体旁的其他物体进行视觉处理。

眼球运动方向与头动方向相反，通常眼球运动速度与头动速度相等。将原始数据分类为相应的眼动行为是眼动追踪研究中的一个重要过程。在记录眼动数据时，眼动仪按采样率来采集眼动原始数据（采样率为 30、60、120 或 300 Hz）。每个数据点将被识别为一个时间标签和“*x,y*”坐标的形式并被发送到与眼动仪连接计算机上运行的分析软件程序的数据库中。为了使数据可视化呈现出来，这些坐标将被进行进一步处理成注视点并叠加到测试所使用的刺激材料视频上。通过将数据点叠加为注视点，要处理的眼动追踪数据的数量会显著减少，使研究人员能够着重衡量与研究问题相关的数据。过滤器的另一个功能是检验采样点是否有效，如剔除那些没有眼动位置数据的点，或系统仅记录了一只眼睛的数据点且无法识别是左眼还是右眼的数据点以及无法得到最终的凝视点的数据点。

眼动追踪这种方法很久以前就出现了，并且作为一种用于研究个体的视觉注意的工具被应用。检测与追踪眼球运动的技术有很多不同的类型。但说到遥测式、非侵入的眼动追踪，最常用的技术是瞳孔中心角膜反射（pupil center corneal reflection,PCCR）技术。该技术的基本理念是使用一种光源对眼睛进行照射使其产生明显的反射，并使用一种摄像机采集带有这些反射效果的眼睛的图像。然后使用摄像机采集到的这些图像来识别光源在角膜和瞳孔上的反射。这样就能够通过角膜与瞳孔反射之间的角度计算出眼动的向量，然后将此向量的方向与其他反射的几何特征结合计算出视线的方向。

目前，大多数眼动仪采用的技术是传统的 PCCR 遥测式眼动追踪技术的改进版（US Patent US7,572,008），使用近红外光源使用户眼睛的角膜和瞳孔上产成反射图像，然后使用两个图像传感器采集眼睛与反射的图像。然后使用先进的图像处理算法和一个三维眼球模型精确地计算出眼睛在空间中的位置和视线位置。

瞳孔角膜反射追踪可使用两种不同的光源配置：明瞳追踪，即光源与成像设备在同一条光学路径上，使瞳孔出现发亮的效果；暗瞳追踪，即光源放置在成像设备较远的位置，产生瞳孔比虹膜暗的效果。在使用这两种追踪技术时，瞳孔的检测都会受到不同的因素影响。例如，当使用明瞳追踪时，诸如被试者的年龄和光线环境等因素可能会对眼睛的追踪能力产生影响。

在开始记录眼动数据前，应首先进行校准过程。在此过程中，眼动仪会测量被试眼睛的特征并利用这些与内部的三维眼球模型结合计算凝视数据。此模型包含了眼睛不同部分（如角膜，中央窝位置等）的形状，光线折射与反射信息。在校准过程中，使用者需要观察屏幕上特定位置出现的点，此点被称为校准点。在此期间，眼动仪会对采集到的几幅眼睛的图像进行分析。然后分析的结果信息会与眼球模型结合并计算出每幅图像的凝视点。校准过程结束后，会以不同长度的绿色线段显示校准的质量。每条线段的长度代表凝视点数据样本与校准点中央点的差距。

造成较大差距的原因有几个方面，如使用者并没有真正观察校准点、使用者在校准过程中注意力分散或眼动仪没有被正确安装或设置。但是使用者也不需要在校准过程中将头部完全保持静止，只要令视线的焦点跟随移动的校准点移动即可。在校准时眼动仪会使用明瞳和暗瞳两种方式进行测试以识别最适合当前光线条件和用户眼睛特征的追踪方式。

在一些研究对刺激物情绪反馈的研究中通常要考察瞳孔尺寸的变化，采集瞳孔尺寸数据。传感器可记录眼睛的图像，然后用它来计算眼睛的模型。一些眼动仪使用的眼球模型可提供眼睛到传感器的距离数据，眼动仪的固件可通过计算图像上瞳孔的直径并乘以一个换算系数来计算瞳孔大小。现有的瞳孔大小计算单位的定义有几种。在一些眼动仪所使用的眼球模型中，瞳孔大小的定义是瞳孔实际的外部物理尺寸。然而，在多数科学研究中，测量瞳孔随时间推移而发生的变化比瞳孔的实际大小更重要。眨眼通常是一种无意识的眼皮闭合与打开行为。每次眨眼时，眼皮会遮挡瞳孔和角膜与光源的联系从而使原始数据点中的 x, y 坐标信息丢失。在数据分析时，可使用注视点过滤器来剔除这些数据点并正确推断出注视点数据。

准确度和精确度是考察眼动仪性能的重要指标，也是能够评估眼动追踪数据质量的重要依据之一。在数据采集过程中，准确度和精确度被用于考察眼动追踪数据的有效性。一套好的眼动仪系统将提供更多有效的数据，因为它可以记录被试者在屏幕上的真实视线位置。准确度的定义是刺激物的实际位置与眼动仪采集到的视线位置之间的平均误差。精确度的定义是眼动仪在持续记录同一个注视点时的离散程度，例如，通过连续样本的均方根衡量误差值。研究需要的准确度和精确度取决于眼动追踪研究的性质。在做阅读研究或研究尺寸较小的刺激物时，极小的误差都有可能带来严重的后果。准确度误差同样也会受被试个体和实验环境的影响。准确度取决于被试者的个体属性，测试环境的光照条件，刺激物的属性，校准质量，数据采集过程和眼睛在头动范围内的不同位置。

眼动追踪分析是以注视、回视和正在思考的事情这三者关系的重要假设为依据的，为了证实这个假设的真实性，有几个相关因素还需要考虑：首先，有时候注视不一定会转化为有意识的认知过程。例如，某人在执行一项搜索任务时，很容易就能够将视觉短暂注视于搜索目标并忽视其存在，尤其是当这个目标具有出乎意料的形状或大小时，这个过程通常被称作改变视盲。发生这种情况的原因是由于人们认为一个物体或场景应该是什么样的期望在调整人们的视觉注意力并干扰对目标事物的察觉。人们可以在测试中通过给予受试清楚的指示说明来消除这种影响，也可随后进行面对面的眼球追踪测试对受试的动机或期望做出评估。

其次，注视转化的方式可能有所不同，这取决于研究的内容和目的。例如，若是让受试在研究者的指导下随意浏览某个网站（编码任务），在网页某个区域注视的次数较多，就可能表明这个人对该区域感兴趣（如某张照片或某个标题），或者目标区域比较复杂，以至于编码起来比较困难。然而，如果给予受试某个特定的搜索任务（如在淘宝网上购买一本书），注视次数较多常常说明，为了完成任务所必须进行的元素组织过程中表现得困惑和不确定。另外，清楚地理解研究目的以及认真仔细地制定测试方案对于眼动追踪结果的阐释很重要。

第三，人在对视觉场景进行加工的过程中，会将眼球移动到该场景的相关特征上。其中有些特征主要是由视野周边区进行检测。由于周边区视觉敏锐度低，位于这个区域的特征缺少形状和颜色细节，但是人们仍然能够利用它识别熟悉的结构和形式，以及对形状进行快速的综合比较。因此，人们能够利用视觉周边区并根据特征与我们的关联性来过滤特征。例如，如果人们通常都避免浏览网页上的广告横幅，也许人们也会避免将眼球移动到带有相似形状的网页其他部分，这仅仅是由于周边视觉“告诉”人们那里可能是广告横幅。当前的眼动仪技术只能显示测试对象所注视的视觉场景中的区域并在这些区域之间跳动。因此，为了充分理解为什么受试注视某些区域而忽视其他区域，眼动追踪测试过程中应该伴随某种形式的面谈或测试方法，这一点更有利于提升眼动相关研究的科学性。

大多数眼动追踪研究的目的在于确定和分析执行特定任务（如阅读、查找、扫描图像和驾驶等）时个体视觉注意力的模式。在这些研究中，眼球运动往往是根据注视和扫视进行分析。每次扫视过程中，视敏度都会受到抑制，致使根本无法“看见”事物，而只能通过注视才能从视觉上感知世界。实际上大脑通过对可视情景或物体来整合所获取的目视图像。此外，当注意力集中于特定情景或物体的特征上时，人们才能够将这些特征结合到精确感知中。这些特征越是复杂、易混淆或有趣，人们需要对其进行加工的时间就越长，结果就需要花更多的时间注视于这些特征上。在大多数情况下，只有在人们的视线注视于某个物体上或者距离这个物体很近时，人们才能够感知这个物体并清楚地说明其特征。如果只知道人们在看哪里，却无法由此判断人们这时的行为或者想法，这是没有意义的。大脑与眼睛一致性假设认为，人们所看的和所想的往往是一回事。但是所看的与所想的不一定总是相关。虽然人没有看到但可以想象不存在的东西，人可能不会注意眼睛的中央凹视觉内的变化。

通常来说，大脑与眼睛一致性假设通常是正确的，眼动追踪能告诉人们受试正在关注刺激材料上的那些内容。一般来说，人们所看的和他们所想的是相同的。这是人的视觉系统工作的工作方式，这也是为什么眼睛让人们相信人们对周围的世界影像具有高分辨率的视觉能力。人们由此可以得出结论，即注视等同于注意力，即人们会看他们所关注的刺激材料，他们看得越多，对这个刺激材料运行的思考也就越多。并不是说看到了某个刺激材料，就意味着被试者理解了这个刺激材料或大脑里对这个刺激材料已进行了加工处理。很多时候，受试只是简单地注视所需要的选项，但并不选择它。在这种情况下，即使受试看到了它，也并没有记住实验者特意赋予这些词汇、图像或链接的含义。

语言理解是人们日常生活和工作中一项十分重要的认知活动，而眼动方法已经成为研究人类语言理解极为重要的一个途径。眼动技术就是利用计算机控制的眼动跟踪技术记录并分析受试者在阅读文字的过程中眼睛观看的位置和眼球运动的形式，包括注视、眼跳等指标。相比传统的行为技术，眼动法可实现对阅读过程的真实性测量，避免对正常阅读的干扰，且实现了对读者阅读过程的实时测量，可提供许多在时间和空间上都有很高精度的指标，描述出读者在每一时刻是如何对阅读内容进行加工的。阅读过程中，人们通过一系列眼球运动编码文本的视觉属性。一般而言，熟练阅读者的眼球运动反映了视觉信息的实时编码和认知加工，其平均注视时间大约是 200 ~ 250 ms，眼跳时间大约是 20 ~ 30 ms。大多数词汇通常被注视一次，有些词汇被再次注视，有些则被跳过。

研究者采用眼动追踪技术记录眼睛在观测文字、图片或视频时的运动轨迹，并借此推断大脑处理信息的过程，其呈现的基本形式是注视（fixation）和眼跳（saccade）。眼动研究对于评估视觉设计十分具有价值，在语言加工的研究中，眼动追踪主要应用于阅读。但是，眼动追踪的局限性限制了一些语言加工的研究，如篇章加工，因此，人们开始思考大脑对语言加工的影响。

8.2　语言加工与 ERP 技术

人体中神经元的活动既包括本身固有的电活动（膜电位及其波动），也包括动作电位的传导（神经冲动的传导）及突触传递过程中产生的兴奋性或抑制性突触后电位。对于脑电波产生的原理目前较公认的论点是突触后电位学说，即认为脑电波是皮层内神经细胞群同步活动时突触后电位的总和。这些电位变化经过脑组织及颅骨传递到头皮，通过高灵敏度的电极和放大器，脑电装置可以探测头皮表面上产生的微弱电位。诱发电位是人体感觉器官在受到某种特定刺激（如声、光或者期望等）后外周神经系统和中枢神经系统在信息传递过程中产生的微弱电位变化。

ERP 是 event-related potentials 的简称，也称为事件相关电位。即当外在一种特定的刺激作用于感觉系统或脑的某一部分，在给予或撤销刺激时，或当某种心理因素出现时，在脑区所产生的电位变化。它是一种无创性脑认知技术，具有较高的时间分辨率（精确到 ms），可以不需要外显的行为反应。最初的 ERP 是由 EP（evoked potentials，诱发电位）演变来的，因为 EP 是通过刺激诱发产生的电位，所以称它为刺激事件引起的脑电真实的实时波形，不过随着研究的深入，发现 EP 不仅可以由外界刺激产生，而且也可以主动的自上而下的心理因素引起，因此，为了明确诱发电位，将"刺激"改为"事件"（event），"诱发电位"改为"事件相关电位"，才有了"事件相关电位"这一名词。1961 年 Grey Walter 等人发表了第一个认知 ERP 成分（CNV），标志着 ERP 研究新时代的开始。此后，脑电和心理因素相关的研究如雨后春笋般迅速发展起来，用 ERP 方法进行的脑的高级功能的研究出现一系列的突破，ERP 便被誉为"观察脑的高级功能的窗口"。

ERP 是一种特殊的诱发电位，它是在受试者主动参与的情况下获得的诱发电位。ERP 可能是由刺激在自发 EEG 上产生的共振现象，在自发 EEG 中，一些节律在同一时间以非同步的方式出现，当给予刺激时，其中一些频率可能会因为共振现象而得到增强。这些被增强的节律与大脑的信息传递有关，它们具有不同的"功能"和"意义"。通常 ERP 与自发 EEG 被同时记录到，由于 ERP 的幅值较低，它们通常淹没于自发 EEG 背景中，而且它们的频带重叠，因此必须采用一定的信号处理方式从自发 EEG 背景中将 ERP 分离出来。ERP 通常与任务存在锁时关系，在相同的条件下可重复出现，而且波形比较稳定。

诱发电位的时频特性从时间的先后分布来看，可以由以下三个部分组成：早波（early wave），中潜伏期波（mid-latency wave）和后波（late wave）。早波由 7 个小波组成，它们的发生在刺激后 10 ms 之内，频率范围为 100 ~ 3 000 Hz，幅度小于 1 μV。中潜伏期波通常被认为是代表最初的皮层活动，频率范围为 30 ~ 150 Hz，幅度为 1 ~ 10 μV。后波是指在刺激出现 100 ms 之后出现的波形，它代表皮层的有关神经电活动。它的频率范围为 1 ~ 30 Hz，幅度为 5 ~ 100 μV。由此可见，诱发电位的大部分能量都集中在小于 30 Hz 的频带范围内，而且各波形与刺激时间具有一定的锁时关系，这是诱发电位的一个重要的特性。

ERP 有多种分类方法，主流的三种是根据刺激成分、感觉通路及潜伏期来划分。最初根据刺激成分分为外源性成分和内源性成分。外源性成分是人脑对刺激产生的早期成分，受到的是物理性质的刺激，如听觉和视觉的刺激。内源性成分和人们的知觉和心理加工过程有关，如注意、记忆、智力等加工过程。感觉通路分类常用的是听觉诱发电位（auditory evoked potential, AEP）、视觉诱发电位（visual evoked potential,VEP）、体感诱发电位（somatosensory evoked potential,SEP），偶尔还有嗅觉诱发电位和味觉诱发电位。按潜伏期分类，可分为早成分、中成分、晚成分和慢波。

ERP 成分命名有三种方式，按顺序命名时，正波名为 P，负波名为 N，其后添加出现的顺序数字。在刺激固定的情况下，ERP 的波数和顺序是相对固定的，因此，各个波可以按照顺序命名。例如 AEP（听觉诱发电位），早期成分被命名为Ⅰ、Ⅱ、Ⅲ、Ⅳ、Ⅴ、Ⅵ、Ⅶ、Ⅷ；中成分被命名为 No、Po、Na、Pa、Nb；晚期成分被命名为 P1、N1、P2、N2、P3。按潜伏期命名时，正波名为 P，负波名为 N，其后标出潜伏期。例如，270 ms 左右出现的正波记为 P270；通常提到的P1、N1、P2、N2、P3分别又称为P100、N100、P200、N200、P300。慢波按照正、负分为正慢波（positive slow wave,PSW）和负慢波（negative slow wave,NSW）。潜伏期还可以命名为一个时间范围内的波，如P20 ~ P50；也可以命名刺激或者反应之前的波，如N-90。按功能意义命名时，有些成分的意义相对明确，可按其意义命名，如失匹配波（mismatch negativity,MMN）、加工负波（processing negativity,PN）、预备电位（readiness potential,RP）等。

ERP是通过头皮上放置的电极记录到生物电的电位变化，并以信号过滤和叠加的方式从EEG中分离出来，它的电位变化是与人类身体或者心理活动有时间相关的脑电活动，因此是一种无损伤性的脑认知成像技术。

ERP是脑电的一种，选择一般的脑电设备即可监测，脑电设备通常由：脑电帽、电极、导电膏组成。脑电所采集的数据仅为部分神经元的活动，但是脑内的具体活动情况又是无穷多的，为了解决这个问题，科学家采用了许多办法，这些方法包括无损伤和损伤两类。无损伤方法包括：增加电极，通过高密度记录电极的数据，结合复杂的数学程序和若干假设，进行分析运算；与高空间分辨率的脑功能成像方法结合（如PET、fMRI、fNIRS）。损伤方法包括：手术中的颅内技术、脑损伤或脑局部切除患者的颅外记录、动物模型的急慢性埋藏电极记录等。由于损伤方法均有一定的创伤性，在目前的研究中无损伤方法使用比较广泛，易被大众接受。目前市场上脑电采集系统所采用的原理大同小异，最大的区别在于电极以及抗干扰能力，常见的电极有干电极和湿电极，还有特殊电极。干电极在实验的准备阶段比较方便，但是信号质量稍差于湿电极信号。

脑电图（EEG）是通过精密的仪器从头皮上将脑补的大脑皮层的自发性生物电位加以放大记录而获得的图形，是通过电极记录下来的脑细胞群的自发性、节律性电活动。这种电活动是以电位作为纵轴，时间为横轴，从而记录下来的电位与时间相互关系的平面图。脑电波的频率（周期）、波幅和相位构成了脑电图的基本特征。

脑电的周期是指一个波从离开基线到再次返回基线所需要的时间，或者说是一个波峰到波峰或波谷到波谷的时间跨度，单位为毫秒（ms）。频率是指单位时间内同构的波峰或波谷的数目，也就是单位时间内的周期数。频率和周期互为倒数的关系。波峰到波谷之间的垂直距离就是波幅，但是脑电的数据会出现基线动荡的情况，因此，在测量脑电的波幅时，是将相邻两个波谷进行直接连线，这两个波谷之间的波峰与波谷连接线中点的垂直距离即为此波的波幅。一个随时间序列展开的波，在基线上下所处的瞬间位置即为该波的位相，其代表着波的极性及其时间于波幅的相对关系。脑电图是以基线为标准朝上的波为负向波（负性波），朝下的为正向波（正性波）。将两个运动中的波进行比较，如他们在某个或者每个瞬间出现的时间、周期和极性（波峰指向，正相或负向）都完全一致，称之为同位相。若先后出现则称为有位相差，若两个波错位180°则称为位相倒置。脑电中图形相同、周期一致且重复出现的活动称之为脑电节律。每一个波上下偏移时都会依据自己的中心点，将连续脑电波的每一个中心点连接起来，就会成为一个近似的直线，该线被称为基线。该中心轴线若为一条直线或近似直线，则称为基线平稳；若形成一条波幅高于25 μV，时间大于1 000 ms缓慢移动的曲线，则称为基线不稳；若波幅小于25 μV。则称为基线欠稳。

基线不稳可分为两类：一类是伪迹性不稳，主要是由于记录过程中的伪迹影响，比如，出汗、身体摆动、导线抖动等因素，这些均是外界因素造成的，通过调整后可以纠正；还有一类是生理、病理过程，如小儿发育过程中，早期脑功能不完善，就会出现基线的动荡不稳。

调幅是指具有基本频率的脑电波的波幅有规律地由低逐渐增高，又逐渐减小的过程，此过程可持续数秒。调幅的改变使 EEG 间歇性出现纺锤状变化。不同的人以及不同的情况下的脑电会有不同的节律。一般情况下，都会有一个优势频率，即在记录中最为突出和明显的节律，称之为背景节律（background rhythm）。

同步化是指群组细胞间同步性活动的表现过程；去同步化则是指神经元回去中细胞活动失去同步性，即既不能同时开始，又不能同时停止，而位相又不相同的独立的放电过程。脑电图并不是指一种图形，而是指多个不同类型的图形，常用分类依据是频率。脑电波根据频率不同被分为不同类型的波，如 δ 波、θ 波、α 波、β 波、γ 波。通过不同的波可以大致确认被试脑区的兴奋程度，间接推测出被试者所处的不同状态。

ERP 成分可以从极性、波幅、潜伏期和头皮分布等多个方面进行描述。极性指波幅的正负，正波命名为 P，负波为 N；波幅指幅值的大小，反映大脑兴奋度的高低和加工的难易；潜伏期指刺激呈现到 ERP 成分出现的时间，反映神经活动与加工过程的速度和时间进程；头皮分布指 ERP 成分在头皮分布的情况，反映其在空间分布上的特点。随着 ERP 技术和语言研究的结合，与语言加工有关的 ERP 成分逐渐被发现。

第一个是 P2 成分。P2 是潜伏期在 200ms 左右出现的正波。它由正常视觉反应诱发，受注意的影响，与视觉探测和高级水平视觉特征分析存在紧密联系。在语言研究，P2 与多种语言加工过程有关。研究发现动词的 P2 在前部和中部电极上比名词更正，只是在后部电极上存在区域分布差异。在语义驱动任务（semantic-driven tasks）中，动词的 P2 在前部和中部电极上比名词更正，而在词汇判断任务中动词和名词的 P2 没有差别。同时，P2 的波幅还会受到词类和具体性的共同影响，具体动词的 P2 比具体名词在前部两侧电极上更正，而抽象动词和抽象名词没有差异。抽象名词的 P2 在广泛区域内比具体名词的更正，而抽象动词和具体动词之间没有差别。在后部区域上，具有视觉特征的词（visual word）和抽象词所诱发的 P2 比具有动作特征的词（motor word）更正；而在前部区域，抽象词的 P2 比具有视觉特征和动作特征的词更正。表达积极情绪词语的 P2 在广泛区域内比表达中性情绪的词语更正。

同时，语境（context）也会影响 P2 的波幅。P240 对语义距离敏感，语义距离强相关和中相关所诱发的 P240 波幅要大于语义距离弱相关的，体现语义距离强弱会对目标词的加工产生不同的启动效应。在明确语境下，目标词在左脑（右视野呈现）前部诱发的 P2 比没有明确语境中诱发的要大，说明语境对目标词产生的预期会影响 P2 的波幅。

关于 P2 在语言加工中的性质和作用现在尚没有明确的说法，有研究发现字形的主效应在 100 ms 左右显著，词汇的主效应在 200 ms 左右显著，字形和词汇的交互效应在 160 ms 左右显著，字形加工和词汇加工都激活左下颞叶皮层（left inferior temporal cortex），说明词汇语义会对字形选择产生自上而下的影响，与词汇识别的互动激活与竞争模型是一致的。所以，P2 很可能反映的是词汇加工对字形选择产生的自上而下影响，从而可以反映目标刺激语义等方面的特点。

第二个 N400 成分。N400 是潜伏期在 400 ms 左右的负波，是与语言加工关系密切的 ERP 成分，从被发现至今已有 30 多年的历史。N400 首先发现在语句阅读任务中，语义与前面语境不匹配的句尾词会诱发出 N400。随后的研究中发现很多因素会影响 N400 的波幅，除语义违反外，语义联系的强弱、词频的差异、具体性的高低、正字法的违反、词的邻近性（neighborhoods）差异、重复效应（repetition effect）等都会影响 N400 的波幅。同时，词类和语义范畴也可以诱发 N400。不仅是书面语词，口语词、符号语言、照片、图画、动作、声音、视频、数学符号等都会诱发N400。有研究者指出，N400效应（the effectiveness of N400）作为一个独立的变量可以检测语言加工的几乎各个方面，并且可用来探索语义记忆（semantic memory）和认知神经系统如何动态、灵活地运用自上而下和自下而上的信息来认识世界。

N400有不同的子成分，可能具有不同的脑内源。以往研究表明，由违反等范式诱发的N400主要分布在顶区和枕区周围，而由图片和无声视频诱发的N400主要分布在前部电极上。与之相似的是，具体词与抽象词的N400差异在前部电极上更显著。在不同区域分布的N400可能反映不同的语义记忆存储和加工过程，包括在脑前部区域分布的对想象敏感的N400和脑后部区域分布的对语言敏感的N400。目前，已有研究将与具体性加工有关的前部N400与语言加工有关的后部N400区分开来。

第三个是LPC（late positive component），被称为晚期正成分，在400 ~ 800 ms左右出现的正波。LPC是与记忆加工有关的成分，最大波幅通常出现在中央区和顶区附近。LPC在回想或识别任务经常出现，旧信息通常诱发出比新信息更正的LPC，体现新、旧效应。LPC在语言研究中也经常被发现。在句法加工研究中，LPC通常是与句法加工和整合有关的P600。句法语义的违反、论元角色的违反、或语义关系的违反等都会诱发LPC。

LPC还在语义加工中被发现，是与语义加工有关的P300。P300是在300 ms左右出现的正波，通常由oddball实验范式中的稀少刺激诱发。通过比较直接关系、间接关系、没有关系的语义组合以及假词组合，并操控长短两种SOA发现，LPC只在短时SOA条件下，对语义关系更敏感，LPC是延后的P300。通过对比无意义字、非自由语素和单字词发现，无意义字的LPC最大，词的LPC小于无意义字，非自由语素的LPC最小，体现为任务难度、加工强度越大，LPC成分的波幅越小。这与以往研究中发现的P300成分表现是一致的。

此外，ERP和半视野速示技术紧密结合。半视野速示技术是可用于检测大脑半球视知加工偏侧化现象的技术。把该技术用于割裂脑病人的研究，发现左脑和右脑在功能上具有明显分工，语言加工和处理主要在左脑。半视野速示技术根据人类视觉神经传导通路的半交叉特性，即来自左、右眼球视网膜鼻侧的神经纤维在视交叉处交叉后投射至对侧大脑半球枕叶视觉中枢，而两眼球颞侧的纤维不交叉即传至同侧大脑半球视觉中枢。实验过程中，被试的两眼凝视视野中央，在被试的左视野或右视野短暂地呈现实验刺激，这样在右侧视野呈现的刺激就可以到达在左脑中加工，而左侧视野呈现的刺激可以到达右脑中加工，从而实现半侧视野与大脑半球的“交叉投射关系”。

通过这种方法，可以考察左脑和右脑语言加工的偏侧化现象。半视野速示技术在汉语研究，特别是汉字研究中被广泛应用。通过半视野速示技术发现，汉字在左脑/右视野中的反应时短，错误率低。通过比较反应时和正确率发现，汉字的字形、字音和字义认知均与大脑两个半球有关，显示汉字认知的“复脑效应”。而利用Stroop范式发现左脑和右脑均有显著的Stroop色词干扰效应，说明大脑两个半球均有汉字词义认知功能，当单个汉字呈现在右视野时，其Stroop效应显著大于呈现在左视野，说明语言信息和颜色识别/命名可能在左脑的交互作用更大。同时，半视野速示技术还运用于词汇的表征、中英双语者的语义加工和不同民族、不同国家学生对汉字和汉语词汇的加工等研究中。近年来，研究者开始在实验中将ERP技术与半视野速示技术相结合。与以往单纯使用半视野速示技术相比，将该技术与ERP技术相结合有以下优势：能够更好地考察右脑的语言能力；能够使被试在实验中正常眨眼；能够发挥ERP时间分辨率高、可以反映头皮分部的特点；能够进一步了解左脑和右脑的加工差异是在何时出现和如何出现的。

就实验范式而言，ERP 实验大体上沿用了心理语言学的经典范式和任务，比如启动（priming）、词汇判断（lexical decision）、语法判断（grammaticality judgment task）、语义分类（semantic categorization）、go/no go 任务、物体命名（object naming）等；同时 ERP 也有其独特的范式，比如经典的 oddball 范式和语义句法违反范式（semantic/syntactic violation）。

英语母语者的 ERP 数据显示，相对于语义正常的句子，当加工语义违反句到达 400 ms 左右时，大脑中央顶区会显示一个负向的脑电成分，即 N400 效应。如果短语没有违反原有搭配语义，就没有超常的负极 N400 脑波效应。N400 效应主要用来揭示在 400 ms 这一时间维度上大脑的语言信息加工过程。除了语义违反设计，研究者采用相关词与无关词、真词与假词、新词与旧词等做实验材料都观察到了典型的 N400 效应。

就时间维度测量指标而言，常规性测量大脑语言加工的 ERP 效应指标包括 N200、N400 和 P600 等。出现在大脑额区中部的负波 N200，通常发生在刺激呈现后 200 ms 左右，反映大脑词形层面（书写形式、语音等）的加工过程，这一效应通常反映语义识别和整合加工的过程。二语 ERP 研究也普遍发现了语义加工 N400 的存在。正波 P600 发生在刺激呈现后的 500 ~ 900 ms，集中分布于大脑中央顶区。

脑电效应也可以按空间维度进行测量，重点是看脑波活动的主要区域，如大脑的左侧还是右侧，大脑的额区、颞区、顶区或枕区，某一区域的前部、中部或后部。如 N400 及 P600 大部分都分布在顶区中部。分析指标包括前额负波 AN（anterior negativity）、左前负波 LAN（left anterior negativity）、早期左前负波 ELAN（early left anterior negativity）等。心理语言学研究者经常使用 LAN 效应来印证句法加工的自动化程度，通常与 P600 共同验证句法加工效应。例如，短语加工的方式及顺序，如先加工短语的意义还是短语的形式等。

LAN 通常发生在 300 ~ 500 ms，反映加工早期对句法违反做出的反应或者句法加工难度，如主谓短语搭配一致性加工等。早期的 ERP 研究方法多采用分组实验，这种实验往往结果不一，如有时显示 N400 或 P600 效应，有时却不显示。这是因为共时实验研究的语言水平界定多数都不统一，级别测量不准确，标准也不一致。一个分组实验的高级组很可能与另一个实验的中级组水平接近。此外，一个实验的高级组可能接近母语水平，但另一组仅是刚过高级的水平，不难理解为什么使用同样的刺激材料却导致不同的 ERP 效应。上文提到的二语句法习得发展阶段假设就是一个很好的例子，该假设建立在当时仅有的几个 ERP 分组实验基础上，既没有长期实验数据，也没有很多重复实验，因此无法提供充足的实证研究证据来证实语言习得的发展顺序确实如此，特别是不同阶段加工层面上的区别，这一假设在很大程度上很难成立。

8.3 语言加工与近红外技术

功能性近红外光谱技术（functional near-infrared spectroscopy,fNIRS ）是近年来新兴的一种非侵入式神经调控技术，主要是利用脑组织中氧合血红蛋白和脱氧血红蛋白对 600 ~ 900 nm 不同波长的近红外光吸收率的差异特性，来实时、直接检测大脑皮层的血流动力学活动。

现在 fNIRS 技术也越来越多地被使用到语言认知领域中，用于探究语义、语言认知、阅读、语音等相关的研究。近红外脑功能成像技术初现于 20 世纪 70 年代末 。近 20 年来，fNIRS 同脑电图、功能性核磁共振脑成像等技术一样，成为人类探索脑机制发生发展的有效工具。

fNIRS 是一种非侵入式的脑功能成像技术，它利用近红外光，穿过头皮及脑组织，直接监测神经活动引发的脑区血液动力学的变化状况。通过氧合血红蛋白浓度（HbO）、脱氧血红蛋白浓度（HbR）、总含氧量（HbT）等指标反映出来脑各区域的活跃情况。基于不同的发射光原理，fNIRS 分为三种类型，分别是时域（time-domain）系统、频域（frequency-domain）系统和连续波（continuouswave,CW）系统。时域系统的入射光源是一个超短脉冲，通过计算该脉冲在脑组织内传播过程中的变化程度得出结果；频域系统采用高频调制光源，通过检测反射光的衰减和相位变化情况得到数值；而连续波系统以恒定强度的入射光为光源，通过测量光强的衰减计算脑组织对光子的吸收程度。

目前常用的是连续波（CW）系统，在这个系统中，近红外光以恒定波幅照射在大脑皮层上，光源经过脑组织的反射，最终被同样放置在头皮上的探测头监测到，其中损耗的光能通过数据计算就可以得到，然后通过修正版的比尔定律（Lambert-Beer law），就可以获得 HbO 和 HbR 等指标。

近红外数据的信息分析可分为时程与空间分析，时程分析关注于数据随着时间推进而变化的波形、相位等信息，例如事件相关电位技术便多以时程分析为主，而空间信息的分析是指脑地形图方面的信息，如激活的脑区，脑区间激活程度的差异，任务间脑区激活程度的差异等，例如核磁共振技术便多以空间信息分析为主，当然两者的分析并不矛盾，通常的文献中会结合两者同时进行分析，从而可以得到更多的信息。

由于生物组织本身特有的光学特性决定了近红外光能够到达一定深度的生物组织。生物组织一般是由各种生物大分子（如血红蛋白）和水分子组成的混浊介质，其分子尺寸比近红外光波长大很多，因此，光子在组织中传播的过程中散射作用远大于吸收作用；此外，由于光子在组织中的散射作用具有高度前向性，尽管产生多次散射，光子仍然能够在组织中连续传播，而且能够达到几个厘米的度，能够满足大脑皮层功能检测的需要。

近红外脑功能成像技术作为一项新兴的脑功能成像技术，具有无创性，虽然在时空精度方面逊于 fMRI，但具有低成本、可便携、易操作的优点，并且对实验的环境以及被试的行动均没有太严格的限制，因此为语言加工研究提供了一条崭新途径。

近年来，近红外脑功能成像技术开始广泛应用于高级认知活动的研究，如语言、情绪和记忆等。由于 fNIRS 自身的特点，研究的脑区常常涉及额叶和顶叶皮层，其中以研究额叶功能的最多。自诞生以来，fNIRS 主要被用到了四大领域，即神经病学（Neurology）、精神病学（Psychiatry）、心理学（Psychology）和基础研究（basic research）。经过多年的发展，fNIRS 技术基本形成了一些简单的分析方法和流程。一般对 fNIRS 信号的分析主要包括三步：fNIRS 信号的预处理、任务态下的统计激活分析和静息态下的功能连接分析。

fNIRS 采集到的信号并不完全代表大脑功能活动，经常受到生理系统噪声和头动引起的运动噪声的污染。在进行后续的统计分析之前，这些噪声必须要被回归掉。相对于其他脑成像技术而言，fNIRS 对运动噪声并不那么敏感，但头部运动仍会造成 fNIRS 信号的扰动，比如形成尖波或基线漂移。各种各样的方法被开发出来减少运动噪声的影响，主要可以分为两大类：一是需要用额外的传感器检测运动噪声，再对运动噪声进行去除。二是不需要对运动噪声进行额外测量，直接用信号处理方法对运动噪声进行检测和去除。

在第一类方法中，Blasi 等人采用加速计测量与运动高度敏感的信号，并用标准差方法识别出运动噪声，最后采用递归最小二乘自适应滤波器对运动噪声进行去除；研究者通过使用加速计估计运动噪声的基线，然后对 fNIRS 信号的幅度进行缩放，从而校正这些噪声；研究者使用联合采集通道识别 fNIRS 信号中的运动噪声，并假设其中一个检测器主要采集的是与运动相关的信号，不包含血液动力学响应。他们分别采用双输入 RLS 自适应滤波器、小波滤波器、独立成分分析（independent component analysis,ICA）和多通道线性回归方法对运动噪声进行去除，发现多通道线性回归和 ICA 去除运动噪声的效果比较好。

在第二类方法中，除了将要在第二章详细介绍的小波滤波器、基于峰度值的小波滤波器和样条插值方法，还包括维纳滤波器（Wiener filtering）、卡尔曼滤波器（Kalman filtering）、主成分分析（principal component analysis,PCA）和基于相关的信号改善（correlation based signal improvement,CBSI）方法等。有研究者提出了使用维纳滤波器和卡尔曼滤波器去除 fNIRS 信号中运动噪声，是最早研究 fNIRS 信号的运动噪声去除方法。也有研究者引入了数据驱动的 PCA 方法，为运动噪声的去除提供了新的思路。CBSI 方法的思路比较新奇，相关研究发现通常情况下 HbO 和 Hb 信号呈负相关关系，而当有运动噪声干扰时 HbO 和 Hb 会变成正相关关系。通过最大化 HbO 和 Hb 的负相关性，尖波就会被去除，信号的信噪比得到提升。有研究者对这些方法进行了比较，发现在他们的数据中，样条插值能减少 55% 的均方误差，小波滤波器能提升 39% 的信噪比，获得了不错的效果。

全局的生理噪声会通过头皮的血流引入到 fNIRS 信号中。去除这些生理噪声对后续的分析至关重要。短距离的光源 - 检测通道对表层信息更加敏感，而基本不反映与神经活动相关的信息。许多研究者提出可以利用短距离采集通道从长距离的采集通道中去除生理噪声相关的信息。有研究者分别使用最小二乘优化和自适应滤波技术对短距离采集通道中的信号所占的权重进行线性估计，进而从长距离通道中将其去除。还有研究者开发了基于状态空间模型和卡尔曼估计的方法并对短距离采集通道的位置进行最有估计，有效地减少了生理噪声的干扰。

PCA 和 ICA 等数据驱动的方法被用来去皮肤血流等生理噪声。有研究者对 fNIRS 的基线信号进行 PCA 分析，识别出全局生理噪声的主要空间特征向量。他们假设基线信号主要包含全局生理噪声的空间模式，而且能量越高的空间成分越能表示全局生理噪声。实验结果显示此方法能显著提高信噪比。Kohno 等人应用时间 ICA 方法成功地从 fNIRS 信号中去除了全局生理噪声。ICA 的混合矩阵表示每个独立成分相应的权重。通过与 fNIRS 信号的比较，识别在整个空间都存在的成分。这个成分对应的信号被认为与皮肤血流等生理噪声显著相关，从而可以被去除。全局的基线波动也是一种需要去除的噪声。有研究者提出一种基于小波的去除基线波动的方法。fNIRS 信号被小波分解为不同尺度上的全局基线波动、血液动力学响应和其他的一些噪声。表示全局基线波动的小波系数由最大似然估计算法估计得出。为了得到这些小波系数的数目，有研究者采用了最小描述长度（minimum description length,MDL）的原则。通过最小化 MDL 的代价函数，就能估计到这些小波系数最优的数目，从而将全局基线波动从 fNIRS 信号中去除。

带通滤波器是去除呼吸、心跳等高频噪声和基线波动等低频噪声的最简单的方法。有些时候，大脑功能活动所在的频率可能和这些噪声有些重叠，所以使用带通滤波器可能会滤掉一些与大脑功能活动相关的信息。

最常见的一种 fNIRS 研究就是探索被试在做某些任务时大脑的激活情况。在早期的 fNIRS 研究中，研究者只是简单计算了 HbO 在任务期间的波形变化，然后通过目视检查激活情况；后来，研究者将任务中的 HbO 信号减去静息态下的信号，如果 HbO 信号大于平均基线的两倍标准差，则认为是局部激活的。然而，这些早期的探索方法非常容易出错，特别是在噪声干扰比较严重的时候。因此，各种各样的统计分析方法开始被使用。例如，t 检验被用来检测 fNIRS 试验中不同实验条件下激活水平的差异。随后，更具一般意义的多因素方法分析（multi-way ANOVA）也被引入到 fNIRS 研究中。这些方法都采用的是任务期间信号幅度的平均值，避免了对 HbO 或 Hb 信号响应任务刺激的任何假设。

由于 fNIRS 信号的时间进程也是直接与血液动力学响应相关，而上述的统计分析显然忽略了这一信息。因此，为了理解 fNIRS 信号中时间进程的信息，许多研究者开始使用相关性分析方法，并成功地揭示了 fNIRS 和 fMRI 的时间序列之间的关系。但是，这种方法很难解释大小的差异和与任务无关的一些变化。傅里叶分析是另外一种可以比较 fNIRS 时间进程数据的简单方法。这种方法假设 fNIRS 信号的频谱在任务频率处应该有一个最大能量，所以如果在任务频率处发现了一个最大值，则认为这个信号是与任务相关的，相应的脑区是激活的。然而，这种方法并不适用于那些非周期性的任务，比如事件相关的实验范式。因而，研究者们需要去开发更先进的分析方法克服上述缺点。

一般线性模型是 fMRI 研究最常用的一种方法，其假设 fMRI 数据是几个源（回归量）的线性组合。自从采用一般线性模型分析 fNIRS 数据以来，越来越多的研究者开始采用这种方法分析各种各样的 fNIRS 实验。基于一般线性模型的 fNIRS 分析工具包也陆续地被开发出来。

根据检测模式，目前的近红外光谱成像系统可为连续波模式、频域模式和时域模式。不同的模式具有不同的优点、缺点和测量参数。基于连续波检测模式的 fNIRS 系统向组织射入恒定亮度的近红外光，检测射出组织后的光强；基于频域检测模式的 fNIRS 系统向组织射入高频正弦光波，检测射出组织后的相位延迟和振幅衰减；基于时域检测模式的 fNIRS 系统通过向组织射入一段超短脉冲近红外光射入组织，检测射出组织后光子的时间分布。连续波系统只能测量 HbO 和 Hb 浓度的相对变化量，而频域系统和时域系统能够测量 HbO 和 Hb 的绝对浓度。但是频域系统和时域系统的造价非常昂贵，且技术非常复杂。相对而言，连续波系统成本更低、能够小型化和无线化、能够在日常生活中甚至移动中使用。另一方面，在神经科学中检测大脑活动统计上显著的变化比定量测量更重要，所以连续波系统是当下最常用的 fNIRS 系统。

综上所述，相对于其他脑功能检测设备，近红外脑功能成像系统的最大优势是结构紧凑、灵活方便，受试能够在认知心理学测验中保持自然的认知加工状态。

小　　结

本章论述了语言加工研究中所用到的脑电技术。因为大脑结构和功能的复杂性，语言加工和语言产生过程的大脑区域划分如下：在前额区和右侧半球，下额叶区域包括布罗卡区有关语音加工、语义决策任务、句子和篇章级加工、抽象词加工、句子加工、篇章加工、话语情感内容等检测任务中出现比较明显的激活。中、上额叶部分主要在语义决策任务、语义记忆篇章加工的综合方面显示明显激活。布罗卡区在句法加工以及音乐认知任务中被激活。下额叶在和一些有限条件下语音加工过程中被激活。

在右半球、颞叶和后部右半球，上颞叶部分主要在语音声音的听觉处理，语义加工，句法加工过程中被激活。中颞叶部分主要参与语音和语义加工。颞极主要参与篇章级任务的加工。韦尼克区以及缘上回主要参与语义加工和语音加工的某些方面。后下颞叶区以及枕颞沟参与早期视觉词加工。右侧颞叶区与韵律加工有关系。顶叶参与篇章加工。小脑主要参与认知检索任务，决策任务以及命名任务的加工。眼动追踪是一项非常重要的技术，它为了解人类视觉注意力在某个场景中的注视地点提供了一种客观的方法。然而，这和其他任何分析技术一样，如果想要正确地理解和转换眼球追踪数据，有必要建立一套适合研究内容和目的清晰明确的方法。

眼动和 ERP 技术有各自研究的优点，也存在一定的局限性，两者结合使用可以为研究者验证研究假设提供收敛性和差异性证据。从已有研究来看，眼动和 ERP 技术结合的有效性和科学性还需不断提高。从理想的技术层面出发，使用相同实验材料和被试，同步记录眼动和 ERP 数据可以为研究提供更加坚实可靠的证据。在注意、眼跳等领域，研究者开始利用眼动和 ERP 结合技术同时记录眼动和 ERP 数据，然后分析注视相关电位（EFRP），取得了一些可靠的实验证据。在语言认知领域，尽管有研究者尝试采用眼动和 ERP 同步记录技术考察语言加工过程，有些研究者采用多种方法力图减少或者从根本解决上述问题。譬如，使用统计回归程序从 EEG 中减去评估到的眼球运动效应。这种方法虽然可以帮助研究者得到阅读过程中不被干扰的 ERP，但是统计校正必须基于系列研究的假设，因此这种方法不适合于单个研究。采用类似于 EFRP 的方法，记录眼跳开始前时间窗口内的脑电活动，以此避免眼球运动产生的负面影响。这种方法虽然可以得到眼球比较稳定下的脑电活动，但是其效度取决于研究者设计出一种特殊的实验任务，保证在 ERP 分析时间窗口内没有眼球运动，因此其适用性受到很大限制。综上所述，在结合的技术层面，研究者仍然需要考虑如何分析同步记录的眼动和 ERP 数据。

fNIRS 是新兴的一种非侵入式脑成像技术，它能够对大脑皮层的脑活动进行实时检测，目前已经被广泛用于研究语言认知活动时额叶到颞叶的皮层活动。而本研究探讨真假词加工的脑皮层活动特点，已有的相关脑成像研究发现真假词脑区激活模式是不同的，其差异脑区主要集中在左侧额颞区等与语义加工有关的脑区，fNIRS 正好可以满足研究的需要。另外与 fMRI 相比，fNIRS 运行比较安静，实验花费比较小，使用起来也比较方便，对被试要求比较低，实验中被试可以以自然的坐姿进行实验，可以在一个更自然、真实的情景下记录大脑，具有更高的生态效度，为探讨语言的心理机制开辟了一条新途径。这种技术现已被证明是研究视觉词汇识别的一种可靠的工具。研究者一般根据实验设计的需要来选择慢速事件相关设计和快速事件相关设计。前者的特点是刺激之间的间隔很长，有很较高的信噪比，后者的特点是刺激的间隔很短，可以增加刺激的数量，降低被试的疲劳。已有研究也已经证明功能性近红外脑成像技术研究中快速事件设计是一种可靠的方法。

近年来，已有不少研究者运用 fNIRS/ERP 多模式成像技术进行脑功能研究，并取得了突出的成果。有研究者使用 NIRS 与 EEG 同步纪录研究神经元活动与并发的血液动力学响应，发现所得近红外光学检测脑功能血液响应定位与磁共振的结果相一致，而且血液活动的峰值延迟时间也符合磁共振测量结果，更重要的是对电活动与血液动力学参数的同步测量显示血液活动的峰值区域与电活动的峰值区域极其相近。此外，一些研究单位合作进行 NIRS/ERP 成像，研究听觉刺激所产生的 P300 和 N100 所对应的血液动力学参数变化，发现在 P300 和 N100 出现的时间段上，相应地发生着含氧血红蛋白量的增加和缺氧血红蛋白量的减少。

综上所述，以上实验方法存在自身优势的同时，也具有一些不足。未来的研究应结合眼动、ERP 和 fNIRS 的特点和优势，采用综合实验的方法，以获得更科学的实验数据，从而揭示语言加工的本质和特征规律。

习 题

1. 人脑语言加工主要采用哪些技术？
2. fNIRS 主要有哪些用途和优势？
3. 人脑句子加工的主要测试技术指标是什么？

第 9 章 语言与智能发展

9.1 动态系统理论与认知发展

9.1.1 动态系统理论

在传统的计算方法中，表征被看作是离散符号的静态结构。认知是透过将静态符号结构转换成离散、序列的步骤来实现的，也就是说，感知到的信息被转换成符号作为系统的输入，符号输入通过计算产生符号输出，符号输出又可被转换为行为输出，这样整个系统循环往复持续运行。这种传统观点的不足在于将认知行为分解为离散的时序步骤，完全忽视了人类认知的连续性与随机性。

认知过程的动态系统理论源于数学领域，使用微分方程或差分方程来描述复杂系统的动力过程。使用微分方程来表示连续型的动力系统；使用差分方程来表示离散型的动力系统。当然，也可以使用时标微积分或微分差分方程来表示某些时间区域连续而其余时间区域离散的动力系统。

1. 早期的认知动态系统

早期的认知动态系统包括：联想记忆系统、语言习得系统、认知发展系统、移动系统等。联想记忆系统是早期朝着人类认知动态系统迈进的关键环节，该系统源于 Hopfield 神经网络模型，它模拟了一个具有约 30 个神经元的层级型记忆神经网络，这些神经元可以处于打开或关闭两种状态，通过让网络进行自学习，使其具备自适应结构和计算属性。不同于传统认知模型，联想记忆系统模型只需要输入部分记忆即可形成和调用整体记忆，而且，记忆的时序也可被编码，进而使得认知过程可以通过数值可变的向量来进行模拟，使用这些数值来表征认知系统所处的不同状态。

Elman 神经网络将语言和认知视为动态系统，而非数位的符号处理器，充分考虑人类神经系统的演化发展以及大脑与其他器官的相似性，通过语言习得的方式表征认知过程。在此语言习得系统中，将规则学习所得的静态词汇和语法规则定义为动态系统中的状态空间局域，语法通过吸引子和排斥子约束状态空间中的运动。这意味着上下文脉络的表征具有良好的敏感性，同时，心理表征也不再是构造出来的静止状态，而是穿梭在心理中间中的动态轨迹。通过简单句子对 Elman 神经网络进行训练，便可将语法表示为一个动态系统，当基本语法被掌握后，便可以根据动态模型预测后续单词，进而实现复杂句子的分析功能。

所为认知发展是指个体自出生后在适应环境的活动中，对事物的认知及面对问题情境时的思维方式与能力的表现会随年龄增长而改变的历程。著名发展心理学家 Jean Piaget 将儿童的认知发展看作是沟通生物学与认识论的桥梁，他认为通过对儿童个体认知发展的了解可以揭示整个人类认识发生的规律，从而建构起他的整个学说“发生认识论”。Jean Piaget 将认知发展系统视为认知结构的发展过程，以认知结构为依据将认知发展分为感知运动阶段（0 ~ 2 岁左右）、前运算阶段（2 ~ 6 岁左右）、具体运算阶段（7 ~ 11 岁左右）、形式运算阶段（12 岁级以后）。在感知运动阶段，儿童以感知运动图式的认知结构细条感知输入和动作反应，从而依靠动作来适应环境；在前运算阶段，儿童将感知动作内化为表象图式的认知结构，建立起符号功能，凭借心理符号进行思维，从而实现思维方式上的质变；在具体运算阶段，儿童的认知结构由前运算阶段的表象图式演化为运算图式，该阶段的心理认知重点着眼于由具体内容支撑的抽象概念；在形式运算阶段，儿童思维已发展到抽象逻辑推理水平，其思维形式已经摆脱了思维内容并具备进行假设、演绎与推理的能力。

移动系统是在连续时间循环神经网络之后被提出的一种动态系统机制。移动系统强调神经网络的输出而非状态，它通过完全互连的神经网络中的三神经元中央模式生成器来表征人体的下肢运动系统，其中，三个神经元的中央模式生成器分别来控制足部、后摆和前摆，网络的输出用于表示足部的方向（向上 / 向下），以及产生腿关节扭矩的力。神经元的输出包含打开、关闭和准稳定态三种状态，其中，准稳定状态是一种过渡状态。从某准稳定态过渡到另一种准稳定态的神经元组被定义为一个动态模块，多个动态模块可以相互组合形成一个完整的移动动态系统。

2. 现代的认知动态系统

现代的认知动态系统包括：行为动态系统、适应性行为系统、开放动态系统、体化认知系统等。行为动力学系统将代理和环境视为一对基于经典动力学系统理论的耦合动力学系统。在该形式化过程中，能够由环境信息了解代理改造环境的行为、动作。在知觉 - 动作周期的特定情况下，环境和代理的耦合由以下两个函数进行形式化：第一个函数将代理的动作表征转换为特定的肌肉激活模式，进而在环境中产生力量；第二个函数将环境中的信息，即反映环境当前状态的代理感受器的刺激模式，转换为可用于控制代理动作的表征。

动力学建模表明，适应性行为可能来自代理和环境的相互作用。根据此框架，适应性行为可以被两个层次的分析所捕获。在知觉和动作的第一层次上，代理和环境可以概念化为一对动态系统，由代理作用于环境的力量和环境提供的结构化信息将其耦合在一起，行为动力学从代理与环境相互作用中表现出来。在时间演化的第二个层次上，行为可以通过一个由向量场表征的动态系统来表达。在这个向量场中，吸引子可反映稳定的行为解，而其中的分歧现象则可反映行为的变化。与之前对中央模式生成器不同的是该框架表明了稳定的行为模式是代理与环境系统的一种浮现的、自组织的属性，而不是由代理或环境的结构所决定。

在经典动态系统理论中，并非将环境和代理的动态系统彼此耦合，而是通过综合系统、代理系统，以及两个系统相互关联的机制来构建开放动态系统。这里，综合系统用于建模环境中的代理的动态系统，而代理系统则用于建模代理的内在，即在缺少环境条件下的代理的动态系统。重要的是，联系机制并没有将两个系统耦合在一起，而是不断地将综合系统修改为去耦合的代理系统。透过区分综合系统和代理系统，可以研究代理与环境隔离及嵌入到环境中时的行为。这种形式化可以视为是来自经典形式化中的一种概括，其中，代理系统可以被视为开放动态系统中的代理系统，而环境以及与环境耦合的代理可以被视为开放动态系统中的综合系统。

在动态系统和体化认知（embodied cognition）之中，表征可以被概念化为“指标物”（indicator））或“中介物”（mediator）。在指标物的观点中，内部状态携带着在环境中物体存在的信息，其中，系统在接触物体期间的状态是该物体之表征。在中介物的观点中，内部状态则是携带着系统用于实现目标的环境信息。在更复杂的描述中，系统状态承载的信息是介于代理从环境中所获取的信息和代理行为对环境所施加的作用力之间。

9.1.2 认知发展

认知（cognitive）是心理学中的一个普通的术语，过去心理学词典或心理学书籍中把它理解为认识过程，即和情感、动机、意志等相对的理智活动或认识过程。认知心理学正是对心理事件的内在过程的研究。因此，可以说，认知心理学是一门研究对于信息的知觉、理解、思考并产生答案的科学。它的研究对象包括：如何关注并获取信息；信息图和在大脑中被存储和加工；如何对信息进行思考并予以解答。现代认知心理学主要吸纳了人类智力与人工智能、认知神经科学、注意等 12 个主要研究领域，如图 9-1 所示。

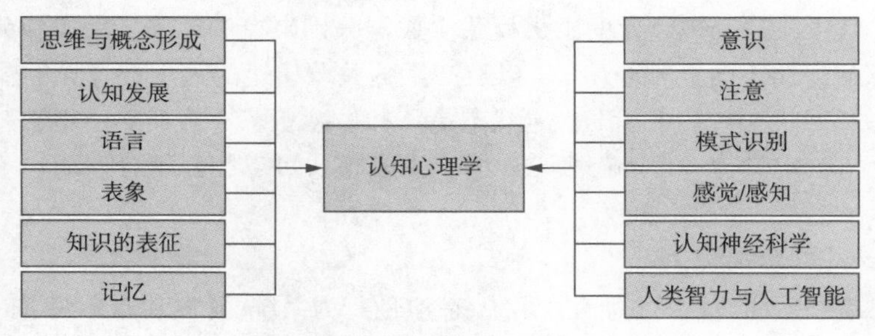

图 9-1　认知心理学涉及的主要研究领域

从 20 世纪 50 年代开始，心理学研究重点逐步向认知心理学转移，新的学术期刊及学术组织也开始建立，此外，计算机与人脑的对比研究也引发了诸多研究者的兴趣，其对比结果见表 9-1。伴随着认知心理学的崛起，1956 年，George Miller 的论文《神奇的数字 7+2：我们的信息加工能力的某些极限》将这场认知革命推向高潮，在它的研究中充分考虑到以下三个方面：

（1）通信理论

基于通信理论的信号检测、注意、控制论与信息论的实验，对认知心理学有重要意义。

（2）记忆模型

在语义组织基础上，逐步建立记忆系统模型及其他认知过程的可验证模型。

（3）计算机科学

作为计算机科学的一个重要分支，人工智能极大地扩展了关于问题解决、记忆加工与存储、模式加工与学习等方面的研究能力。此后，是否可以用机器模拟人类思维过程的争论愈演愈烈。直至 1980 年，加州大学贝克莱分校的哲学家 John Searle 应用两分法提出了弱人工智能（探究人类认知的工具）与强人工智能（通过计算机使机器具备理解力的心智）两种研究形式，从而化解了心理学研究领域的冲突，同时也将认知理论推广到人工智能与计算科学领域。

表 9-1　计算机与人脑对比

项目	硅基计算机	碳基大脑
加工数据	十亿分之几秒	毫秒级到秒级
处理类型	系列并行处理器	平行处理器
存储能力	存储量巨大，存储形式为数字化编码信息	存储量巨大，存储形式为视觉和语言信息
物质构成	硅与电子供给系统	神经元与有机供养系统
工作状况	绝对服从	有自己的思想
学习能力	规则控制	概念化控制
优势特征	经济高效、服从规则、易于维护、可预知	对于可变事物的判断、推理和归纳能力强；具备语言、视觉和情感能力
劣势特征	缺乏自我学习能力；解决复杂的认知任务较困难；体积大，需要能量来抑制其机动性	信息加工与存储量有限；容易遗忘；维护成本高，生理及心理需要较多

认知计算是认知科学的核心技术子领域之一，是人工智能的重要组成部分，是模拟人脑认知过程的计算机系统。认知计算代表着全新的计算模式，它包含信息分析、自然语言处理和机器学习领域的大量技术创新，能够助力决策者从大量的非结构化数据中揭示潜藏的规律与非凡知识涌现。认知系统能够以自然、和谐的方式与人类交互，能够获取海量的不同类型的领域数据，从所获取的数据中凝练有效信息进行推论，能够在数据挖掘与人机交互中不断学习发育。

认知系统需要具有学习、建模和生成假设三个基本要素。具体而言，学习是指认知系统所具备的学习能力，也就是说系统需要通过对数据的分析与挖掘，对某领域、话题、人物或问题做出精准的判断；建模是指系统为了学习所构建的领域知识表示方法与计算模型；生成假设则是指对数据进行理解后所产生的多元化的、具有不确定性的问题结果。

从历史上看，计算时代有以下三代，认知计算是第三个计算时代。

第一个计算时代是制表时代（tabulating computing），始于 19 世纪，标志性应用是能够执行详细的人口普查工作和较为全面的支持美国社会保障体系运行。

第二个计算时代是可编程计算时代（programming computing），兴起于 20 世纪 40 年代，支持内容包罗万象，从太空探索到互联网都包含其中。

第三个计算时代是认知计算时代（cognitive computing），与前两个时代有着根本性的差异。因为认知系统会从自身与数据、与人的交互中学习，所以能够不断自我提高。因而，认知系统绝不会过时。它们只会随着时间推移变得更加智能，更加宝贵。这是计算史上最重大的理念革命。随着时间推移，认知技术可能会融入许多 IT 解决方案和人类设计的系统之中，赋予它们一种思考能力。这些新功能将支持个人和组织完成以前无法完成的事情，比如更深入地理解世界的运转方式、预测行为的后果并制定更好的决策。

9.2　社会认知与智能发展

社会认知是个人对他人的心理状态、行为动机和意向做出推测与判断的过程。作为一种抽象的组织化概念，社会认知模型可以被定义为源自观察的推论，图 9-2 描述出包含人类记忆和存储过程的简化社会认知模型。Simon 和 Newell 的研究表明，计算机不仅可以模拟人类思维的某个有限方面，还可以在此基础上建立联系形成基于人类思维方式的模型，计算机模拟人类认知便是其中一个实例。

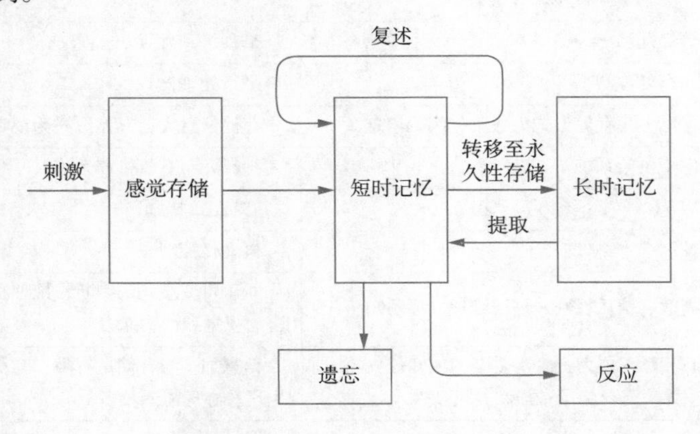

图 9-2 社会认知模型

9.2.1 信息加工理论

Neisser 认为认知是通过不同器官的共同合作实现的，在他的著作《认知心理学》（*Cognitive Psychology*）中指出认知是感觉输入的变换、减少、解释、贮存、恢复和使用的过程总和；此外，Steve Pinker 在著作《心灵怎样工作》（*How the Mind Works*）中提出心灵是由具有计算功能的器官所组成的一个系统，用于理解和解决主观与客观世界中的一切事物与问题。计算式认知这一概念就是在此基础上建立的，即心灵是认知计算机的所作所为，可以用机器对信息的加工来模拟。图 9-3 是计算式认知的信息加工过程。

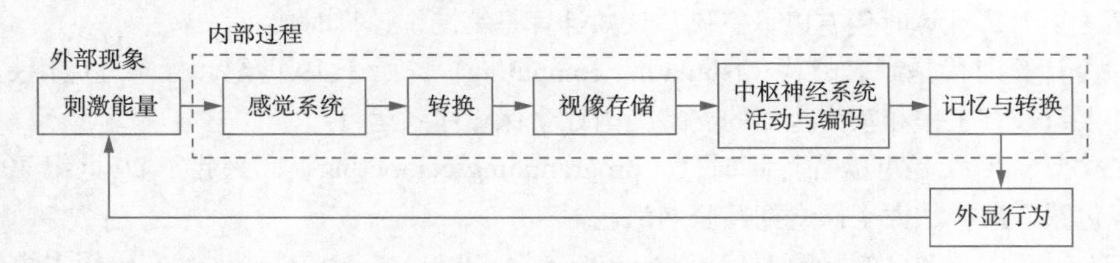

图 9-3 计算式认知的信息加工过程

在此加工过程中，信息成为交互者沟通的桥梁，且认知的过程则始于对外界信息的度量。Shannon 和 Weiner 提出的信息度量方法指出：对于等概率事件，N个等概率事件之一实现的信号所传递的信息量$H=\log_2 N$，此处，信息的单位是二进制单位——比特（bit），1 比特信息量可以使情景不确定性减少一半；对于非等概率事件，其平均信息量$H=-\sum_{i=1}^{N} P_i \log_2 P_i$，$P_i$是某个事件出现的概率。

人类的信息加工能力方面具有以下特点：信息传递速率在 3 ~ 10 bit/s 范围内；人类只能对众多外界刺激中的极少部分进行处理；在获得外界刺激信息后，人类通过注意选择机制将冗余信息及次要信息去除；短时记忆能够加工的信息有限。根据人类的信息加工特点，Hick-Hyman 定律总结出反应时与信息量之间的关系

$$RT = a + bHs$$

其中，RT 是反应时，Hs 是信息量，a、b 是经验常数。

此外，人类的信息加工过程具有明显的层次性。神经层次是具体的物质层次，即脑结构层，是信息加工的物质基础；认知层次以抽象的方式描述神经事件，并使之在经验与意识中存在。而心理层次是经验性与意识性的体现之处，是认知加工的最高层次。神经－认知－心理三个层次相互联系，共同完成人类对于输入信息的加工。根据人类信息加工的层次特性，可以构建出机器的信息加工结构，如图 9-4 所示。

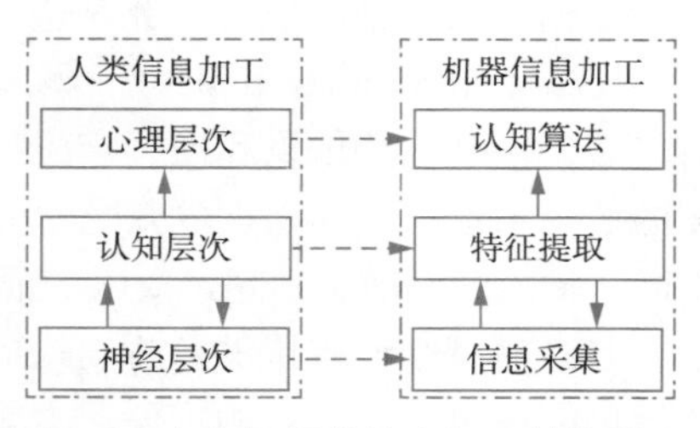

图 9-4　人与机器的信息加工结构类比

9.2.2　选择性关注模型

众多心理实验从理论上表明人类对信息的加工是具有选择性的，影响信息选择的因素包括刺激的物理特性、刺激物之间的意义联系、刺激与个体的关系以及个体的经验知识等。在此基础上，认知心理学家们提出了一系列理论模型，瓶颈理论模型是其典型代表。该理论模型认为，在信息加工的某个阶段或某个地方存在着一种称为瓶颈的装置，它可以对输入的信息进行有效选择，从而完成注意的信息选择与过滤功能。

1. 过滤器模型

在瓶颈理论（即信息加工系统在某一时刻只能选择多种输入信息中的一种，而选择的因素则与这些信息的物理特性相关）的基础上，Broadbent 提出了首个完整的关注模型——过滤器模型（filter model），该模型认为神经系统的信息加工容量是受限的，当信息通过大量平行的通道进入神经系统时，其总量就会超过直觉分析的高级中枢的容量而产生溢出，所以需要一种过滤机制过滤掉多余信息，并将剩余有效信息直接传送到高级加工中枢。

在过滤器模型中（见图 9-5），对外部信息的感知过程可以通过若干并行的感觉通道来完成且感知的信息量远大于信道的处理量，一个信号只有被关注到并传递到容量有限的通道中才会被进一步加工，而决定是否被关注的选择性过滤器可以被切换到任何一个感觉通道。

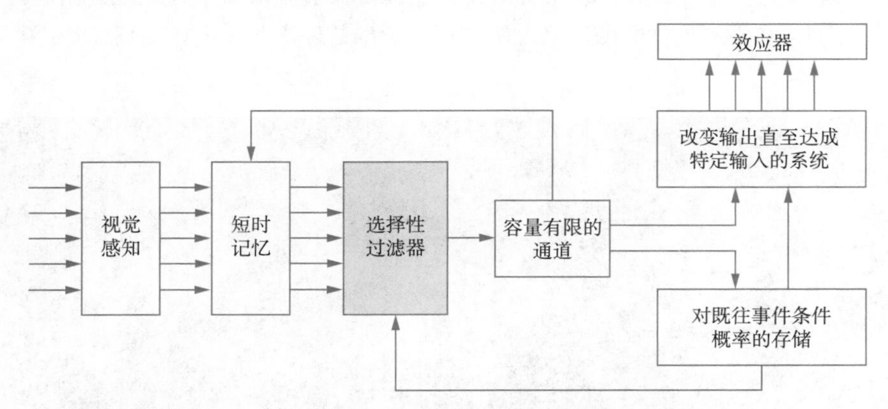

图 9-5　选择性关注的过滤器模型

2. 衰减器模型

Moray 经过实验发现，当人们从非关注通道中接收到某些有重要意义的信号时，即使这些信号被经过滤器衰减到很弱，仍能激活心理词典中的某些阈值较低的单元，并使人们意识到。由此可以看出，过滤器模型虽然可以模仿人类的选择性关注特征，但却忽略了人类从非关注通道内探测敏感信息的能力。针对这一问题，Treisman 对过滤器模型加以改进，提出了注意的衰减器模型（attenuation model）。该模型大体继承了过滤器模型的构架，同时认为信息通过过滤器之后，未衰减的信息和经过衰减的信息都将输送到高级神经中枢系统，除非被衰减到一定强度的信息不能激活高层次的知觉单元则不能被识别（根据心理学研究，不同语义的兴奋阈限制不同，输入的刺激必须超过阈限的强度才能被意识到）。

衰减模型强调多层的分析与检验，“瓶颈”的位置和作用较为灵活，能够解释不被注意的通道也能通过某些信息的现象。衰减模型不仅能够解释注意的选择机制，也说明了情绪在视觉注意中的识别机制，因此，不仅能够解释更广泛的实验结果，也能更好地预测人的注意选择过程。

9.3 语障与智能

目前，作为解剖学、神经科学、认知科学、神经心理学、精神病和信息科学等学科的共同科学前沿，脑网络组图谱已经成为脑科学和脑疾病研究的新领域，未来围绕脑网络组图谱将会涌现出许多新的研究方向，其中，针对言语障碍的认知神经功能模拟便是脑疾病与智能技术的一个重要研究与应用分支。

在神经科学领域，认知神经计算过去几十年，特别是过去的十年左右时间，取得了飞跃式的发展。现状对于大脑的工作原理已经积累了丰富的知识，这为认知神经计算的发展提供了重要的生物学基础。人脑是一个由千亿神经元通过数百万亿的接触位点（突触）所构成的复杂网络，感觉、运动、认知等各种脑功能的实现，其物质基础都是信息这一巨大的网络当中的有序传递与处理，如图 9-6 所示。通过几代神经科学家的努力，目前对于单个神经元的结构与功能已经有较多了解。但对于功能相对简单的神经元如何通过网络组织起来，形成现在所知的最为高效的信息处理系统，还有很多尚待解决的问题。由于脑网络在微观水平上表现为神经突触所构成的连接，在介观水平表现为单个神经元所构成的连接，在宏观水平上则表现为由脑区和亚区所构成的连接。因此，在不同尺度的脑网络上所进行的信息处理既存在重要差别，又相互紧密联系，是一个统一的整体。

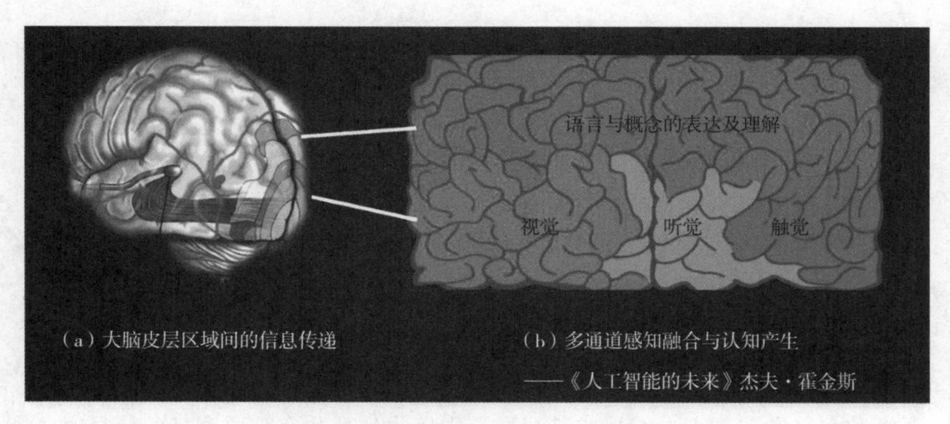

图 9-6　人类大脑的感知与认知机理

目前神经科学的研究热点主要集中于在上述各层面解析脑网络的结构，观察脑网络的活动，最终阐明脑网络的功能，即信息存储、传递与处理的机制。要实现这一目标，需要突破的关键技术是对于脑网络结构的精确与快速测定，脑网络活动的大规模检测与调控，以及对于海量数据的高效分析，此外也亟须在实验数据的约束下，建立适当的模型和理论，形成对脑信息处理的完全认知。

在人工智能研究领域，由于现在神经科学对于大脑工作机制的了解还远远不够，是否能够开展有效的类脑算法研究仍备受质疑，对此从已获得初步研究成果的深度神经网络中获得一些启示。从神经元的连接模式到训练规则等很多方面看，深度神经网络距离真实的脑网络还有相当的距离，但它在本质上借鉴了脑神经网络的多层结构（即“深度”一词的来源），而大脑中的多层、分布处理结构式神经科学中早已获得的基本知识。这说明，并不需要完全了解脑的工作原理就可以研究脑的认知神经计算方法。相反，真正具有启发意义的，很可能是相对基本的原则，每一项基本原则的阐明及其成功运用于人工信息处理系统，都可能带来认知神经计算的进步，也会加深人类对于大脑高效信息处理机制的理解，从而形成脑科学与人工智能技术的相互促进的良性循环。

具体而言，2013年，首都医科大学宣武医院张新卿教授利用多模态核磁共振技术，结合基于图论的脑网络分析方法的研究结果，发现阿尔兹海默症患者存在异常的脑网络拓扑属性变化。2014年，University of Texas-Dallas Gagan Wig 提出一种通过认知水平评估和静息态下的功能性核磁共振成像扫描建立网络水平大脑运转的检测机制，并将其应用于记忆障碍的临床诊断。同年，Duke University 的 Miguel Nickless 通过电信号与脑关系的研究，利用脑电波刺激的方式控制外骨骼技术，让高位截瘫患者在巴西世界杯开幕式上大显身手。

2015年，中国科学院心理研究所行为科学重点实验室李会杰等人提出一种基于脑功能网络系统划分的认知老化模型，通过对海马旁回、梭状回、额下回等七大脑区激活程度与行为能力的深入数据挖掘，建立起非对称性下降假说（HAROLD）、老化的前后转移模型（PASA）、补偿相关神经环路利用假说（CRUNCH），以及老化和认知的脚手架理论（STAC）等一系列认知老化理论与方法，对推动全新认知老化脑网络模型的构建以及针对现有模型进行基于脑连接组学的修订具有重要意义。

同年，首都医科大学宣武医院王晓妮等人根据遗忘型轻度认知障碍患者脑蛋白质网络全局属性的特征，提出一种针对早期阿尔茨海默病早期诊断的脑网络分析方法。西安高新医院李尊波主任认为，该方法通过对26例遗忘型轻度认知障碍患者及30例健康对照着的研究，构建起基于弥散张量成像的脑网络分析方法，有望成为早期诊断遗忘型轻度认知障碍的影像学标志。Larry Swanson 及其同事通过轴突连接的网络分析，提供出一种具有四个组织学特性单元（视觉、听觉、味觉、嗅觉）的脑皮层与认知神经元联系的拓扑结构图，这将为测绘哺乳动物神经元类型和单个神经层次上与认知有观点皮层联系建立一个新支点。2016年，复旦大学类脑智能科学与技术研究院院长冯建峰教授，利用全维度、多中心的生物大数据与脑疾病的精准诊断相结合，基于大脑的可变和可塑性理论，绘制出脑功能网络的动态图谱，并展开一系列脑重大疾病寻根与大脑量化研究。

小　　结

认知神经计算是融合脑科学与计算机科学、信息科学和人工智能等领域的交叉学科，在人机交互理论研究与康复医疗应用中，认知神经功能智能模拟平台的建设始终是言语障碍康复治疗中无可或缺的关键课题之一。虽然学术界对于脑网络理论与方法的研究已日臻成熟，并取得了相当的积累与进展，但随着神经科学及言语障碍医疗领域的不断探索与发展，必将对脑神经网络模拟提出更多新要求、新问题。面对源源不断的新挑战，认知神经功能智能模拟研究将推动智能技术向通用的人类水平的智能，即强人工智能的目标逐渐逼近。

习　题

1. 动态系统理论的主要内容是什么？
2. 社会认知与智能发展关系如何？
3. 语障与智能有何关系？

第10章 语言加工的脑机制

10.1　大脑可塑性概念

大脑的可塑性（plasticity）是指大脑可以为环境和经验所修饰，具有在外界环境和经验的作用下塑造大脑结构和功能的能力，分为结构可塑和功能可塑。脑的结构可塑是指大脑内部的突触、神经元之间的连接可以由于学习和经验的影响建立新的连接，从而影响个体的行为，具体包括突触可塑和神经元可塑。功能的可塑性可以理解为通过学习和训练，大脑某一代表区的功能可以由邻近的脑区代替，也表现为脑损伤患者在经过学习、训练后脑功能在一定程度上的恢复。

在人脑的发育进程中，经历了十分复杂的过程。大脑中 10^{11} ~ 10^{12} 个神经元按照极其复杂的方式，通过 10^{14} ~ 10^{15} 个突触彼此连接构成一个复杂、庞大，具有高度特异性的内聚网络系统，一旦发育完成，人脑的神经元数量将不会发生变化。20 世纪初，Ramony Cajal 等研究发现，成年哺乳动物的神经元损伤后将无法再生，从而形成了中枢神经系统的不可变稳态理论。这一观点持续了多年，但随着时间的推移，越来越多的证据表明并非如此，大脑是能够进行功能重组的。

大脑的可塑性，即神经系统的修饰能力，是短期功能改变和长期结构改变的统一体，其中，短期的大脑功能可塑性是突触的效率和效力的改变，长期的大脑结构可塑性是神经连接的数量和组织的改变。追溯本源，大脑的可塑性问题实际上是突触的可塑性问题。突触的可塑性可定义为：突触连接在形态上和功能上的修饰，即突触连接的更新及改变、突触数目的增减，以及突触传递效率的增减。其主要表现为，活动依赖性功能重组、损伤区周围皮质功能重组、对侧相应部位代偿性功能重组、其他皮质功能替代重组、基于同侧支配机制、泛化区域功能的潜伏通路启动，以及新任务的学习和记忆等。

10.2　脑功能结构与语言加工

言语系统的基本功能是将声音与意义对应起来。可能很多人认为：当听到一个言语声时，这个物理声就被链接到了这个声音的音素；当念出一个完整单词时，单词中所包含的单个音素则被存储在声像记忆中；当需要解码这个单词时，则会将其静静表征依次分别解码，再经合并后用于激活语义知识。这个描述看似合理，然而言语系统并不是这样工作的。目前，在言语感知领域有关言语基本单元的问题尚未达成共识。现在可以暂且认为：语言系统不仅要对言语中的单个音素解码从而使声音信息与意义相对应，还需要解码出发音的主体和时间，即“谁”在“何时”在发音，以便理解音素、音节、词、句子，以及上下文的时间顺序。

10.2.1 人类的语言中枢

语言中枢是人类大脑皮质所特有的，主要负责控制人类进行思维和意识等高级活动，并进行语言的表达，大脑皮层与语言功能相关的主要区域如图 10-1 所示。临床实践证明，右利者其语言区在左侧半球，大部分左利者，其语言中枢也在左侧，只少数位于右侧半球。语言区所在的半球称为优势半球。儿童时期如在大脑优势半球尚未建立时，左侧大脑半球受损伤，有可能在右侧大脑半球皮质区再建立其优势，而使语言机能得到恢复。

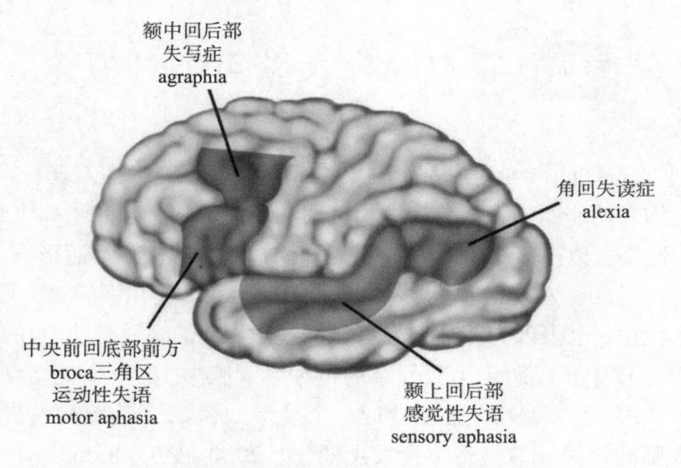

图 10-1　大脑皮层与语言功能相关的主要区域

运动性语言中枢（说话中枢）位于 44 及 45 区，紧靠中央前回下部，额下回后 1/3 处，又称布洛卡斯区（Broca's Area），能够分析综合与语言有关肌肉性刺激。此处受损，病人能够理解他人语言，构音器官无障碍，发音困难或虽发音但不能构成语言，临床上称之为运动性失语症。

听觉性语言中枢（韦尼克区，即 wernicke 的一部分）位于 22 区，位于颞上回后部，用于调整自己的语言和听取、理解别人的语言。此处受损，患者能讲话，但混乱而割裂；能听到别人讲话，但不能理解讲话的意思（听觉上的失认），对别人的问话常所答非所问，临床上称为感觉性失语症。

书写性语言中枢（书写中枢）位于额中回的后部。此处受损，虽然其他的运动功能仍然保存，但写字、绘画等精细运动发生障碍，临床上称为失写症。

视觉性语言中枢（阅读中枢，韦尼克区的一部分和位于其上方的角回）位于 39 和 37 区，顶下叶的角回，靠近视中枢。此中枢受损时，患者视觉无障碍，但角回受损使得视觉意象与听觉意象失去联系（大脑长期记忆的信息编码以听觉形式为主），导致原来识字的人变为不能阅读，失去对文字符号的理解，称为失读症。

10.2.2　脑内语言系统

脑内存在着三套用来处理言语活动的机构：概念系统、形成语言系统和介导语言系统。概念语言系统位于两侧颞叶前部和中间部分，其功能是表达人与外界接触时的所做、所见、所思、所感，并能对此进行归纳分类。人们通过概念语言系统把物体、事件及其相互联系组织了起来，成为抽象和隐喻的基础。

形成语言系统分布在左半球外侧裂附近，包括 broca 区和 wernicke 区，其功能是表达音素、音素组合以及将词进行组合的句法规则。形成语言系统受到来自大脑的刺激时，能把单词组合起来形成要说或写的句子；受到外部听觉语言或视觉语言刺激时，就对这些语言信号进行初步处理。

介导语言系统位于左半球枕 - 颞轴线上，其功能是接受概念刺激脑内选择使用词语，或接受词语使大脑形成相应概念。wernicke-geschwind 模型是目前被广泛接受的较为基础的语言信息处理神经模型，常被用于临床鉴别脑区损伤对语言功能的影响。该模型认为，在复述词语时，信息自耳蜗经过神经传至内侧膝状体，继而传至听觉皮层，再向角回（与传入的听觉、视觉和触觉信息的整合相关）传递。由此，信息传至 wernicke 区，进而又经弓状束（arcuate fasciculus）传至 broca 区。在 broca 区，语言的知觉被翻译为短语的语法结构，并存储着如何清晰地发出词的声音的记忆。然后，关于短语的声音模式的信息被传至控制发音的运动皮层代表区，从而使这个词能清晰地说出，如图 10-2（b）所示。当使用视觉或者触觉等感觉来获取语言信息时，又会涉及别的一些脑区，如图 10-2（a）所示。

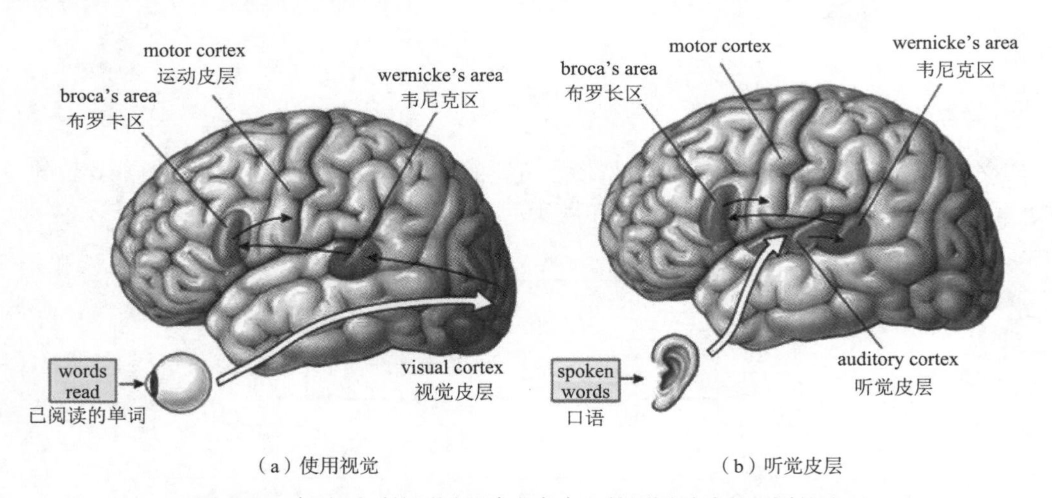

（a）使用视觉　　（b）听觉皮层

图 10-2　复述听到的词语和读出书本上的词语时涉及不同的脑区

对比其他灵长类的大脑，可以发现，人类的 broca 区和 wernicke 区要发达得多，以更好地支持对语言的听、说、读。即便是具备一定的听、读能力的类人猿（高等灵长类，包括大猩猩、黑猩猩和猩猩等），他们大脑中的这两个脑区也远小于、远落后于人类。这表明，人类大脑中的确有部分脑区是为了语言能力而特别进化而来的，这也暗示了人类语言能力的特殊性。在人类大脑中，弓形束延伸到内侧和颞下回（图 10-3 右图），而黑猩猩的弓形束只有一小部分延伸到了颞下回（图 10-3 中图），在猕猴脑中，向颞下回的投射似乎完全不存在（图 10-3 左图）。也就是说，这种结构上的渐变现象很可能暗示了语言的进化过程。

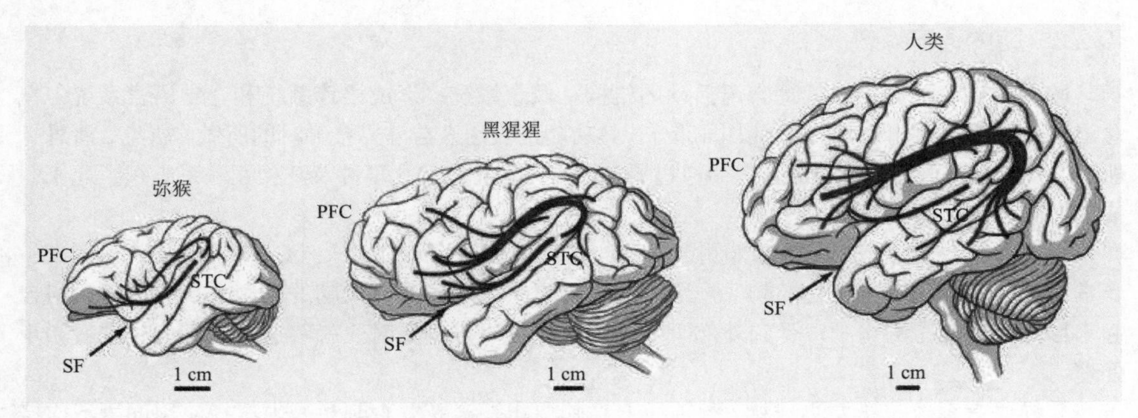

图 10-3 猕猴、黑猩猩和人类大脑中弓形束的比较

由此可以说，具备语言能力的前提是进化出相应的脑区，并且具备连接这些脑区的神经环路。即便是高度智能的灵长类，虽然它们初步具备了理解语言信息的脑区，但是沟通这些脑区的神经环路仍然远远落后于人类。这也许就是为什么能教会黑猩猩识别手语 / 符号，而教不会他们使用语言的原因。当然，对于更低等的动物而言，它们可能连手语 / 符号都无法识别，因为它们甚至可能都不具备理解语言 / 符号的脑区，更别谈沟通这些脑区的神经环路了。

10.3 动机理论（motor theory）

10.3.1 复杂动机结构分析

广义认知动机作用模型由感知到的情境、可能的行为、行为结果以及行为可能导致的后果组成，即情境 - 行为 - 结果 - 预期，如图 10-4 所示。

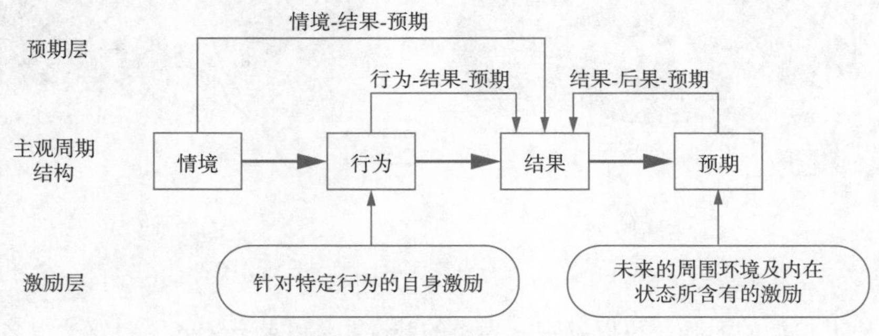

图 10-4 广义认知动机作用模型

此模型可以被拆分为三种预期类型。

（1）情境 - 结果 - 预期

该场景中，情境起着决定性作用，因此随着情境 - 结果 - 预期的提高，主体行为干预的动机作用逐渐减弱。

（2）行为 - 结果 - 预期

该场景中，行为对于结果的改造起着决定性作用，因此随着行为 - 结果 - 预期的提高，主体行为干预的动机作用逐渐增强。

（3）结果 - 后果 - 预期

该中景中设计行为主体对结果与后果关系的紧密程度决定，因此其关系越紧密，行为的趋势就越强烈。如果结果赋予后果本身一个激励或权值，那么由主体所决定的行为产生的结果引发某种特定高激励后果的可能性越大，其行为主体的行动趋势就越强。

行为调控理论认为，人类的活动由层级构建而成，如图 10-5 所示。最底层为运动协作层，逐层往上则分别与阶段性目标、总体目标以及普遍社会认知等因素相关。但在行为过程中，主体的注意力不可能同时关注全部的层级，因此会产生注意力偏移的现象，这也就意味着某些意识层级对应的行为活动可能被部分忽略或完全丧失。假如目标反馈不够明确，主体就会把意识和认知处理空间锁定在较高的行为层级上，从而阻碍了较低调控层级的进行，反之亦然。

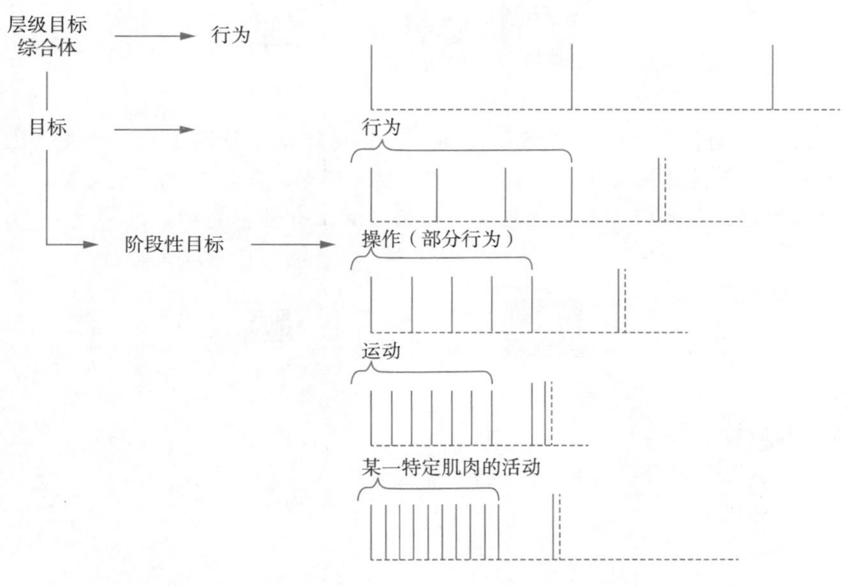

图 10-5　行为的层级构建示意图

10.3.2　行为的卢可比模型

卢可比模型（见图 10-6）描述了行为活动的支配过程，即从动机到意志力的发展。该行为模型始于动机阶段，行为主体首先判断情境 - 结果 - 预期，其次判断行为 - 结果 - 预期，最后判断结果 - 后果 - 预期，并权衡后果的意义，即结论趋势。意志作用阶段被划分为活动前阶段和活动阶段。活动前阶段，将相互间具有竞争关系的诸多意图进行存储，并根据客观条件制和迫切程度，决定某一行为的开始，即独断性的体现；活动阶段，行为主体将注意力分配到目标的不同层级。在执行条件反射类型的简单熟练的行为时，主体将注意力更多地分配到高目标层级，并在达到目标后尽量保证理想后果的出现。反之，在执行非条件反射类型的复杂行为时，主体将更多注意力放在较低层次的阶段性目标上，甚至依次专注每一个动作环节。在动机作用活动后期，则思考任务失败的原因，进行自我评价。

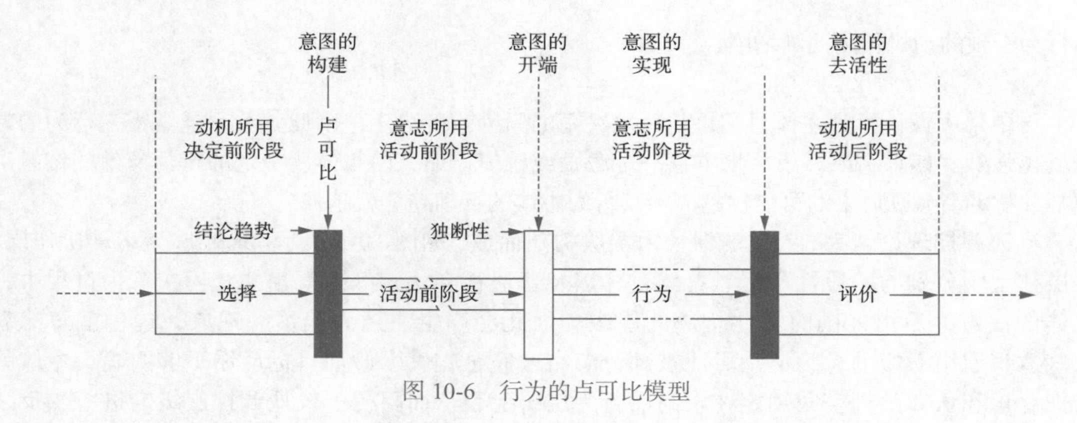

图 10-6 行为的卢可比模型

小　　结

本章对大脑的可塑性及其机能进行了论述，对脑功能结构与语言加工的关系进行了较为详尽的论述，其中涉及人类的语言中枢、脑内语言系统。同时，复杂动机结构分析也进行了介绍，其中涉及行为调控理论，和行为卢可比模型，对语言加工有紧密关系。

习　　题

1. 什么是大脑的可塑性？
2. 脑内语言系统包括哪些内容？
3. 什么是动机理论？

第11章 人工智能语言加工

11.1 机器学习与智能语言加工

从20世纪行为主义统领的心理学理论，到皮亚杰的认知发展理论、乔姆斯基的语言内在论，以及当前兴起的机器学习探索，对解答人类怎样习得语言这一问题各有不同的见解。这一差别使得语言学、心理学、语言哲学等领域中的相关研究走上不同的发展道路，也促使我们反思当前快速推进的机器学习研究对语言习得研究有何启示与教训。

1. 强化学习以试错搜索和延迟奖励的方式进行智能语言加工

一般来说，根据学习过程中的不同侧重点，如怎样处理输入数据与算法，机器学习有不同分类。若以与语言习得密切相关的学习方式为基准，可分为监督学习、无监督学习以及强化学习。三者之中，强化学习与20世纪中期风靡于心理学和语言习得领域的行为主义密切相关，引起的关注更多。

强化学习的创立者之一理查德·萨顿认为，强化学习即学会怎样将环境与行为映射起来，以最大化奖励信号（强化信号）。根据可能获得的奖励期望，做出影响行为的决策。在与环境的交互过程中，学习者并不知晓应采取哪些行动，必须通过不断的尝试归纳出哪种行为可获得最大奖励。因此，试错搜索是强化学习的显著特点之一。因为掌握有用信息可以获得最大的奖励期望，做出有利的决策。此外，在特定情况下，某些行为不仅影响直接的奖励，而且影响下一环节以及由此产生的所有后续奖励，延迟奖励由此成为强化学习的另一突出特点。可见，就如人工智能研究专家戴密斯·哈萨比斯最近在《自然》杂志上阐释的那样，整个交互过程包括行为、奖励期望与决策三个步骤。

2. 人类语言学习是一个演绎性过程

以行为主义为主导的语言学习理论认为，语言学习是学习者对外界刺激做出反应的结果。据此，语言环境和刺激强化对语言学习起着决定性的作用。这是因为，人脑能对外界语言刺激形成记忆，从而掌握语言。如上所述，强化学习的基本理念是使用奖励期待（类似刺激）强化正确的行为。此外，当奖励预测误差趋近于零时，强化学习达到最优状态。在此意义上，强化学习也可以说是通过试错，归纳得出最小化的预测误差。更引人注目的是，哈萨比斯等最近在

《自然》杂志上尝试以强化学习算法阐释人脑学习过程时指出，人工智能视角下的分布式强化学习，似乎可以依靠多巴胺这类能够促进实现奖励预期的神经递质，在人脑中实现。简而言之，如果行为达到奖励预期，获得正向的多巴胺信号，则促成正确的学习决策。

然而，人类学习语言就如乔姆斯基语言习得理论主张的那样，是一个演绎性过程。学习者在学习语言结构时提出某种假说，然后依据原始语言数据输入进行假设检验，修正或证实有关目标语言结构的假说，完成语言习得。这一过程看似与强化学习中的试错归纳学习有类似之处，但它是对先前假说的验证过程，而非归纳学习过程。尤其对于儿童获得母语而言，类比归纳学习是否奏效一直受到质疑，而从内在语言机制生物性成熟的角度解释语言习得，则得到了更多神经生物以及经验研究的证实。

但这并没有具体说明儿童快速习得母语的具体过程。换句话说，语言本身作为一个非常复杂的自足系统，有关这一复杂系统的习得理论，必须严肃阐释儿童怎样快速、一致地获得诸如结构层级性之类的语言本体属性。虽然多巴胺此类神经递质在语言习得过程中的确促成相关神经实现，但这只是语言习得的神经生物基础的具体表现。更重要的问题是，怎样立足语言的神经生物基础妥当解答语言习得的具体过程。

再次，虽然强化学习亦有从心理学角度考察语言学习的过程，但人脑有限的计算加工能力是否能够像机器及其算法模型一样，具有超高的容量与超强的计算能力，是值得仔细斟酌的。从有关大脑的神经生物属性研究来看，人脑的认知计算加工能力远不及机器。因此，人类语言学习与基于算法的机器学习之间的区别一时难以消弭。

3. 语言习得是多学科的互学互鉴

探索语言习得过程涉及多学科的协同作用。这种学科之间的互促互鉴正是认知科学兴起的原因所在。强化学习对语言习得问题的解读，兼具计算机科学、神经科学以及心理学等学科交叉的特点。以乔姆斯基语言习得理论为基础的语言习得探究，则通过整合语言哲学、语言学、神经科学、生物学以及心理学等展开。可见，两者互学互鉴具有天然的可能性。

众所周知，强化学习需要大量的数据训练才能达成任务，而儿童快速、一致地获得语言似乎不需要大量语言训练，相反，面对的是刺激贫乏的事实。即使是成人习得母语之外的语言，除需要努力记忆词汇之外，也可以在没有大量训练的情况下掌握语法等。语言学习依靠的主要是内在语言机制。这就表明，在机器学习研究初期遭遇的质疑似乎仍未得到有效的解决，依靠大量算法训练的强化学习可能与人类学习语言有本质的区别。即使在当前算法技术快速发展的情况下，如情景记忆与元学习技术的开发，这种区别似乎并没有得到实质性的突破。如同某些机器学习研究者调侃的一样，使用模型学习人类语言，驱动学习的算法往往只学会做一个复读机。鉴于此，这两种性质不同的学习在当前人工智能技术的快速发展中，是可以互学互鉴的。

首先，这两种理论都支持语言学习是基于神经生物基础实现的。尽管强化学习认同刺激—反应式的语言学习理念，但也接受语言学习依靠大脑神经生物属性实现这一共识。为获得理想的奖励期待，神经细胞释放多巴胺推进相应神经活动。这一过程说明学习的确具有神经生物基础，因而就与乔姆斯基语言习得理论重点挖掘大脑神经生物属性对语言习得的影响不谋而合。在当前最简方案生物语言学研究范式下，语言习得研究的核心就变为探讨怎样习得由大脑神经生物属性决定的基本语言属性。

虽然内在基本语言属性是语言习得展开的基础，但语言学习需要在实际环境中进行，因为语言系统的建构与熟练掌握需要语言加工运算将基本语言属性盘活、固化在相应大脑模块之中。

因此，这一过程就与强化学习着力开发的算法相关。此类算法类似语言学习者依靠语言加工运算掌握语言结构，熟稔语言技能。可见，强化学习与主流语言习得理论的主要区别在于，是否预设语言学习需要某些由生物基因属性决定的既定基本语言属性。在语言加工上可以互学互鉴，甚至探索类似的算法，如上文提到的当前人工智能领域中出现的两种很有前景的技术——情景学习与元学习，尽管在具体算法实现上存在人脑与机器脑的差别。

总之，正如哈萨比斯等认为多巴胺能够激励奖励期望与促成学习决策一样，主流语言习得理论也一贯认为语言习得或语言本身具有坚实的神经生物基础。而且，强化学习在算法开发上的经验，有助于当前主流语言习得理论深入探究语言学习者在多大程度上通过熟稔语言计算加工来掌握语言。在此意义上，强化学习与主流语言习得研究范式是连续的，有着互鉴的可行性。这在一定程度上昭示着机器学习与主流语言习得理论各自未来的努力方向。

11.2　人类学习与语言加工能力

11.2.1　信息加工的学习模式

信息加工的学习模式由三大系统组成，即信息的三级加工系统、执行控制系统和期望系统，它主要用来说明人的学习的结构和过程。

1. 信息的三级加工（信息流）

我们每时每刻都在接收来自环境的各种刺激，这些刺激首先到达各种感觉器官或感受器，从而推动感受器并把它转化为神经信息，这种信息就可能进入感觉登记。这一阶段是对信息非常短暂的记忆贮存，也是对信息最初和最简单的加工，往往被称为感觉记忆或瞬时记忆。

被知觉登记的信息很快就会进入短时记忆，这种信息主要是视觉的或听觉的。短时记忆的信息可以持续二三十秒，由于短时记忆的容量有限，一般只能贮存七个左右的信息组块，新信息的进入就会挤走原有的信息，因此，要想使某种信息得到保持就需要采用复述策略，复述就成为促进信息保持并能顺利地进入长时记忆的重要前提条件，短时记忆是信息的第二级加工，也是信息加工的一个重要环节。

经过复述的信息就能够进入第三级加工，即长时记忆。长时记忆被认为是一个永久性的信息贮存库，其信息的容量也是非常巨大的。信息进入长时记忆后，信息发生了关键性的转变，即信息经过了编码的过程。

存储信息的目的是为了应用，运用这些信息去解决各种问题。当使用信息时，就会到长时记忆中去搜寻，这一过程称之为提取。而提取的关键是检索，被提取的信息可以直接通向反应发生器，从而产生反应。

2. 期望事项和执行控制

期望事项是指人对信息加工所想要达到的目标，主要指动机系统，正因为学生对学习有某种期望，他才能够对信息进行深入加工，才能够进行学习，来自教师的各种反馈才具有强化作用，而反馈又进一步肯定和增强了学生的期望。

执行控制系统主要是指在信息加工过程中决定哪些信息从感觉记忆进入短时记忆，如何通过复述使信息进入长时记忆，如何对信息进行编码，采用何种信息提取的策略等，相当于加涅所说的认知策略执行控制。

11.2.2 语言习得的认知加工模型

语言习得是人类语言发展的进程，也是典型的人类特有的特征之一。第一语言习得，关系到儿童时代的语言能力发展；而第二语言习得，关系到成人语言的发展。历史上，研究者们一直强调先天与后天是语言习得的最重要因素，而近期的诸多研究表明生理与环境因素，即语言习得的认知，尤为重要。

语言的理解与产生是一个复杂的认知过程，既包括句法加工，也包括语义加工。句法 - 语义启动现象的研究揭示了这一过程的内在加工机制和句法与语义表征的特点。程序启动模型、结构启动模型、词汇层 - 句法激活模型是对句法启动的认知解释；激活扩散模型、复合线索理论、分布记忆模型是对语义启动的认知解释。构式结构将句法与语义看作是语言的两个层面，不同的实验范式被运用于实证研究中，分别对句法加工和语义加工的认知过程进行探究。但二者并不是二元对立的关系，在语言的实际运用中，很难将二者割舍开来，跨语言、跨通道的真实语言情境研究将能更好地揭示双语使用者的认知加工过程。

语言包含了词汇、短语、句子、段落、语篇等各种不同的层面，作为语言产生的一个重要层面，句子加工一直是认知神经科学、心理语言学和认知语言学等研究领域的焦点，而句法启动和语义启动是研究句子加工的重要范式。构式结构提出语言形式和语言意义之间是一一对应的关系，是形式与语义的匹配，在语言本体研究中，虽能将二者分割成不同的层面来进行研究，但在语言实际运用中，语言的产生是一个复杂的过程，二者并不能完全割舍开来。

句法启动，亦称结构启动或句法坚持，由Bock最先提出，指语言使用者在理解和产出句子时，倾向于重复使用先前出现过或使用过的句法结构，例如，在语言交际中，一方使用被动结构的句子来表达，另一方也倾向于使用被动结构的句子来表达。句法启动通过研究启动句对理解和产出目标句的影响来探讨句法机制，主要揭示了句子理解与产生的认知加工机制和句子加工过程中句法表征的特点。目前，解释句法启动的认知观点主要分为三种理论模型：程序启动模型、结构启动模型和词汇层 - 句法激活模型。

1. 程序启动模型

Bock 等认为句法启动的认知机制是一种内隐的程序启动机制。语言使用者看到或听到启动句后，从存储库中提取了相似的短语结构片段，并以相似的方式将这些片段组合起来，从而产生了目标句与启动句在句法结构上的一致。这一过程对语义信息不敏感，所以启动句与目标句的语义相似程度并不影响句法启动过程。该理论模型虽能从认知的角度解释结构启动现象，但也有不完善之处：一是该模型完全将句法层面与语义层面隔离开来，前提是结构启动完全不受语义启动的影响，而正如上文所提到，有研究表明句法启动是句法和语义共同作用的结果。二是该过程未考虑启动句与目标句在结构上的细微差异，如形容词或助动词的增减等。三是模型未详细解释程序启动发生在哪个加工层次，如词汇层面或句法层面。

2. 结构启动模型

该模型由 Chang 等人提出，与程序启动相同亦属于内隐学习论，反映了人们隐性的、自主的、长久的语言学习机制，不同的是，该模型认为启动过程是语义与结构配对的结果。联结计算模型包含三个基本假设：一是句子的产生开始于表达命题内容的信息。二是这些信息元素具有能促进结构选择的可通达性。三是句子的产生以词逐渐增加、逐个选择的方式，从左至右进行，后面的选择受到前面选择的制约。结构启动模型运用一种循环网络，学习如何从静态的概念信息映射到词的序列，认为句法启动来自向后传播的学习算法。比如，产生启动句时与“概念信

息 - 句子结构”的映射相联系的权重所发生的变化会泛化到结构相关的句子中，如果后面的概念信息（目标句）与多个句子结构相联系，语言使用者则更倾向于使用启动句的结构来进行语言编码。由于该模型假设句子理解与句子产生密切联系，两者之间有着共用的背景单元，所以很好地解释了在句子理解与句子产生之间存在跨通道的句法启动。

3. 词汇层 - 句法激活模型

Pickering 等人提出的这一模型将词汇信息分为词条层（句法信息）、概念层（语义信息）和词的形式层（词形语音信息）。词条层包括词条节点（每个词汇概念都有一个词条节点）、句法属性节点（如，性、数、时态和体等）和组合节点（表征动词的句法结构信息）。词条层通过词条节点与概念层和词形层（词的形态和语音）相连接，在特定的结构中产生一个词会激活词条层中与其相联系的节点。

语义启动是指先出现的语义信息对后出现的语义加工过程的影响，语义信息对句子理解至关重要。语义启动最早起源于对遗忘症患者的脑损伤研究，后来引起研究者的注意，被运用于语言学习研究，最早由 Meyer 等人提出，启动刺激与目标刺激既可以是语义相关，也可以是联想关系，所以起初也被描述为“语义的效应”或“联想的效应”。语义启动是以启动刺激的语义、概念特征为启动条件，使对目标刺激的反应得到促进的过程，即个体先前接触到的语义信息对后来的语义加工过程所产生的作用，一般包括词汇判断任务、类别样例产生任务、一般知识性问题测试任务、概括词汇联系任务。以词汇判断任务为例，要求被试判断目标词，目标词与启动词可能语义相关或具有联想关系（如雪 - 雨、雪 - 冬天），也可能不相关（如雪 - 桌子），如果被试对语义相关目标词的辨认速度比对语义不相关的目标词的辨认速度更快，则认为产生了语义启动。

语义启动模型主要有三种：激活扩散模型、复合线索理论、分布记忆模型。

激活扩散模型把记忆看作是由许多结点组成的网络结构，每个结点是一个概念的表征，这些概念结点又相互联结，形成一种局域性表征。当启动词呈现时，记忆中这一启动词的概念结点被激活，从而扩散到与之相邻的有关概念结点上，所以，当与启动词相关的目标词出现时，在目标词的概念结点得到了预激活，从而出现了启动效应。

复合线索理论认为相关的启动刺激和目标刺激会在短时记忆中形成一个用来到达长时记忆的熟悉的复合线索，和那些没有语义关系或联想关系的词对相比，它们和长时记忆中的表征更匹配，启动词和目标词联想强度越大、熟悉程度越高，则反应时间越短，从而出现了启动效应。

分布记忆模型是对语义启动提出的一种连接主义模型，词汇是以音、形、义的形式分别存储于语音模块、正字法模块和语义模块，而每个模块包含一系列彼此相连的加工单元，每个概念又是通过很多加工单元的特殊活动模式来表征的，相关概念的表征有相似的激活模式。

11.3　人机心理情绪与语言加工

11.3.1　情绪状态空间

机器人已经越来越多地应用到情绪智能中，不仅可以产生多元化的拟人状态，甚至可以实现交互过程中的移情，因此，在机器人的情绪建模过程中，情绪的量化分析与状态调节已成为实现机器人情绪智能尤为重要的组成部分。目前，通过对诸多具有研究与实用价值的情绪建模方法的分析，大致可将其分为以下两类。

1. 情绪的有限状态集

Izzard 将情绪状态分为两类：基本情绪状态和复合情绪状态。基本情绪状态一般包括从 2 ~ 11 种数量不等的离散情绪状态。Lazarus 指出认知调节与期望价值理论（动机心理学中最有影响价值的理论之一）在情绪与行为相关社科领域的发展将进一步促进有限情绪状态分类方法的研究。基于面部表情研究，Ekman 提出了六种基本情绪状态，包括：快乐、恐惧、悲伤、愤怒、惊讶和厌恶，该分类方法得到诸多表情与情绪研究领域学者的认可。Cañamero 将情绪划分为愤怒、厌倦、恐惧、快乐、有趣和悲伤，并将其应用到社交机器人的情绪建模研究中。Gadanho 将四种基本情绪状态（快乐、恐惧、悲伤和愤怒）与特定事件相联系来开展情绪建模研究。Velásquez 提出了一种基于有限情绪状的自主机器人控制方法，此方法将六种基本情绪状态（愤怒、恐惧、懊悔、快乐、厌恶和惊讶）应用于机器人的先天个性形成与后天学习能力培养的研究中。Murphy 将任务链中获取的四种基本情绪状态（快乐、自信、关心和挫败）应用到多 Agent 系统建模中。复合情绪状态由多种情绪混合而成，可按其复合性质分为二至四种基本情绪状态的混合，基本情绪状态与生理内驱力的混合，基本情绪状态与认知情感结构的混合三类，经过以上混合方法所产生的复合情绪状态可达到数百种之多，大大丰富了有限状态集中情绪的种类。典型的复合情绪状态见表 11-1。

表 11-1　典型的复合情绪状态

基本情绪状态型	基本情绪 - 生理内驱力型	基本情绪 - 认知结构型
有趣 - 高兴	有趣 - 性驱动	痛苦 - 自卑
痛苦 - 愤怒	恐惧 - 疼痛	痛苦 - 怀疑
恐惧 - 羞怯	厌恶 - 疲倦	羞怯 - 安稳
轻蔑 - 厌恶 - 愤怒	有趣 - 高兴 - 性驱动	恐惧 - 内疚 - 怀疑

2. 情绪的维度空间

由于情绪具有多维度结构，且不同维度代表了情绪的不同特性，因此，情绪的维度论认为几个维度组成的空间包括了人类所有的情绪，按照情绪所固有的某些特性，如动力性、激动性、强度和紧张度等，也正因如此，情绪可以通过其维度表示形式化描述和度量。情绪的表示可以看作是具有信息度量的多维空间的点在情感空间中的映射，情感计算的基础就是找到这个映射维度论，将不同情绪间的变化看作是逐渐、平稳的状态转移过程，不同情绪之间的相似性与差异性是根据彼此在维度空间中的距离体现出来的。迄今为止，情绪的维度划分方法仍没有统一的定论。表 11-2 为几种经典的维度理论定义。

表 11-2　几种经典的维度论定义

提出者	维度数	定义
维克托 • S. 约翰斯顿	一维	情绪的快乐维度可以视为一条标尺，其一端为正极，表示极度快乐；另一端为负极，表示极度不快乐。所有的情绪，如厌恶、疼痛、骄傲、快乐和悲伤，除了它们的独特性质，它们都沿着这条共同的快乐维度移位
Braduburn	二维	正负两极（正性情绪 - 负性情绪），强弱两端（强烈的情绪 - 弱的情绪）

续上表

提出者	维度数	定义
冯特（W.Wundt）	三维	情绪由愉快 - 不愉快、兴奋 - 沉静、紧张 - 松弛这三个维度构成。每一种情绪在发生时，都处于这三个维量的两极之间
施落伯克（H.Schosberg）	三维	按照 Woodworth R.S. 早期关于依据面部表情对情绪实行分类的研究，提出了一个三维量表。根据此量表将情绪准确地予以定位
普拉奇克（R.Plutchik）	三维	认为情绪间的相似程度各有不同，任何情绪都有与其在性质上相对立的另一种情绪，任何情绪都有不同的强度。因此，使用一个倒立的锥体来描述情绪状态空间，切面上的每块代表一种情绪
布鲁门瑟尔	三维	情绪是注意、唤起和愉快三个维度结合而成的
沃森（Watson）	三维	根据对儿童的一系列观察，Watson 假定有三种类型的基本情绪反应——恐惧、愤怒和爱，并将这三种情绪标记为 X、Y、Z 三个维度
米伦森（Millenson）	三维	在 Watson 提出的三种维度的基础上，将有些情绪视为基本需要（焦虑、欢欣和愤怒），其他情绪则是这些基本情绪的合成
泰勒（J. G. Taylor）	三维	采用评价（快乐度）、唤醒和行为（趋避度）这三个维度值对陌生面孔进行表情认知度量
克雷奇（Krech）	四维	根据情绪的四个维度模式：轻度、紧张水平、复杂度、快感度，对情绪进行描述
伊扎德（Izard）	四维	伊扎德最初提出的八种维量是从众多地对情绪情境中作自我评估得出的，后经筛选，确定了四个维度：愉快维，评估主观体验最突出的享乐；紧张维，表示情绪的神经生理激活水平；冲动维，涉及对情绪情境出现的突然性以及个体缺乏预料和缺少准备的程度；确信维，表达个体胜任、承受感情的程度
弗利达（Frijda）	六维	情绪是愉快 / 不愉快、兴奋、兴趣、社会评价、惊奇和容易 / 复杂的混合体

其中，由 activation-evaluation 两个维度组成的二维空间模型，其维度结构为：评估度（evaluation）或者快乐度（pleasure），其理论基础是正负情绪的分离激活，并已经过许多实验研究证明；唤醒度（arousal）或者激活度（activation），指与情感状态相联系的机体能量激活的程度。冯特（Wundt）提出的三维模型，其维度结构为：愉快 - 不愉快、激动 - 平静、紧张 - 松弛。四维模型由伊扎德（Izard）提出，其维度结构为：愉快度、紧张度、激动度、确信度。愉快度表示主观体验的享乐色调；紧张度表示情绪的生理激活水平，包括对释放或抑制等行为倾向的激活水平；激动度表示主体对情境出现的突然性的反应倾向，即主体对情境缺乏预料和准备的程度；确信度表示主体对情绪的承受程度。Mehrabian 等人提出了 PAD（pleasure-arousal-dominance）三维情感模型，PAD 情绪模型用愉悦度、激活度和优势度这三个近乎相互独立的维度来描述和测量情绪状态。其中，愉悦度表示个体情绪状态的正负情感特性，也就是情绪的效价。激活度表示个体的神经生理激活水平和心理警觉状态。优势度表示个体对环境和他人的控制状态，即处于优势状态还是处于顺从状态。在此基础上，Hollinger 等人改进了 PAD 三维情绪空间并将其应用于社交机器人的情绪决策系统中。Miwa 将建立的 APC（arousal-pleasant-certain）三维心理向量空间应用于机器学习、动态情绪调节及机器的个性化研究领域。此外，Breazeal 在对表情机器人 Kismet 的研究过程中提出了 AVS（arousal-valence-stance）情绪空间模型。

11.3.2 认知情感计算

由于人类之间的沟通与交流是自然而富有情感的，因此，在人机交互的过程中，人们也很自然地期望计算机具有认知情感能力。认知情感计算（cognitive affective computing）就是要赋予计算机类似于人一样的观察、理解和生成各种情绪状态的能力，最终使计算机像人一样能进行自然、亲切和生动地交互。

早期，大多数认知系统模型都是基于启发式解题程序，而忽略了与情感的互动，如：纽厄尔和西蒙提出的 LT（logic theorist）模型和 GPS（general problem solver）模型，只能通过证明逻辑问题，实现简单的认知功能，仅可以严格按照串行方式工作来完成单一任务，较多地依赖于手段 - 目的的分析方法，与人类的认知方式存在较大的差别，此时的认知情感的算法分析还是一个难以实现的梦想。Kshirsagar 等人提出的一种用于对话虚拟人的心境、个性、情感仿真的模型，采用贝叶斯置信网络和贝叶斯推理规则，实现了由文本输入到虚拟人情感动作的映射。表情机器人 Kismet 的情感系统被外部刺激，然后对一个给定的刺激使用三种情感特征（唤醒、效价、姿态）进行标记，进而映射到情感空间来激活某种情绪，其情感状态空间如图 11-1 所示。

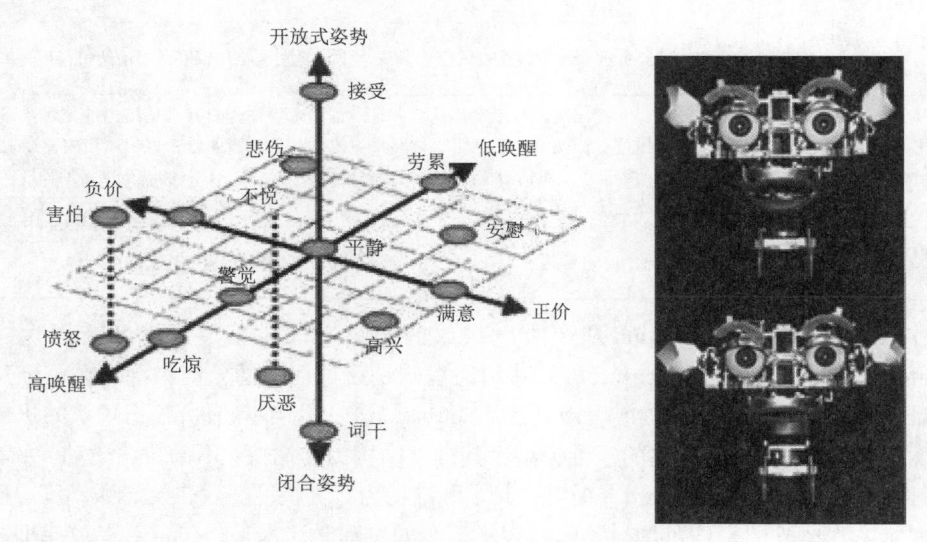

图 11-1　表情机器人 Kismet 的情感状态空间

该模型被认为是交互机器人情感计算的经典模型算法。其目的是实现特定的具体任务，侧重于对自然情感产生的情绪性行为、表现或决策的模拟，而不关注自然情感的发生机理。Miwa 开发的 WE-4R 三维情感系统构架，以人为范本，将情感系统划分为三层构架：反射、情感、智能，再将情感依工作时间的长短划分为学习系统、心情、动能反应三个部分，反射和智能在情感作用下，相互影响做出反应，并以此发展出情感系统的运行过程。机器人的情感在外在环境与机器人内在环境的共同作用下，经过有感觉个性和表情个性组成的机器人个性分析判断与智能和反射运动的影响，最终决定出机器人行为的反应。其情感计算方程式是用愉快、肯定、激动三种感觉和相对的负向情感建构出的三维心理向量空间，将得到的刺激数据向量化，对照向量空间规划出的七个情感空间，判断出情感驱动下的表情反应。

该模型将情绪分为学习系统、心境和动态影响，引入个性的概念，它包含了感知个性和表达个性这两个方面，但没有充分体现出认知过程在情感计算中起到的指导作用。中国科学院计算技术研究所的史忠植教授提出的人类思维层次模型，力图模拟情绪的自然发展过程，从感知思维、形象思维、抽象思维三个方面构成人类的思维情感体系，探讨了情绪行为产生的内部潜在机理，体现出从初级感官思维逐步进化到高级抽象概念的人类认知情感思维过程。Sloman 所提出的 H-CogAff 模型，涵盖正常成人信息处理过程的主要特征，推测成人大脑中反应层、传输层、自我监控层的信息。其贡献在于依据情感处理动机，引发出专门的情绪反应，但这一体系的不同层次概括了不同的情感类型，层次之间的交互和竞争导致了更为复杂的情绪。

Botelho 提出的 Salt&Pepper 模型有三个主要层次：认知和行为发生器、情感发生器以及中断管理器。在情感信息处理过程中情感引擎首先通过情感发生器对智能体的全局状态进行估价，把情感信息分类为情感标记、对象的评价、紧急性评价，然后将每个情感信息以节点的形式存储在长期记忆单元，各节点间可以进行交互。情感的强度与该节点的活动水平相关，这些情感反应使智能体全局状态发生改变。Elliot 等通过不同的认知导出条件，推理得出情感推理机，该系统使用显式的评估框架，根据特定的评估变量，对事件进行特征化描述，并归纳出一组影响情绪强度的变量。但某些变量间的差别过于细微，而且变量之间还存在相互依赖，因而对于算法的精确性影响较大。

目前，认知情感算法主要分为以下两类：一类是基于认知鉴定的情感算法，以 OCC（Andrew Ortony， Gerald L. Clore， Allan Collins 三位建立模型的研究人员姓氏首字母）认知型情感产生模型为代表（图 11-2 所示为欧美信息领域及认知心理学领域公认的经典情感计算模型）：在认知情感算法中并不依靠基本情感集或一个明确的多维空间来表达情感，而是用一致性的认知推导条件来表示情感。基于认知鉴定的情感模型，将情感作为情势（包括事件、对象和智能体）的结果来生成，不仅能推断产生认知型情感，而且还可以触发对其他情感的主观体验。浙江大学计算机学院潘志庚教授在 Damasio 的生理机制和 OCC 提出的基于事件评估的认知机制基础上，提出了一个综合可计算情感建模方法。该模型对基于时间评估的认知模型加以完善，提出情感更新机制用于描述不同时刻情感的动态变化特征，同时建立具体描述事件和情感关系的结构，合成更加具体、精细的情感行为。Won Hwa Kim 等提出基于简化 OCC 模型的随机方法研究，应用于 3D 机器人的表达模拟器，机器人可以完成面部表情、手势以及步伐等模拟交互，并验证了 OCC 认知情感模型的可信性。OCC 认知情感模型为服务机器人的情感计算奠定了坚实的认知基础，但对于情感的迁移过程仍需要进一步完善，使其更加符合交互者的心理过程。

另一类是基于外界刺激转移的认知情感算法：机器人对外界输入的刺激和内部需求进行综合判断，从而引起行为的各种变化，可以用于情感状态评估、表达等可控交互的应用。由 MIT 情感计算研究小组 Picard 教授提出的隐马尔科夫模型（hidden Markov model,HMM）和 Robota 机器人的情感模型是其中的经典算法。杭州电子科技大学自动化研究所刘士荣教授，提出了一种基于情感与环境认知的移动机器人自主导航控制方法。该模型将 Picard 提出的隐马尔科夫模型融入基于行为的机器人控制体系中，采用 ART2 神经网络对环境状态进行分类，有机地将情感、认知、行为学结合起来，根据情感和认知的综合评估结果，分别产生来自情感的内部奖励和来自认知的外部奖励，以加强合适的行为所对应的权值，有效改善了机器人在位置环境中的学习能力。Pau-Choo Chung 等人提出一种人类行为理解的互动 - 嵌入式隐马尔科夫模型构架：通过对场景中受试者相对距离、保持时间等参数的分析，得到受试者的个人行为和互动行为模块，并通过隐马尔科夫模型分别对受试者的个人行为和互动行为进行分析，确定行为理解模型。北京科技大学王志良教授，提出了一种基于概率空间的隐马尔科夫过程情感建模方法：在情感概率空间中，利用马尔可夫链和 HMM 模拟情感的基本转移（心境刺激转移、心境自发转移、情绪刺激转移和情绪自发转移），为情感计算和机器情绪自动生成理论研究提供了新的研究方法。目前在情感计算领域已出现了诸多情感模型，但大多仅适用于离散状态下的情感计算，对于人与服务机器人的自然交互过程中，认知情感状态的连续时空特性仍无法满足。

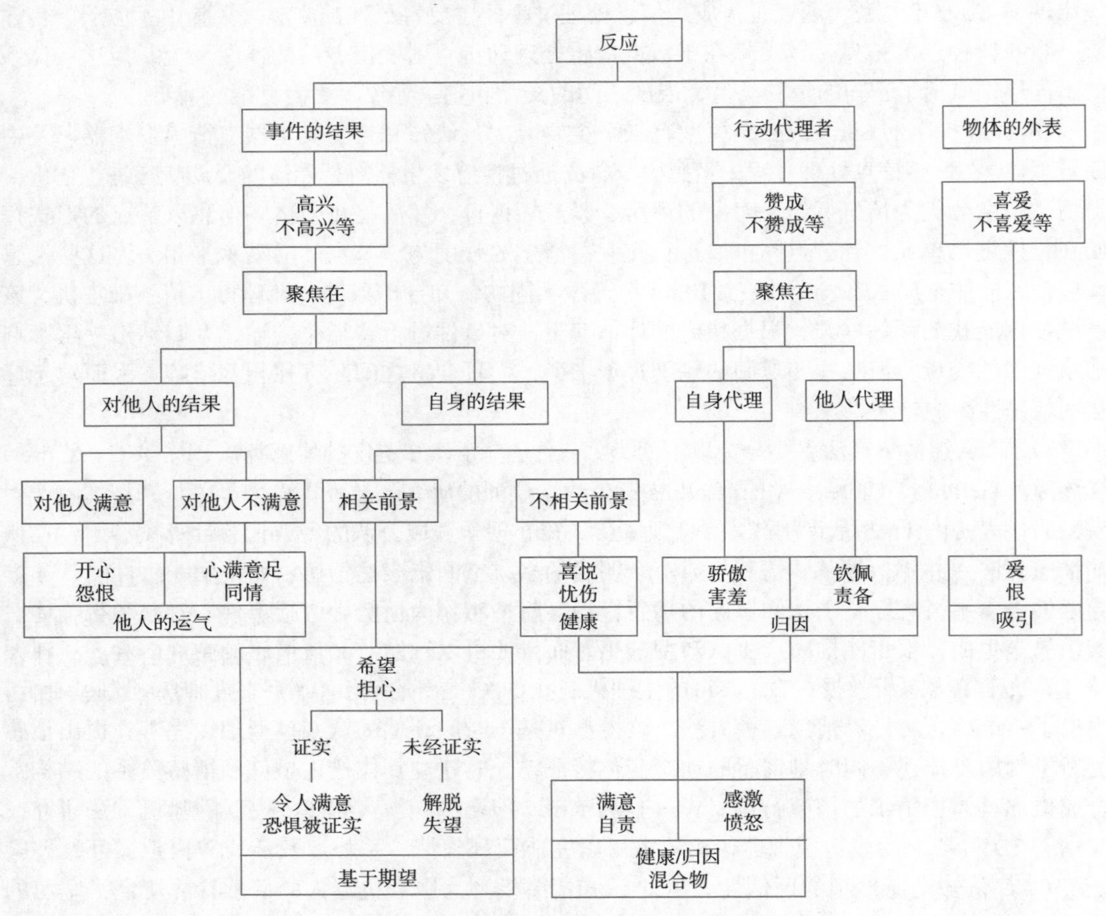

图 11-2　OCC 认知情感计算模型结构流程

小　结

本章对人工智能语言进行了论述。机器学习与智能语言加工存在关联性，就人类智能演化过程而言，它是一个演绎化的过程；语言习得是涉及多学科的互鉴互学的过程。其中，信息加工的学习模式是智能语言加工的基础，解释句法启动的认知观点对于人工智能语言具有借鉴意义。

习　题

1. 机器学习与智能语言加工有何关系？
2. 什么是情绪状态空间？
3. 认知情感计算分哪几类？

参考文献

[1] 李德毅 . 人工智能导论 [M]. 北京 : 中国科学技术出版社，2021.

[2] 李征宇 , 付杨 , 吕双十 . 人工智能导论 [M]. 哈尔滨：哈尔滨工程大学出版社，2016.

[3] 李福印 . 语义学概论 [M]. 北京 : 北京大学出版社 , 2006.

[4] 屈婉玲 , 耿素云 , 张立昂 . 离散数学 [M]. 北京 : 清华大学出版社 , 2005.

[5] STUDER R, BENJAMINS V R, FENSEL D. Knowledge engineering: principles and methods[J]. Data & Knowledge Engineering, 1998, 25(1-2): 161-197.

[6] 崔刚 . 神经语言学 [M]. 北京 : 清华大学出版社 , 2015.

[7] DAVID W C. Psychology of language[M]. Pacific: Brooks Publishing Company, 2018.

[8] 缪小春 . 语言加工的模块理论 [J]. 应用心理学 , 1992(3): 42-50.

[9] 周燕 . 符号主义与联结主义认知模式比较研究 [J]. 中山大学研究生学刊：社会科学版 , 2000(3): 9-12。

[10] FERSTL E C, VON CRAMON D Y. The role of coherence and cohesion in text comprehension: An event-related FMRI study[J]. Cognitive Brain Research, 2001(11): 325-340.

[11] FODOR J A. The modularity of mind: An essay on faculty psychology[M]. Cambridge, MA: MIT Press, 1983.

[12] FORSTER K I. Level of processing and the structure of the language processor[A]. In W. E. COOPER, E. WALKER. (Eds.), Sentence Processing Psycholinguistic Studies Presented to Merrill Garrett, Cambridge University, Cambridge, 1979.

[13] MARSLEN-WILSON W, TYLER L K. The temporal structure of spoken language understanding[J]. Cognition, 1981(8): 1-71.

[14] PYLYSHYN Z W. Computation and cognition: Toward a foundation for cognitive science[M]. Cambridge, MA: MIT Press, 1984.

[15] RUMELHART D E, MCCLELLAND J L. On learning the past tense of English verbs[A]. In J. L. MCCLELLAND，D. E. RUMELHART，the PDP Research Group (Eds.), Parallel Distributed Processing: Explorations in the Microstructure of Cognition. Psychological and Biological Models. Cambridge, MA: The MIT Press, 1986.

[16] STILLINGS N A. Cognitive science: An introduction [M]. Massachusetts: The MIT Press, 1995.

[17] 知识图谱发展报告 [R]. 北京 : 中国中文信息学会语言与知识计算专委会 , 2018.

[18] BORDES A, WESTON J, COLLOBERT R, et al. Learning structured embeddings of knowledge bases[C]// Twenty-fifth AAAI Conference on Artificial Intelligence, Boston, DSA: International Intelligence Association, 2011.

[19] 严蔚敏 , 吴伟民 . 数据结构 : C 语言版 [M]. 北京：清华大学出版社 , 2002.

[20] 刘峡壁 . 人工智能导论 : 方法与系统 [M]. 北京：国防工业出版社 , 2008.

[21] BÄCK T, FOGEL D B, MICHALEWICZ Z. Handbook of evolutionary computation[J]. Release, 1997,

97(1): B1.

[22] KENNEDY J. Handbook of nature-inspired and innovative computing intelligence[M]. Boston: Springer, 2006: 187-219.

[23] DORIGO M, BIRATTARI M, STUTZLE T. Ant colony optimization[J]. IEEE Computational Intelligence Magazine, 2006, 1(4): 28-39.

[24] KENNEDY J, EBERHART R. Particle swarm optimization[C]//Proceedings of ICNN'95-international conference on neural networks. Chicago, USA, IEEE, 1995, 4: 1942-1948.

[25] LECUN Y, BENGIO Y, HINTON G. Deep learning[J]. Nature, 2015, 521(7553): 436-444.

[26] BENGIO Y, COURVILLE A, VINCENT P. Representation learning: A review and new perspectives[J]. IEEE Transactions on Pattern Analysis and Machine Intelligence, 2013, 35(8): 1798-1828.

[27] NG A. Machine learning yearning[J]. URL: http://www. mlyearning. org/(96), 2017, 139.

[28] HOCHREITER S, SCHMIDHUBER J. Long short-term memory[J]. Neural Computation, 1997, 9(8): 1735-1780.

[29] SCHUSTER M, PALIWAL K K. Bidirectional recurrent neural networks[J]. IEEE Transactions on Signal Processing, 1997, 45(11): 2673-2681.

[30] 马腾飞 . 图神经网络 : 基础与前沿 [M]. 北京：清华大学出版社 , 2021.

[31] VASWANI A, SHAZEER N, PARMAR N, et al. Attention is all you need[C]//Advances in neural information processing systems 30: Annual conference on neural information processing systems, Boston, USA: Information Association, 2017, 5998-6008.

[32] WU Z, PAN S, CHEN F, et al. A comprehensive survey on graph neural networks[J]. IEEE Transactions on Neural Networks and Learning Systems, 2020, 32(1): 4-24.

[33] 邱锡鹏 . 神经网络与深度学习 [M]. 北京：机械工业出版社 , 2020.

[34] GRAVES A. Practical variational inference for neural networks[C]//Advances in neural information processing systems 24: Annual conference on neural information processing systems, Washing, USA: Information Association, 2011, 2348-2356.

[35] GOODFELLOW I, POUGET-ABADIE J, MIRZA M, et al. Generative adversarial nets[C]//Advances in neural information processing systems 27: Annual conference on neural information processing systems, 2014, 2672-2680.

[36] KARRAS T, AILA T, LAINE S, et al. Progressive growing of gans for improved quality, stability, and variation[C]//International conference on learning representations, Austin, USA: Information Association, 2018.

[37] HIRSCHBERG J, MANNING C D. Advances in natural language processing[J]. Science, 2015, 349(6245): 261-266.

[38] CHOMSKY N. Syntactic structures[M]. London: De Gruyter Mouton, 2009.

[39] 宗成庆 . 统计自然语言处理 [M]. 北京：清华大学出版社 , 2013.

[40] KOEHN P. Statistical machine translation[M]. Cambridge: Cambridge University Press, 2009.

[41] BAHDANAU D, CHO K, BENGIO Y. Neural machine translation by jointly learning to align and translate[C]//International conference on learning representations, Chicago, USA: Information Association, 2015.

[42] LIN C Y. Rouge: A package for automatic evaluation of summaries[C]//Text summarization branches out.

Boston, USA: Information Association, 2004: 74-81.

[43] VEDANTAM R, ZITNICK C L, PARIKH D. Cider: Consensus-based image description evaluation[C]//Proceedings of the IEEE conference on computer vision and pattern recognition. Massachusetts, USA: Artificial Intelligence Association, 2015, 4566-4575.

[44] CHEN H, LIU X, YIN D, et al. A survey on dialogue systems: Recent advances and new frontiers[J]. ACM SIGKDD Explorations Newsletter, 2017, 19(2): 25-35.

[45] ANDERSON P, FERNANDO B, JOHNSON M, et al. Spice: Semantic propositional image caption evaluation[C]//European conference on computer vision. Springer, Cham: Artifical Intelligence Association, 2016: 382-398.

[46] ANTOL S, AGRAWAL A, LU J, et al. Vqa: Visual question answering[C]//Proceedings of the IEEE international conference on computer vision. Sydney, Australia: Artifical Intelligence Association, 2015: 2425-2433.

[47] JING C, WU Y, ZHANG X, et al. Overcoming language priors in vqa via decomposed linguistic representations[C]//Proceedings of the AAAI Conference on Artificial Intelligence. Turkey: Artifical Intelligence Association, 2020, 34(07): 11181-11188.

[48] JING C, JIA Y, WU Y, et al. Maintaining reasoning consistency in compositional visual question answering[C]//The IEEE Conference on Computer Vision and Pattern Recognition, Washington, USA: Artifical Intelligence Association, 2022.

[49] RABINER L R, SCHAFER R W. Introduction to digital speech processing[M]. New York: Now Publishers Inc, 2007.

[50] G. 方特 , J. 高奋 . 言语科学与言语艺术 [M]. 张家騄等 , 译 . 北京：商务印书馆 , 1994.

[51] FANT G. Acoustic theory of speech production[M]. Berlin: Walter de Gruyter, 1970.

[52] 邓力 , 俞凯 , 钱彦旻 . 人工智能：语音识别理解与实践 [M]. 北京：电子工业出版社 , 2020.

[53] BENZEGHIBA M, DE MORI R, DEROO O, et al. Automatic speech recognition and speech variability: A review[J]. Speech Communication, 2007, 49(10-11): 763-786.

[54] YU D, DENG L. Automatic speech recognition[M]. Berlin: Springer, 2016.

[55] ZEN H, TOKUDA K, BLACK A W. Statistical parametric speech synthesis[J]. Speech Communication, 2009, 51(11): 1039-1064.

[56] 汤志远 , 李蓝天 , 王东 , 等 . 语音识别基本法：Kaldi 实践与探索 [M]. 北京：电子工业出版社 , 2021.

[57] GRAVES A. Connectionist temporal classification[M]. Berlin: Springer Press, 2012.

[58] 陈万会 . 中国学习者二语词汇习得研究 [M]. 青岛 : 中国海洋大学出版社 , 2008.

[59] 崔鹏，杨连瑞 . 第二语言习得的几种心理语言学模式 [J]. 当代外语研究，2011(4): 25-28.

[60] 王寅 . 认知语言学 [M]. 上海 : 上海外语教育出版社 , 2007.

[61] ALAN B. Components of fluent reading[J]. Journal of Memory and Language, 1985, 24 (1): 119-131.

[62] ANDERSON J R. Verbatim and propositional representation of sentences in immediate and long-term memory [J]. Journal of Verbal Learning and Verbal Behaviour, 1974, 13(2): 149-162.

[63] ANDREWS A. Lexical structure[A]. In F. J. NEWMEYER(Ed.), Linguistics: The Cambridge Survey, CUP, Cambridge: Cambridge University Press, 1988, 259-308.

[64] BADDELEY A D. Working memory [M]. Oxford: Oxford University Press, 1986.

[65] BARTLETT F C. Remembering: An experimental and social study[M]. Cambridge: Cambridge University

Press, 1932.

[66] BATES E, MCNEW S，MACWHINNEY B，et al. Functional constraints on sentence processing: A cross-linguistic study [J]. Cognition, 1982, 11: 245-299.

[67] BATES E, MACWHINNEY B. Functionalism and the competition model[A]. In B. MACWHINNEY and E. BATES (Eds.)，The Cross-linguistic Study of Sentence Processing. New York: Cambridge University Press, 1989, 3-76.

[68] BENCINI G M L. The representation and processing of argument structure constructions (Doctoral dissertation) [D]. University of Illinois at Urbana-Champaign, Illinois, USA, 2002.

[69] BEVER T G, SATZ M, TOWNSEND D J. The emperor’s psycholinguistics[J]. Journal of Psycholinguistic Research, 1998, 27(2): 261-283.

[70] BEVER T G. The cognitive basis for linguistic structures[A]. In J. R. HAYES (Ed.), Cognition and the Development of Language, New York: Wiley Press, 1970, 279-352.

[71] BEVER T G. The psychological reality of grammar: A student’s eye-view of cognitive science[A]. In W. HIRST (Ed.), The Making of Cognitive Science: Essays in Honour of George A. Miller, CUP, Cambridge: Cambridge University Press, 1988: 112-142.

[72] BOCK J K. Syntactic persistence in language production [J]. Cognitive Psychology, 1986, 18: 355-387.

[73] BOCK K, LOEBELL H. Framing sentences[J]. Cognition, 1990, 35 (1): 1-39.

[74] BRANIGAN H. Aspects of the theory of syntax [M]. Cambridge, Mass: MIT Press, 1965.

[75] BRANIGAN H，PICKERING B，LIVERSEDGE S，et al. Syntactic priming [J]. Journal of Psycholinguistic Research, 1995, 24(6): 489-506.

[76] BRUNSWIK E. Perception and representative design of psychological experiments [J]. The Philosophical Quarterly, 1956, 8(33): 42-59.

[77] CHIPERE N. Understanding Complex Sentences: Native Speaker Variations in Syntactic Competence [M]. Basingstoke: Palgrave Macmillan, 2003.

[78] CHOMSKY N. Syntactic structures [M]. The Hague: Mouton de Gruyter, 1957.

[79] CHOMSKY N. Aspects of the theory of syntax[M]. Cambridge, MA: MIT Press, 1965.

[80] CHOMSKY N. The Minimalist Program [M]. Cambridge, MA: MIT Press, 1995.

[81] CHRISTIANSEN M H, CHATER N. Toward a connectionist model of recursion in human linguistic performance [J]. Cognitive Science，2001, 12: 23-41.

[82] CRAIK F I, LOCKHART R S. Levels of processing: a framework for memory research [J]. Journal of Verbal Learning and Verbal Behaviour, 1972, 11: 671-684.

[83] CRAIK F I, TULVING E. Depth of processing and the retention of words in episodic memory [J]. Journal of Experimental Psychology: General, 1975, 104(3): 268-294.

[84] CUETOS F, MITCHELL D C, CORLEY M M B. Parsing in different language [A]. In M. CARREIRAS，J. E. GARCÍA-ALBEA and N. SEBASTIÁN-GALLÉS (Eds.), Language Processing in Spanish, Mahwah, NJ: Erlbaum Press, 1996: 145-187.

[85] DABROWSKA E. Language, mind, brain: Some psychological and neurological constraints on theories of grammar[M]. Edinburgh: Edinburgh University Press, 2004.

[86] DANEMAN M, CARPENTER P A. Individual differences in working memory and reading [J]. Journal of Verbal Learning and Verbal Behavior, 1980, 19: 450-466.

[87] DANEMAN M, MERIKLE P. Working memory and language comprehension: A meta-analysis [J]. Psychological Review, 1996, 3(4): 422-433.

[88] DAVIS J K, COCHRAN K F. An information processing view of field dependence-independence [J]. Early Child Development and Care, 1989, 43: 129-145.

[89] DE SAUSSURE F. course in general linguistics[M]. London: Duck Worth, 1990.

[90] EILLA W. The minimal unit of phonological encoding: prosodic or lexical word[J]. Cognition, 2002, 85: B31-B41.

[91] ELMAN J L. Learning and development in neural networks: The importance of starting small[J]. Cognition, 1993, 48(1): 71-99.

[92] ERICSSON K A, KINTSCH W. Long-term working memory[J]. Psychological Review, 1995, 102: 211-245.

[93] EYSENCK M W. Depth, elaboration and distinctiveness[A]. In L. S. CERMAK and F. I. M. CRAIK (Eds.), Levels of Processing in Human Memory, Hillsdale, NJ: Erlbaum Press, 1979: 410-459.

[94] EYSENCK M W, Keane M T. Cognitive psychology: A student’ s handbook [M]. Hove: Psychology Press, 1995.

[95] FODOR J A, GARRETT M. Some syntactic determinants of sentential complexity[J]. Perception and Psychophysics, 1967, 2(7): 289-206.

[96] FODOR J A, PYLYSHIN Z W. Connectionism and cognitive architecture: A critical analysis[J]. Cognition, 1988, 28(1-2): 3-71.

[97] FORSTER K I. Levels of processing and the structure of the language processor [A]. In W. E. COOPER and E. C. T. WALKER (Eds.) Sentence Processing: Psycholinguistic Studies Presented to Merrill Garrett, Hillsdale, NJ: Erlbaum Press, 1979, 27-85.

[98] FRAZIER L. Constraint satisfaction as a theory of sentence processing[J]. Journal of Psycholinguistic Research, 1995, 24(6): 437-468.

[99] FRAZIER L, Fodor J D. The sausage machine: A new two-stage parsing model [J]. Cognition, 1978, 6(4): 291-325.

[100] FRAZIER L, TAFT L, ROEPER T, et al. Parallel structure: A source of facilitation in sentence comprehension [J]. Memory and Cognition, 1984, 12(5): 421-430.

[101] GOLDBERG A. Making one’ s way through the data [A]. In M. SHIBATANI and S. THOMPSON (Eds.), Grammatical Constructions: Their Form and Meaning, Oxford: Oxford University Press, 1999, 29-53.

[102] GRAESSER A C, MANDLER G. Recognition memory for the meaning and surface structure of sentences[J]. Journal of Experimental Psychology: Human Learning and Memory, 1975, 1(3): 238-248.

[103] GREGG K R. The state of emergentism in second language acquisition[J]. Second Language Research, 2001, 19: 95-128.

[104] HARRINGTON M. Sentence processing[A]. In P. ROBINSON (Ed.), Cognition and Second Language Instruction, Cambridge: Cambridge University Press, 2001, 91-124.

[105] HEYDEL M, MURRAY W S. Conceptual form and the basis of sentence priming: cross-linguistic evidence (Paper presented at the CUNY Sentence Processing Conference) [C]//Santa Monica, California: Linguistic Association, 1997.

[106] HOCKETT C F. Review of the mathematical theory of communication by Claude L. Shannon and Warren Weaver[J]. Language, 1953, 29(1): 69-93.

[107] HOCKETT C F. A manual of phonology[J]. International Journal of American Linguistics, 1955, 21(4): 1-11.

[108] HOSSEIN N H. Schema theory and knowledge-based processes in second language reading comprehension: A need for alternative perspectives[J]. Language Learning, 2002, 52(2): 439-481.

[109] HUDSON R. The difficulty of (so-called) self-embedded structures [J]. UCL Working Papers in Linguistics, 1996, 8: 283-314.

[110] JACKSON C N, MCCLELLAND D. Processing strategies and the comprehension of sentence-level input by L2 learners of German[J]. System, 1979, 36: 388-406.

[111] JARVELLA R J. Syntactic processing of connected speech [J]. Journal of Verbal Learning and Verbal Behaviour, 1971, 10(4): 409-416.

[112] KAAN E. Processing subject-object ambiguities in Dutch [M]. Groningen: Elsevier, 1997.

[113] KAIL M. Cue validity, cue cost, and processing types in sentence comprehension in French and Spanish. In B. MACWHINNEY and E. BATES (Eds.), The Crosslinguistic Study of Sentence Processing, CUP, Cambridge, 1989, 77-117.

[114] KEENAN J M, MACWHINNEY B, MAYHEW D. Pragmatics in memory: A study of natural conversation [J]. Journal of Verbal Learning and Verbal Behavior, 1977, 16: 549-560.

[115] KINTSCH W, BATES E. Recognition memory for statements from a classroom lecture [J]. Journal of Experimental Psychology: Human Learning and Memory, 1977, 3: 150-159.

[116] LANGACKER R W. A dynamic usage-based model[A]. In M. BARLOW and S. KEMMER (Eds.), Usage-based Models of Language, Stanford, CA: CSL1 Publications, 2000, 1-63.

[117] LANGACKER R W. Concept, image, and symbol: The cognitive basis of grammar[M]. Berlin, New York: Mouton de Gruyter, 2002.

[118] LEVIN B, RAPOPORT T. Lexical subordination[J]. Chicago Linguistic Society, 1988, 24(1), 275-289.

[119] LOCKE J. An essay concerning human understanding [M]. London: Eveman’ s Library, 1976.

[120] MACDONALD M C. Probabilistic constraints and syntactic ambiguity resolution[J]. Language and Cognitive Processes, 1994, 9: 157-201.

[121] MACDONALD M C. Lexical representations and sentence processing: An introduction [J]. Language and Cognitive Process, 1997, 12(2-3): 121-136.

[122] MACDONALD M C. Distribution information in language comprehension, production and acquisition: Three puzzles and a moral[A]. In B. MACWHINNEY (Ed.), The Emergence of Language, Mahwah, NJ: Lawrence Erlbaum: Press, 1999, 177-196.

[123] MACWHINNEY B. Applying the competition model to bilingualism[J]. Applied Psycholinguistics, 1987, 8(4): 315-327.

[124] MACWHINNEY B. The competition model: the input, the context and the brain[A]. In P. ROBINSON (Ed.), Cognition and Second Language Instruction, Cambridge: Cambridge University Press, 2001, 69-90.

[125] MACWHINNEY B. Extending the competition model[A]. In R. HEREDIA and J. ALTARRIBA (Eds.), Bilingual Sentence Processing, New York: Elsevier Press, 2002, 31-57.

[126] MCDANIEL M A. Syntactic complexity and elaborative processing[J]. Memory and Cognition, 1981, 9(5): 487-495.

[127] MEHLER J, CAREY P. Role of surface and base structure in the perception of sentences[J]. Journal of

Verbal Learning and Verbal Behaviour, 1967, 6(3): 335-338.

[128] MEIJER P J A, TREE J E F. Building syntactic structures in speaking: A bilingual exploration[J]. Experimental Psychology, 2003, 50(3): 184.

[129] MELLOW J D. Connectionism, HPSG signs and SLA representations: Specifying principles of mapping between form and function[J]. Second Language Research, 2004, 20: 131-165.

[130] MEYOR D E, ELLIS G B. Parallel processes in word recognition (Paper presented at the Annual Meeting of the Psychonomic Society) [C]//San Antonio, CA: The Psychonomic Society, 1970.

[131] MILLER G. Some psychological studies of grammar[J]. American Psychologist, 1962, 17: 748-762.

[132] MIMICA I, SULLIVAN M, SMITH S. An on-line study of sentence interpretation in native Croatian speakers[J]. Applied Psycholinguistics, 1994, 15: 237-261.

[133] MOESER S D. Memory for meaning and wording in concrete and abstract sentences[J]. Journal of Verbal Learning and Verbal Behaviour, 1974, 13: 683-697.

[134] NAKAMURA M. 2003. Processing of Multiple Filler-Gap Dependencies in Japanese. (Unpublished doctoral dissertation) [D]. University of Hawaii, Manoa, 2003.

[135] PICKERING M J, BRANIGAN H P. The representation of verbs: evidence from syntactic priming in language production[J]. Journal of Memory and Language, 1998, 39(4): 633-651.

[136] POTTER M C, LOMBARDI L. Regeneration in the short-term recall of sentences[J]. Journal of Memory and Learning, 1990, 29(6): 633-654.

[137] ROHDE D L T. A Connectionist Model of Sentence Comprehension and Production (Unpublished doctoral dissertation) [D]. Carnegie Mellon University, Pittsburgh, 2002.

[138] RUMELHART D E, MCCLELLAND J L, the PDP Research Group (Eds.). Parallel distributedprocessing, 1: Foundations[M]. Cambridge, MA: MIT Press, 1986.

[139] SACHS J S. Recognition memory for syntactic and semantic aspects of connected discourse[J]. Perception and Psychophysics, 1967, 2: 437-442.

[140] SCHENKEIN J. Towards an analysis of natural conversation and the sense of Heheh [J]. Semiotica, 1972, 6(4): 344-377.

[141] WAYLAND R, GUION S. Perceptual discrimination of Thai tones by naive and experienced learners of Thai[J]. Applied Psycholinguistics, 2003, 24(1): 113-129.

[142] WEYERTS H, PENKE M, MÜNTE T F, et al. Word order in sentence processing: An experimental study of verb placement in German[J]. Journal of Psycholinguistic Research, 2002, 31: 211-268.

[143] WISEMAN S, TULVING E. Encoding specificity: Relation between recall superiority and recognition failure[J]. Journal of Experimental Psychology: Human Learning and Memory, 1976, 2(4): 349-361.

[144] KOTSIA I, ZAFEIRIOU S, PITAS L. Texture and shape information fusion for facial expression and facial action unit recognition[J]. Pattern Recognition, 2008, 41(3): 833-851.

[145] THAGARD P. How to collaborate: procedural knowledge in the cooperative development of science[J]. Southern Journal of Philosophy, 2006, 44: 177-196.

[146] TREISMAN A, GORMICAN S. A feature analysis in early vision: Evidence from search asymmetries[J]. Psychological Review, 1988, 95: 45-48.

[147] 彭聃龄 . 普通心理学（修订版）[M]. 北京：北京师范大学出版社 , 2011.

[148] FITCH W T. Monkey vocal tracts are speech-ready[J]. Science Advances, 2016, 2(12): e1600723.

[149] SOUSA A M M. Evolution of the human nervous system function, structure, and development[J]. Cell, 2017, 170(2): 226-247.

[150] 毛眺源 . 反思机器学习与人类语言习得的关系 [J]. 中国社会科学学报 , 2020, 3: 12-15

[151] BOCK J K. Syntactic persistence in language production[J]. Cognitive Psychology, 1986, 18(3): 355-387.

[152] BOCK J K, LOEBELL H. Framing sentences [J]. Cognition, 1990, 35(1): 1-39.

[153] CHANG F, DELL G S, BOCK K, GRIFFIN Z M. Structural priming as implicit learning: A comparison of models of sentence production[J]. Journal of Psycholinguistic Research, 2000, 29(2): 217-229.

[154] BRANIGAN H P, PICKERING M J, CLELAND A A. Syntactic co-ordination in dialogue[J]. Cognition, 2000, 75(2): B13-B25.

[155] PICKERING M J, BRANIGAN H P. The representation of verbs: Evidence from syntactic priming in language production [J]. Journal of Memory and Language, 1998, 39(4): 633-651.

[156] 王青 , 杨玉芳 . 语义启动模型以及启动范围 [J]. 心理科学进展 , 2002(2): 154-161.

[157] 宋娟 , 吕勇 . 语义启动效应的脑机制研究综述 [J]. 心理与行为研究 , 2006(1): 75-80.

[158] COLLINS A M, LOFTUS E F.A Spreading activation theory of semantic processing[J]. Psychological Review, 1975, 82(6): 407-428.

[159] RATCLIFF R, MCKOON G. A retrieval theory of priming in memory[J]. Psychological Review, 1988, 95(3): 385-408.

[160] MASSON M E J. A distributed memory model of semantic priming[J]. Journal of Experiment Psychology: Learning, Memory and Cognition, 1995, 21(1): 3-23.

[161] VALENZA G, LANATÀ A, SCILINGO E P. The role of nonlinear dynamics in affective valence and arousal recognition[J]. IEEE Transactions on Affective Computing, 2012, 3(2): 237-249.

[162] LAZARUS R S. Relational meaning and discrete emotions. Appraisal processes in emotion: Theory, methods, research[M]. Oxford: Oxford University Press, 2001.

[163] EKMAN P. Lie catching and microexpressions[M]. Oxford: Oxford University Press, 2009.

[164] CAÑAMERO L. Modeling motivations and emotions as a basis for intelligent behavior [C]//1th International symposium autonomous agents, New York: Artifical Intelligence Association, 1997: 148-155.

[165] GADANHO S. Reinforcement learning in autonomous robots: An empirical investigation of the role of emotions[D]. Emotions in Human and Artifacts, Massachusetts: MIT Press, 2002.

[166] VELÁSQUEZ J. An emotion-based approach to robotics[C]//IEEE/RSJ International Conference on Intelligent Robots and Systems, Boston: Artificial Intelligence Association, 1999.

[167] MURPHY R, LISETTI C, TARDIF R, et al. Emotion based control of cooperating heterogeneous mobile robots[J]. IEEE Transactions on Robotics and Automation, 2002, 18(5):744-757.

[168] BURGSTALLER W, LANG R, PORSCHT P, et al. Technical model for basic and complex emotions[C]//5th IEEE International Conference on Industrial Informatics, Massachusetts: Artificial Intelligence Association, 2007: 1007-1012.

[169] 王志良 . 人工心理 [M]. 北京 : 机械工业出版社 , 2007.

[170] COWIE R E, DOUGLAS COWIE N, TSAPATSOULIS Y et al. Emotion recognition in human computer interaction[C]//IEEE Signal Process Mag, New York: Artifical Intelligence Association, 2001(1): 32-80.

[171] WUNDT W. Principles of physiological psychology [M]. New York: Macmillan Press, 1873.

[172] MEHRABIAN A. Pleasure arousal dominance: a general framework for describing and measuring

individual differences in temperament[J]. Current Psychology: Developmental, Learning, Personality, Social, 1996, 14 (4): 2612-2621.

[173] WU Q, SHEN X, FU X. The machine knows what you are hiding: An automatic micro-expression recognition system[J]. Affective Computing and Intelligent Interaction, 2011, 3: 152-162.

[174] LIU T, CHEN W, LIU C, FU X. Benefits and costs of uniqueness in multiple object tracking: The role of object complexity[J]. Vision Research, 2012, 66: 31-38.

[175] SCHERER K, EKAM P. Approaches to emotions[M]. London: Lawrence Erlbaum Associates, 1984.

[176] ORTONY A, CLORE G L, COLLINS A. The cognitive structure of emotions[M]. London: Cambridge University Press, 1988.

[177] ZECCA M, ROCCELLA S, MIWA H. On the development of the emotion expression humanoid robot WE-4RII with RCH-1[C]//Proceedings of the 4th IEEE/RAS International Conference on Humanoid Robots, Tokyo, Japan: Artifical Intelligence Association, 2005: 235-252.

[178] BREAZEAL C. Function meets style: insights from emotion theory applied to HRI[J]. IEEE Transactions on Systems, Man, and Cybernetics-Part C: Applications and Reviews, 2004, 34 (2): 187-194.

[179] VINCIARELLI A, MOHAMMADI G. A survey of personality computing[J]. IEEE Transactions on Affective Computing, 2014, 5(3): 273-291.

[180] WHITEHILL J, SERPELL Z, LIN Y, et al. The faces of engagement: automatic recognition of student engagement from facial expressions[J]. IEEE Transactions on Affective Computing, 2014, 5(1): 86-98.

[181] CALVO, R A, D'MELLO S. Affect detection: an interdisciplinary review of models, methods, and their applicaitions[J]. IEEE Transcations on Affective Computing, 2010, 1(1): 18-37.

[182] WADA K, SHIBATA T. Living with seal robots - its sociopsychological and physiological influence on the elderly at a care house[J]. IEEE Transactions on Robotics, 2007, 23(5): 972-980.

[183] KSHIRSAGAR S. A multilayer personality model[C]//Proceedings of the 2nd International Symposium on Smart Graphics, New York, USA: February, 2002: 107-115.

[184] 史忠植 . 逻辑 - 对象知识模型 [J]. 计算机学报 , 1990,13 (10): 787-791.

[185] SLOMAN A. Varieties of affect and the cograph architecture schema[C]//Proceedings of the 2001 Symposium on Emotion, Cognition and Affective Computing, Sydney, Australia: Artifical Intelligence Association, 2001: 21-26.

[186] BOTELHO LM, COELHO H. Machinery for artificial emotions[J]. Cybernetics and Systems: An International Journal 2001,32(5): 465-506.

[187] ELLIOTT C, RICKEL J, LESTER J C. Integrating affective computing into animated tutoring agents[C]//Proceedings of the International Joint Conference on Artificial Intelligence Workshop on Animated Interface Agents: Making Them Intelligent, Acapulco, Mexico: Artificial Intelligence Association, 1997:113-121.

[188] 杨宏伟 , 潘志庚 , 刘更代 . 一种综合可计算情感建模方法 [J]. 计算机研究与发展 , 2008, 45(4): 579-587.

[189] BREAZEAL C, GRAY J, BERLIN M. An embodied cognition approach to mind-reading skills for socially intelligent robots[J]. The International Journal of Robotics Research. 2009, 28(5): 656-680.

[190] 张惠娣 , 刘士荣 . 基于情感与环境认知的移动机器人自主导航控制 [J]. 控制理论与应用 , 2008, 6(25): 995-1000.

[191] LIU C D, CHUNG Y-N, CHUNG P C. An interaction-embedded HMM framework for human behavior

understanding: with nursing environments as examples[J]. IEEE Transactions on Information Technology in Biomedicine, 2010, 5(14): 1236-1241.

[192] WANG W, WANG Z L, GU X J, et al. Research on the computational model of emotional decision-making[J]. International Journal of Kensei Information, 2011, 2(3): 167-172.

[193] WANG W, WANG Z L, ZHENG S Y, Gu X J. Individual difference of artificial emotion applied to a service robot[J]. Frontiers of Computer Science in China, 2011, 5(2): 216-226.

[194] 王巍，王志良，郑思仪，等．人机交互中情绪自发转移的个体差异性 [J]. 模式识别与人工智能，2010, 23(5): 601-605.

[195] MEULEMAN B, SCHERER K R. Nonlinear appraisal modeling: an application of machine learning to the study of emotion production[J]. IEEE Transactions on Affective Computing, 2013, 4(4): 398-411.

[196] BROEKENS J, BOSSE T, MARSELLA S C. Challenges in computational modeling of affective processes[J]. IEEE Transactions on Affective Computing, 2013, 4(3): 242-245.